天才与疯子的狂想

南派三叔 著

山东文艺出版社

图书在版编目(CIP)数据

天才与疯子的狂想 / 南派三叔著. — 济南：山东文艺出版社, 2023.1
　　ISBN 978-7-5329-6715-5
　　Ⅰ.①天… Ⅱ.①南… Ⅲ.①心理学－通俗读物 Ⅳ.①B84-49

中国版本图书馆CIP数据核字(2022)第188563号

天才与疯子的狂想
南派三叔 著

主管单位	山东出版传媒股份有限公司
出版发行	山东文艺出版社
社　　址	山东省济南市英雄山路189号
邮　　编	250002
网　　址	www.sdwypress.com

读者服务　0531-82098776（总编室）
　　　　　0531-82098775（市场营销部）
电子邮箱　sdwy@sdpress.com.cn

印　　刷	深圳市福圣印刷有限公司
开　　本	710毫米×1000毫米　1/16
印　　张	18.5
字　　数	300千
版　　次	2023年1月第1版
印　　次	2024年1月第3次印刷
书　　号	ISBN 978-7-5329-6715-5
定　　价	58.00元

版权专有，侵权必究。

我就是一棵杂草，被风从中间折断。
你是万物之灵，从我身边走过。
不是你，是滚滚人流，喧嚣吵闹。
我用刺划过你们的小腿，希望你们扶我一下，
将我靠在墙边也好。
可惜，你们只是觉得我吵闹。

序 言 —— PREFACE

　　给这本书写序言是一件非常困难的事情。虽然大部分的感想我写在了后记里，但也许你会发现这本书没有后记。因为我原本希望这本书的后记在深水区故事的前面，结果失败了。

　　这些小文章里，有一些是和生活相关的，比较好懂。但也有一些和边缘科学有关，那些文章非常晦涩。我自己修订的时候，也有两次在看几篇关键的深水区文章的时候睡着了，而且醒来后头痛欲裂。我不禁开始惶恐：这些文章写完后，连我自己都看不懂，需要非常努力地去理解，那读者们看得懂吗？此外，还有一个问题，现在的世界，人们压力那么大，他们干吗要看这些东西，还都是一些胡言乱语？

　　所以我想把后记放在一些比较好懂的文章的最后，把那些难懂的文章放到后记的后面，统一叫作"深水区文章"。

　　所谓"深水区"，就是在看的时候产生任何不适或者阅读疲劳，都请立即放下并停止阅读的一个区域。这就意味着，深水区的文章，水很深，并且会包含大量的注释。

　　这样，大家在看到后记的时候，就会觉得这本书看完了，而后面那些让人头疼的文章只是附送的。

　　但是后记这么放不合乎规范，所以这篇后记自然也就做不了后记了，而是叫作《第十人理论（入院时刻）》。当你看到这篇文章的时候，请一定做好心理准备：后面就是深水区了，文章阅读起来可能晦涩难懂。

　　写作这本书其实是一个意外。我脑子里有大量的信息，如果不定时清理，整个人就会进入一种焦虑状态，所以我需要通过写作来清空大脑。我的脑中积攒了太多的记忆和太多的联想，但我一直不知道用哪种方式写作，才能够最高效率地完成清理。后来我找到了，就是写这种类型的文字。

我有很多病友，他们的故事虽然离奇，但大多数不能写，写作这本书也是为了感谢他们给我提供的各种八卦和脑洞。

我有一个很大的问题，就是并不认为精神疾病是一种疾病，反而以有精神疾病为荣，认为这是一种与众不同。我原本以为这个世界上很多人和我一样，都对精神病人好奇并且觉得他们酷酷的。

但事实上，身边的人都对我宣扬自己有病，有很大的抵触情绪，我也不明白是为什么。就连我的同事，因为我对外宣扬自己有精神疾病，而导致公司业务受到了损失，也纷纷表达了不认同。因此，这本书的出版阻力很大。

写作这本书的过程中，我在浙江、新疆和海南辗转，当地的风土人情给了我很多灵感。今年很神奇，我总想要出版更多的书，脑子不停地转动。虽然我知道应该先完成其他几个长篇连载，却总会不由自主地思考这本书里的一些东西。

可以确定的是，在写这篇序言的时候，我的脑子空空如也。至少今天，我的脑子是空的，这让我感到少有的放松和愉悦。接下来，该去写长篇了。

故事是经过了美化和技巧处理的，以保证愉快的阅读体验，从而让大家获得放松，满足猎奇心理。内容其实也是小说化了的，不用太较真。

最后，我要声明的是，这里面的主人公并不是我，只是一个第一人称的主人公。所以不能把所有的故事全部套在我的身上，即使他看上去很像我，但也不是我。

特别声明：本书中的所有故事只是精神病人的臆想，没有任何事实依据，各位在阅读本书的时候，必须关闭自己的共情能力，务必不要模仿，否则，这些文字并不适合你阅读。

不要深思，不要共情，因为你是正常人。

天才与疯子的狂想

CONTENTS

001	席梦思谜	064	百年孤独
005	反向皈依	067	千般雨
009	多巴胺表格	071	小蓝朋友
017	外交官（1）	079	跳预言家
021	外交官（2）	084	树状人生
026	外交官（3）	094	智商借贷
029	巨人凝视	099	祖先恐惧
033	最重要部门（1）	102	死者体验
037	最重要部门（2）	108	工程师
040	蝎子草中的女人	114	随机降临
047	移植人格改变真实案例	121	幻听
054	一个病人	127	点击1继续生命（1）
060	八字杀手	129	点击1继续生命（2）

目录 一

132　点击1继续生命（3）

135　蝗梦

142　反宗教主义

146　理科唐僧

152　耳中仙人

158　湮灭

162　黑色少女（1）

165　黑色少女（2）

171　黑色少女（3）

176　黑色少女（4）

180　黑色少女（5）

187　潘多拉的沙盒

193　九世渣男

197　一个进展中的病人

204　冒充者综合征

212　医生的采访

218　第十人理论（入院时刻）

【深水区】

221　人体黑盒（1）

224　人体黑盒（2）

229　暗物质和草药学理论

234　倒看的巴别塔（基础篇）

242　倒着的巴别塔（立意篇）

246　银河年

254　地球编年史

263　玻璃

PART ①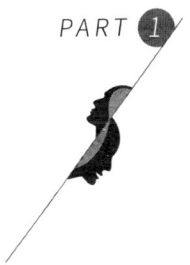

席梦思谜

这是我和医生的一段沟通经历,这一次我是对谈的乙方,医生到了我的位置,变成了甲方。

我的主要精神问题来自我的梦,这是我的核心焦虑点之一。

我大部分的写作灵感也来自我的梦,那些梦都很富有戏剧性,且同时伴随着强烈的情绪,就算醒过来了也难以缓解,以至于我有很长一段时间无法分清自己是在梦里还是已经清醒了。

"你可以说一说最困扰你的梦。"医生对我说道。

"那是关于我奶奶的梦。"我说道,"那个梦的主色调是黄色,是发生在秋天的事情。我奶奶是一个特别瘦的人,在我真实的记忆里,她的形象已经很模糊了,所以在梦里,她是一团非常模糊的人影。"

"梦的具体内容是什么?"医生一边问我,一边在笔记本上记录着。

"我爸妈要去上班,他们让我照顾奶奶,说奶奶身体不好。那个时候,我十三四岁,奶奶必须每天按时吃药,但是我玩游戏太投入了,结果就忘记给她吃药了,等我打完游戏,奶奶已经死了。"我陈述着梦境,有点低落。

医生沉默了一会儿,才说:"这个梦还是比较常见的。"

"我开始产生剧烈的恐惧感,但问题是,我害怕的是父母的责骂,而不是奶奶的死亡。我觉得自己对于别人失望的恐惧，大于事情本身。"我说道，"于是我在当时，做出了一个让人非常震惊的举动。"

医生看着我，没有追问。

"我把奶奶的尸体塞进了我爸妈的席梦思里。这个梦的前半段，我的主要记忆点就是把床垫翻过来，挖洞，把席梦思掏空。"我说道，"爸妈回来之后，我和他们说，奶奶不见了，出去了没有回来。之后他们就出去找，一直找到晚上才回来，然后躺在那张席梦思上睡觉。我就睡在隔壁。"

医生坐直了身体，我继续道："你知道那种煎熬吗？你爸爸妈妈睡在你奶奶的尸体上。"

"接下来呢？"医生问道。

"我就一直装傻，然后每天照常去上学。我当时其实已经希望这件事情可以在我回家之前被发现，因为人死了总会有气味。但你应该知道，绝大多数人的梦里是没有气味的，所以在那个梦里，我父母一直不知道这件事情。我从那个时候开始，就不敢再进入他们的房间，但每天路过他们房间门口的时候，都能通过门缝看到席梦思。"

"不是绝大多数，是几乎所有人。"医生补充说。

"我父母找了整整一周的时间，我知道奶奶就在席梦思里，但是我不敢说。我每天都装作无辜，装作什么都不知道，但我心中一直害怕奶奶尸体的气味会散发。这个梦就一直卡在那一周的最后一天。"说到这里，我又想起梦中的感觉，还是感到害怕。

"不会继续了？"

"不会。这个梦时不时就会出现，而且每次出现都是从不同的时间点开始，甚至很多时候，我入梦时就已经在挖空席梦思了，连前面的部分都省略了。可一旦到了那一周的最后一天，所有的梦就不会继续下去了，那一天会一直持续。我陷在那种巨大的焦虑里无法自拔，也无法醒来。"我说道，尽量让自己不要颤抖，"直到我最后崩溃了，才能醒过来，醒来之后非常累。"

"第一次做这个梦时，你大概是几岁？"

"事实上是成年之后。"我说道，"奶奶那个时候已经去世了。"

"哦。"医生看着我，思考了一下，"这个梦每次出现的时候，你都是什么状态？"

"没有规律,时不时就会出现。如果非要说规律的话,我觉得是在我相对放松的时候。"我回忆了一下。

"梦里的你十几岁,但是开始做梦,已经是成年以后了。"医生总结道,"简单来说,它代表你对责任的恐惧,以及处理自己的问题时采用的一贯方法。你无法面对大的冲突,且无法接受事物的改变。"

医生又思考了一下,继续对我说:"我觉得我们可以做一个实验。你可以在现实中,用你写小说的能力把这个梦续写下去,然后把结果写出来。"

"为什么?"我对这个提议有点惊讶。

"它停在一个固定的时间点,说明这个故事继续往下发展所带来的结果,是当时的你无法面对的。但对于现在的你来说,其实是可以面对的。你已经成年的躯体和经验,让你有社会资源可以处理这个情况。你的父母已经老了,他们无法再给你压力,所以你现在完全可以理性地面对这件事情,接受梦里的愧疚感。"

我想了想,如果是写小说的话,由于中间隔着一个次元,我可以预设最终的结果——我会被父母责骂,并且因此产生巨大的创伤,但是奶奶会被安葬,席梦思会被丢弃,我们会搬家,他们终会原谅我,虽然看我的眼神会带着一种恐惧,家里的气氛也会变得更加压抑,但最终我会走出来。这件事情将深埋于我的心底,表面上来看,我仍是一个从未做过这种离奇事情的普通人。但不管怎么样,我自己仍旧被这件事情彻底改变了,家庭关系也发生了变化。从我鬼使神差地挖席梦思开始,这件事已经崩坏了。

我思考良久,点了下头,医生忽然又问了我一句:"那个席梦思,现在还在吗?"

"还在,在老家,为什么忽然这么问?"我警惕了起来。

"事实上,按照我的经验,这个梦的关键点不是你说的这些事情,也不是你奶奶,而是这个席梦思。"

"什么意思?"

"这个梦其实不是关于你奶奶的,而是关于这个席梦思的。你说很多时候,梦开始的时间点是随机的,但最晚不会晚于你挖空席梦思的时候,这说明席梦思才是这个梦里的主要符号。藏尸体的方式有很多种,你却选择了席梦思。你在叙述的时候,一直非常明确地在强调你父母睡在你奶奶的尸体上。"医生看着我，"这才是你的梦的本相。你所无法面对的表象的东西，我觉得你刚才已经构思好了。而且我看你的表情没有什么变化，所以，父母的责骂并不是你主要恐惧的。在我个人看来，你的人格底层应该比较淡漠，对家庭关系并没有那么依恋，所以这只是你自己虚构出来的恐惧。"

我沉默不语。

"这个梦的核心取相就是，你父母躺在一张席梦思上，席梦思里面是你奶奶的尸体，正在腐烂，而你一直没有干预。"医生总结道。

"这意味着什么？"我想知道答案。

"这只有你自己知道，我只是给你一个引子，告诉你，你原先的思维方向错了。"医生说道，"要我说，我只能推测，你父母和你奶奶的关系是有问题的。你不认同，但是你没有做任何事情，你对此是有心理创伤的。当然，我能做的也就是到这一步了，是否认同，你自己说了算。不过，我想提醒你的是，有一件事情只能靠你自己去理解，而且这件事情，非常重要。"

"什么？"

"在这个梦里，这个席梦思，到底代表着什么？"医生对我说道，"我建议你回老家，去看看那个席梦思，也许你一下就能找到真相。"

由于各种原因，最终我也没能回老家，自然也就没有找到所谓的真相。但我一直希望最终成行的时候，能如医生所说，找到这个梦的真相。

PART 2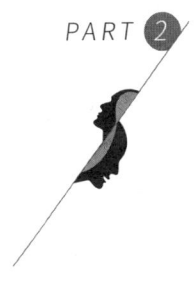

反向皈依

这个案例非常特殊。

病人是一个虔诚的佛教徒，从出生开始就遵守戒律。据说他出生在寺庙里，行为举止很早就呈现出佛教徒的习惯。但其实，收养他的和尚并没有刻意要把他培养成出家人，没有人知道为什么会变成这样。

他三岁就开始潜心礼佛，很多人都说他是有样学样，但只有他自己知道不是。他从意识清明开始，就对此有一个非常清晰的概念。

我问他道："从你记事开始，你就知道并且从内心里认定，自己是一个佛教徒？在你懂得'佛'这个字的意思之前，你就知道了？"

他看着我，没有说话，眼神非常平静。

我继续补允道："这是不是就是传说中的轮回，你来自你的前世，并且你在前世就是一个修行人？"

"我并不认为自己是一个佛教徒。"他缓缓地开口，语速很慢，声音很好听，非常悦耳。

"但你的报告上是这么写的。"

"他们只是随意理解我的意思，并不想深究。"他说道，"我生下来的时候，就已经成佛了。"

我愣了一下，小心翼翼地问道："你的意思是，你现在是一个佛？"

"现在已经不是了。"他说道。

"我不明白。"我不由得笑了起来。

他抬头看着我，替我拿掉了衣服上的一小团棉花絮——不知道是在哪里粘上的，可能是别人衣服上起的球。

"就是字面意思。"他说道。

"所以你的意思是，你出生的时候是一个佛，但现在不是了？"我又问了一遍。

"对。"他点了下头，说道，"但我现在仍旧离佛很近。"

"这是为什么？发生了什么事情？"

"并没有发生什么事情，我在努力修炼，想要成为一个普通人。"他看着我，认真地解释道。

我愣住了。我很少会在这种对话里愣住，但这次我是真的愣住了。

"为什么要成为普通人？成佛不好吗？"我问。

他把成佛说得就像换工作一样简单。

"普通人为什么要成佛？"他反问道。

"因为普通人有痛苦，佛没有痛苦，所以普通人想要脱离痛苦，就会想成佛。"我按照一般理解回答他。

"普通人想成佛，是因为普通人认为，佛比普通人要好。"他淡淡地说道，"但好和不好，都是一件很主观的事情。"

"你觉得成佛不好？"

"是的，我觉得普通人好。"他的语气依旧淡淡的，"但我生来为佛，生来便大彻大悟，我要捡起各种色相法相，重新堕入轮回，这很难很难。"

"比成佛还难？"

"比成佛还难。"他道，"对于你们来说，随着阅历的增长，很多人会皈依佛门，但我恰恰相反，我要皈依凡人。"

"但凡人很痛苦啊。"我竟然一本正经地开始劝解起来。

他却笑了："痛苦不好吗？"

"痛苦当然不好。"我笃定地答道。

"痛苦是谁给你的？"他问我道。

"痛苦是这个世界，是凡人的身份，是我放不下的执着带给我的。"我说道。

"不，痛苦是你的神经给你的，是你的大脑从数据库翻找出来给你的。"他看向窗外，"那是一个信号，告诉你外在信息和事情的紧急程度，它本身没有什么不好。"

我无言以对，他继续说道："你看，我无法理解痛苦的不好，无论发生什么，我都不会痛苦。对于我来说，世界是空的，连空无一物的空间也不存在，也就没有好坏之说。"

"所以？"

"成佛还是凡人，也没有好坏之分。"他说道，"只是一个选择。"

"所以你选择做凡人？"

"嗯。"

"那你成功多少了？"我追问。

"并不是特别成功，能够投成肉胎，已经很不容易了。"他说道，"我还在等待顿悟。"

"顿悟是什么样的？"

"不知道，遥不可及。"他说道，"我还要继续享乐，沉迷色相法相界，成为最俗不可耐的那种人。"

"这对于普通人来说，是很容易的事情。"我有点无法理解。

他笑了："是啊，再过一段时间，我在你们眼中，就是酒色财气之徒，可在我内心之中，只会觉得难以精进。"

我沉默了，说实话，我对于佛教典籍还是有所涉猎的，但这场对话，我已经无法继续下去了。

隔了很久，我才问他："既然不是佛了，你是否还有神通？"

他笑了，对我道："有的。"

"佛是不显神通的，你既然要修炼成凡人，那就应该显一显神通给我看看。"我说。

他却说道："还得等我再堕落一段时间，才会生出炫耀之心，请你再耐心等等。"

离开这场对话的情境之后，我一头雾水，觉得完全被他绕进去了。

但不知道为什么,我竟觉得他说得很有道理。

任何行为都应该是双向的,天使会堕落成魔鬼,神仙会堕落成妖怪,大部分都是自己的选择。

那么,佛会反向选择吗?

大千世界,无奇不有。

PART 3

多巴胺表格

这个病人房间里的墙壁上,画着一个由点和线组成的复杂图形,非常长,整个房间的墙壁都被他画满了,看上去就像一行一行的摩斯电码。

"他永远可以画出一样的图形来,这个图形不是随机的。"医生和我说道,"它是有意义的,但不是摩斯电码。"

"不是吗?"我饶有兴味地问道。

"不是,我们翻译过,也用解码系统解过码,不是摩斯电码,也不是任何一种基于摩斯电码的加密电码。"

"如果他换了病房——"

"还能画出一模一样的。"医生对我说道,"在纸上也可以。报纸上、草地上,只要是可以画画的地方,他都会画上这个图形,所以我们索性让他在一个地方待着了。"

"什么意思?"事情似乎不太简单。

"你听他自己说,会更清楚一点,他的表达能力非常强。"医生对我说道。

我想往里走,医生忽然叫住我:"对了,这个符号图形一直在变长,说明这东西有记录性。"

我一只脚都跨进病房里了，准备离开的医生又转头看向我，补充道："这个人的体重肯定超过了两百公斤，是我见过的最胖的那种胖子。"

"一个两百公斤的胖子？有意思。"我心想，继续往房间里走去。

只见一个魁梧的身躯背对着我，挡住了从窗子照射进来的绝大部分光线，再加上没有开灯，房间里显得有些昏暗。整个空间因为他的存在而显得所剩无几，四周的墙壁上确实如医生所说，密密麻麻地画着符号。看了一会儿后，我略微有点不适，但为了满足那份该死的好奇心，也只能硬着头皮上了。

我还在想着该如何开口时，他说话了。

"不好意思，我这里没什么地方坐。"他说道，一脸歉意地看着我。

"我站着就可以。"我对他道，"我的问题不多。"

因为他太胖了，所以他坐在床上的时候，我没办法坐到他的对面。但其实我可以坐在门口的小椅子上——虽然有点冒犯。

"你坐吧。"他看了看门口的椅子，已经知道了我的想法。

我略感抱歉地坐下，他侧身看着我，采访开始。

"其实，我只是想知道，你为什么一直画这个图形？"我问他道。

他看了看密密麻麻画满了符号的墙壁，淡淡地说道："这是一个方程。"

"我没有见过这样的方程。"我转头凝视着墙壁上的图形。

他看着我，问道："你有没有把一首歌，连续听上百遍过？"

我愣了一下，还没来得及回答，他又立即说道："我只是想用最快的方式让你理解这个方程。你只要回答我，我就能讲清楚，你不回答，我可能就讲不清楚了。"

"上百遍可能没有，但几十遍肯定是有过的。"我回答道。

"大概是在什么时候？"

"有一次我在沙漠里开车，手机没有信号，没有办法播放歌单，我就只能听唯一一首已经下载完成的歌。一路听到离开沙漠，重新有信号了才算结束。大概有六个小时，非常让人崩溃。"我说道。

"那首歌你喜欢吗？"

"刚进沙漠的时候很喜欢。"

"所以放在歌单的第一首？"

我点头，我跟他的身份对调了，我此刻似乎成了受访者。

他就笑了："那你离开沙漠的时候，这首歌是不是就像装在你脑子里的榨汁机一样，就算关掉了也会不停地搅拌，然后你在很长的一段时间里，再也不想听到它了？"

我继续点头，他也很努力地点了一下头，看样子对目前的对话状态很满意。

他接着说道："好，我想问你，你隔了多久，才重新听这首歌，并且找回了对这首歌的喜欢？"

我愣了一下，想了一会儿才不确定地回道："两个月？"

"两个月。"他重复了一遍我的答案。

"大概两个月吧。"我又迟疑地重复了一遍。

他就笑了，对我道："没关系，我们只是举例。"

他看向墙壁，接着说道："这首歌你很喜欢，但你连续听了太多遍之后，就会感觉到厌烦。这是因为，在你喜欢它的时候，你的多巴胺①会持续分泌。但是当你一遍又一遍地听了很多次之后，每多听一遍，多巴胺就会逐渐减少分泌，一直到再也不分泌了。这一件你喜欢的东西也就'死'了，你暂时喜欢不起来了。"

"嗯哼。"我暗自点头，算是同意了他的看法。

"两个月之后它会复活，重新刺激你分泌多巴胺。"

"对，可以这么说吧。"

"你这样很浪费。"他说道，"因为人生中能让你持续产生多巴胺的东西是很少的。"

"什么意思？"我不解。

"就是说，人喜欢一种东西的精力是有极限的。一个人喜欢一百首左右的歌，就到极限了，你很少看到有一个人能喜欢一千首歌。"

"也是。"我粗略算了一下，我能想得起来的喜欢的歌，确实不多，可能还不到一百首。

"食物也很少。"他说道，"真正让你觉得特别好吃的，吃了会特别开心的食物，也是不多的。"

"是的。"我点点头。

"电视节目也是，电影也是，小说也是，明星也是。"他说道，"太少了，能让一个人分泌多巴胺的东西，其实很少。"

"对。"我顺着他的话说道。

"所以，人们只能一遍一遍地重复，不停地重复。"他说道，"把一首歌听很多遍，去一个餐厅吃很多遍，去一个旅游景点玩很多次，但多巴胺会在这个过程中磨损，慢慢地就不再分泌了，接着就是漫长的等待，等待这些东西复活。你肯定有过这样的经历，在一年后的某一天，会忽然想起当时去过的某个漂亮的地方，想要再去看看，又或者想起当时吃的那碗面，想要再去吃一次。"

"不一定吧，总有人喜欢寻找新的刺激点。"我反驳道，现在很多年轻人都喜欢追求新鲜、刺激的事物。

"也有人会不停地开拓。"他点头同意，随即话锋一转，"但是开拓需要成本。我的条件有限，就生活在一个街区里，我的生活就是不停地重复那些多巴胺点。说实话，谁不是呢？普通人都是这样的，不停地重复，他们的生活空间总共就那么大，快感也就这么多了。"

"但是这和你的方程有什么关系呢？"我提出了我的困惑。

"得好好安排啊。"他看着墙壁，"这些快感，我得合理地安排起来，每一天除了睡觉，有十六个小时要过呢！这十六个小时怎么过，每个小时的快感是什么，我是不是都得计划一下？"

"不计划呢？"

"不计划，多巴胺就会被损耗。比如说，早饭。早上让我起床的动力是葱油拌面和豆浆，我百吃不厌，但我发现，当我吃到第七十五顿的时候，会从心中涌起厌烦。"他指着他在墙壁上画出来的图形，说道，"所以，在第三十顿的时候，我会改吃十顿的羊汤烧卖，这也是我特别爱吃的。十顿的羊汤烧卖吃完了，我就可以再坚持吃三十顿的葱油拌面和豆浆，这样我的早饭时光就可以无止境地幸福下去了。"

我看着他的图画，心说牛啊，是这么个意思。

"接着是上班，上班让我觉得愉快的事情有三件，一是有好听的歌，但歌非常容易听厌，所以每周我只有一天是靠听歌糊弄过去的。其他六天，我必须有其他的多巴胺源头，让我期待开车去上班这件事情。"

"很难吧，交通很不好啊。"我说道。

上班和堵车，我觉得世界上可能没有什么人会喜欢这两件事情。

"是的，这就是这个方程的用意。虽然很难，但是我必须有，我必须去寻找这种多巴胺。"他说道。

"你是怎么解决的？听交通广播吗？"

"不是，我会让财务在每天早上往我的账户上打钱。"

"你的财务？"这还是一个隐形老总？

"对，我有兼职，虽然钱不多，但是我在签合同的时候，会要求他们在我早上开车的时候给我打钱。这样我开车上班的时候，微信里会收到收入，无论如何，这都会让我在开车的这段时间变得开心起来。"

他指了指墙壁上的图表，似乎那个部分的图形，就是他开车的时间。

我忽然意识到，那些横线，其实代表着他生命中某一件事情所占时间的长短，而那些点，则代表着多巴胺分泌的位置。

"这个点在线条的中间，是指你会在开车这段时间的中段收到钱，对吗？"我指着墙壁上的某个点，问他道。

"对，因为那个时候我会到达第一个很堵的路口。如果我的多巴胺点更多的话，我会把刚上路的那一段时间也填满，但很遗憾，我能用的多巴胺点太少了。"他望着满墙的点线，语气中充满惋惜。

"你继续说吧。"我忽然意识到，这人对生活的态度比我认真很多。

"之后是挤电梯，上班时间的电梯总是很挤。"他说道，"让人非常难受，我需要多巴胺。"

我看着他，他接着说道："我知道其实早一点起床就可以不用挤了，但我就是因为不愿意成为那种毅力惊人的人，才做这个多巴胺方程表格的。我知道我没有毅力和决心，所以我要利用多巴胺，来让自己的每一天都充满幸福感。"

"小确幸？"

"有点类似。但你不要忘记了，一天的幸福感是很重要的，因为一天一天过去，就组成你的一生了。"

我点头："在电梯里，你是怎么设置你的多巴胺的？"

"我只能说到这里了，多说无益，就说到电梯这里好吗？你应该已经知道这个图形的真相了,其实并不深奥,对吗?"

我再次点了下头,他就说道:"在电梯里,我会偷拍我身边的人。"

"女人吗?"请原谅我的第一反应是这个。

"所有人。"果然是我狭隘了。

"这有多巴胺吗?"

"有,因为我有一组手机摄影作品,叫作《电梯里的人》。我每天都拍,然后导入这个相册里,标记上时间。"他说道,"这是在记录我的人生。首先,这种大命题本身就会让人产生多巴胺;然后是收集,我逐渐把我们工作大楼里所有人的脸全部收集了起来,这是第二种快感多巴胺;之后是漂亮女孩,如果我拍到了,那就是我的超级彩蛋!"

我看着他,他辩解道:"我没骗你,我不是变态,我只是在收集身边的人。我也不会发表这些作品,这就是我的小秘密。小秘密,也会产生多巴胺。"

"还真是辛苦呢!"我忍不住揶揄道。

"是,挤电梯是很痛苦的。你是作家,不用上班,不会懂得这种痛苦。"他说道,"而我解决了这种痛苦,每天晚上我都会翻看相册,特别平静。"

我沉默了一会儿,还想继续问。他说道:"就到这里了。"

"接下来是个人隐私了吗?"

"是的。"他说道,"如无必要,我自己知道就行了。"

我看着他墙壁上的图案,此时已经完全能看懂了。我忽然发现,这个图案刚开始的部分,点特别密集,到了中间就很稀疏了,到了后段的部分,又开始特别密集起来。

"为什么不均匀?"我问道。

"年轻的时候,多巴胺很多,有时候根本放不下,一天就过去了。"他说道,"因为一切都很新奇,自己有无限的可能,身边的人也在不停地换,所以很容易。到了中年,什么都经历过了,多巴胺就必须要非常小心地安排了。一旦安排得不好,多巴胺进入休眠状态,就要等它复活,这时人生可能就会出现痛苦的岁月了。"

"你一点痛苦都不愿意承受吗?"

对于我个人来说，用承受一定时间的痛苦来换取成功，这是没有问题的，十年，甚至十五年的痛苦，对于我来说都是简单的。

作家本来就很寂寞。

"不愿意。"他说道，"可以每天都开心的话，为什么要痛苦？"

我无言以对。当然我也知道，不用试图去说服任何人，每个人有每个人的选择和活法。然后我转去看图形的结尾部分，最后那一段的多巴胺图形非常奇怪，几乎就是省略号一样的呈现，而且线也很短，说明这些多巴胺很密集，而且持续时间很短。

"这最新画的，是什么情况？和前面的都不一样。"我问道。

"那是我临死前的多巴胺分布。"他说道，"看我的体形，我应该快要进入生命的衰退期了，于是我做了多巴胺计划，好度过最后的岁月。"

"这也可以？快乐地早死吗？"

"可以的，只要你安排得当。"他说道，"当然，比之前要难，但我早有准备。我人生的最后一天，直到入睡之前，都会非常快乐。"

我看着那些多巴胺点，无法想象。

出了病房，我急匆匆地跑去医生办公室，问医生："他早死都可以很幸福，你知道他为自己准备的最后的多巴胺点是什么吗？我好想知道！"

"复仇也是一种快感。"医生对我说道，"据说，他把一生中所有讨厌的人，以及害他的人的秘密都收集保存了起来，准备在他临死之前，一一对外公布。"

"这是……复仇？"我目瞪口呆，他看似平静的背后，竟然谋划了这样一件大事。而他所谓的"收集"，也并不是简单的收集。

"是的。在临死之前，每一天都会毁掉一个自己的仇人，来抵消自己将要面对死亡的恐惧。"医生看着我，说道，"这就是他家里人送他来医院的原因。"

"我真觉得，这人是有点智慧的。"我松了一口气，缓缓地坐下，由衷地感叹道。

"当然。"医生说道，"这是一个问题。你励精图治，一辈子有百分之九十的时间都很痛苦，但是剩余百分之十的时间全部都是伟大的成就，这样是否会觉得快乐？还是你过好每一天，每一天都很开心，却都很平凡，这种情况更令人感觉幸福呢?"

  我看着医生,医生对我道:"别看我,我没有答案。"

  问题是,看这个胖子做的表格,过好每一天也很不容易啊。

---

  ① 多巴胺:一种影响人类情绪、性欲及上瘾行为的脑内分泌物。愉悦、开心等情绪会促使脑内分泌大量多巴胺。

PART 4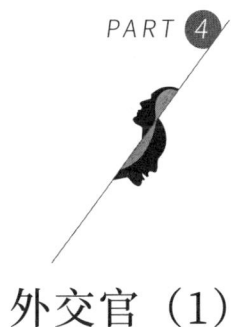

外交官（1）

"不管你相信不相信，我就是被任命了。"他看着我说道，手里抚摸着一本书。

那是一本小说，封面老旧。这家医院里有借阅室，可以看书，但里面的书有一些年头了，因为没有人专门负责图书采购的事情，所以图书也就得不到及时更新。

那是一本悬疑小说，我没有看过，不知道内容讲的是什么，但应该没那么有名。我的阅读量还是非常惊人的，如果一本悬疑小说，我觉得封面不熟悉，大概率是比较小众的那一类。

"所以你的地位很高，收入也很高？"

"嗯，非常高，但在这个世界没有用，因为两个世界的货币不一样。"他说道。

这个人是一个作家。作家有很多类型，他几乎是我的复刻版，我看着他就像看着我自己一样。所以我知道，他其实并不想和我沟通，但是他没有拒绝和别人沟通的能力。我在十六岁以前也是这样的，但后来逐渐好了。

医生说强迫自己回答别人的问题，或者别人提问一定要回答，也是一种特殊的疾病，但因为我现在已经痊愈了，所以无法判断当年的情况。

他可能不会主动开口和我交流了,我只能主动问他:"你可以去那个世界吗?"

"可以,在非常特殊的情况下,可以穿行。但我过去之后,需要一定的条件才能回来,所以穿行的风险很大。"他果然一板一眼地回答我了。

"为什么一定要回来呢,你在那个世界的地位不是很高吗?"

"那是一本恐怖小说。"他说道,"你会希望自己生活在恐怖小说里吗?"

这个病人的病因非常奇怪,他下了一个结论,这个位面①上有非常多的平行世界——要记住"位面"这个词语,因为只有这个词语可以解释多个平行世界所处的主世界。这些平行世界互为小说,我们所处的世界是一本小说,而他手里的小说,里面也有一个世界。

"只有对这本小说理解到一定程度,你才会收到邀请。"他对我说道,"你必须反复看,反复看,和里面的故事完全共情,这个时候你就能看到不属于这本小说的其他信息,这就是泄漏。小说里记录的信息有限,但当你看到一定程度的时候,你就可以接收到小说世界的其他信息了。你看这本书的时候,脑子里会出现很多奇怪的情节,这些情节书里并没有写,但你知道这就是书里正在发生的,这就是第一步。"

"这是获得邀请的第一步?"

"是基本条件。"他说道,"在那个世界里,如果同一时刻也有人在阅读我们这本小说的话,刚巧他也达到了这种精神状态,我们就会建立联系。那么我们就可以互相交换意识,往返于两本小说里。"

我明白他的意思了,想了想,然后问道:"对面有这样一个人吗?"

"有,而且我们一直在沟通,他一直在邀请我过去。"

哦,我忽然意识到了:"你说的风险是,对方和你交换了之后,不想换回去了。"

"当然,他生活在一本恐怖小说里。"他瞥了我一眼,似乎有了倾诉的欲望,"你如果看过这本小说的内容的话,你就会知道,这本小说里有一个非常奇怪的怪物,一直在小镇上活动,看到它的人全部都会上吊自杀。"

"是现实派的恐怖小说。"我补充道。

"对,这是最吓人的。因为他们那个世界和我们这个非常像,所以那个怪物肯定非常可怕，比如它可能会在半夜站在你的窗外看着你。故事里的所有人都在躲避那个怪物，而那个怪物神出鬼没，防不胜防。"

"如果是玄幻小说中的怪物就没有那么可怕了。"

"是的，玄幻小说还好，但是现实派的恐怖小说我还是要谨慎一点的。"

"那为什么要聘请你为外交官呢？"我问道，因为他说，他是自己手里那本书在我们这个世界的外交官。

"为什么不呢？"

"两本书建交，有什么意义吗？"我无法理解。

"有非常大的意义。"他顿了一下，终于说道，"这本恐怖小说的世界里，有太多人无法忍受那样高压的生活了，他们希望这本书中的故事可以被改写，所以他们需要找到这本书的写作者，并和他进行沟通，希望写作者能让他们得到解放。"

"所以他们需要一个外交机构，在中间进行斡旋？"

"对，这本书还有续集，如果再这么写下去，他们认为这算是作者对他们进行的恐怖袭击。"他说道，"所以他们需要他们的外交官，来到我们的世界，帮助他们联系到作者。因为按照规则，他们的世界在我们的世界里，只是一本小说而已。"

我明白了："也就是说，书里的人通过和你交换意识，来到我们这个世界，找到写他们那本书的作者？"

"是的，这就是外交官的意义。他过来的同时，我也会过去。"他说这话的时候，带着一些担忧。

"你不敢过去？"我问道。

"不敢。"他回答得很干脆。

"那你不能算是一个称职的外交官。"我评价道。

他有些着急了："不，只是还没有上任而已，等我做好了心理准备，我还是会履行外交官的职责，进行交换的。"

"那如果你去了那边，作为外交官的你，会做些什么？"我问道。

"我会在他们那本书的世界里，想尽一切办法找到写作我们这个世界的这本书的作者，让他把我们的故事写得稍微好看一些。"他说道，"如果可能的话，添加一些内容，让一个恐怖世界的怪物来到我们的世界。"

"怪物？你不害怕吗？"我问道。

"不害怕。"他看着我说道，"现在咱们这本书，写得太无聊了。"

他说完，看着我，对我道："隔段时间，大概过三天吧，不相信的话，你可以再过来和我聊，那个时候我大概已经去了那个世界。"

---

①位面：一个由桌面游戏设定的用以诠释多元宇宙的名词，多元宇宙中的每一个宇宙即是一个位面。比如我们所说的穿越回2000年，不一定是回到当前这个世界的2000年，有可能进入的是另一个平行世界的2000年。

PART 5

外交官（2）

过了几天，我回去找他。

在我的预判中，他要么找了一个理由，告诉我交换失败了，他还是他；要么他的状态真的发生了变化。这种变化有两种可能性，一种是他完全变成另外一个人格；一种是他仍旧是原来的那个人格，但是声称自己的人格变化了。我当然觉得第一种的可能性很小，毕竟在现实生活中，这样的情况非常少见，这基本上属于多重人格了。

大部分多重人格都是伪多重人格，是怀疑自己有多重人格；或者是现在这种情况，因为妄想而使自我认知产生了变化，以为自己变成另外一个人。这其实并不是多重人格，而是妄想症。

再次见到他的时候，我一时之间没有分辨出来他到底是哪一种情况，但我意识到，他确实发生了变化。

他的眼神变得很不一样，如果说之前是一种慵懒的、散漫的、毫无希望的眼神，那么如今他的眼睛可以说是非常有神，整个人的体态也似乎年轻了很多。

我还没有开口，他就先说话了："你就是那个询问者？"

我没有回答，只是坐在他的对面看着他，他没有在意，继续说道："他和我提过你,他说过你会来找我,不对,是来找他。"

"你们交换了?"我试探地问道,以免他忽然和我说"哈哈,骗到你了"。

"对,我们交换了。"他说得很干脆,"而且有一个特别遗憾的消息要告诉你,他过去之后,死在了我们那个世界。"

"为什么?"这是我没有预料到的。

"因为我们两个的联系中断了。这种联系是无法自行中断的,我能看到他的世界,他也能看到我的世界,两个世界在我们的精神层面是重叠的。但如今我只能看到你们的世界了,他一定是死了。"

"怎么死的?他不是外交官吗?地位不是很高吗?"

"是的,他是外交官,地位也很高,但他还是能被那个怪物杀死。"他说道,"因为,那个怪物可以想杀谁就杀谁。"

"哦。"我不动声色,继续问道,"那你现在不是他,你也回不去了?"

"不是完全回不去,是很难回去,需要我们那个世界里有另外一个人看这本书看到一种心流的状态,我和他再次连接。"他说道,"但这是可遇不可求的,不过他和我说了,到了这个世界,如果有什么不明白的可以问你,你会帮助我。"

"那你有什么不明白的吗?这个世界不是和你原来的世界很像吗?"我说道。

他点头,看了一眼正在看着我们的护工,然后对我说道:"我要继续执行任务。那个怪物如果杀了外交官,说明它已经知道了两个世界的事情,那么接下去的情况只会更加麻烦。我有一个女儿,她需要我,我必须保护她。所以,我要找到那个作家,修改这个故事。"

"和我说说那个怪物吧。"我对他道,"我对你们的机制不了解,我必须问清楚。"

"你不相信我吗?"他问道。

"对,不相信,我怎么知道你不是那个怪物呢?也许你欺骗和杀害了外交官,混进了我们的世界。"

我当然是故意这么说的,这完全是根据小说的情节推进来说的。如果是我写小说，我就会这么写。

其实，在这段时间里，我已经把那本小说看完了。那本小说讲的是发生在一个小镇上的恐怖故事，这个小镇叫作河谷镇，应该是一本美国小说。但这个人说中文，说明这本美国小说被翻译成中文版之后，里面的世界也变成中文环境。

这本恐怖小说里面有一个直到小说结尾都没有现出过原形的怪物，遇到这个怪物的人，第二天都会莫名其妙地上吊自杀，没有人知道他们相遇的时候发生了什么。

"那个怪物没有现出过真实的形态，每次出现都只是一个黑色的影子。它可以出现在任何地方，所以很多人一开始看到的时候，都以为是某种树木的影子。"他说道，"我们进行了长时间的捕杀，都没有任何结果，它只在晚上出现。"

"然后呢？"

"我们镇上已经死了二十几个人了。"

"但小说里只写到了第五个人死亡，故事就没有继续下去了。"我适时提出了我的疑问。

"当然，"他解释道，"小说只能展现出我们的一部分世界，它还在继续杀人。而且因为小说没有写明，所以我们不知道它的目的是什么，它似乎就是一种因邪恶而毁灭一切的力量，甚至没有动机。"

"没有动机就很难对付。"我点头，这种情况确实很棘手。

"对，是无差别的。我们不知道下一个死者在哪里，也不知道前因后果，但是一直在承担死亡的压力。"

这就是写作上的一个问题了。那本小说不是那么好看，阅读起来十分辛苦，翻译的质量也很一般。最大的败笔是，它里面的邪恶怪物的动机没有任何伏笔，只有恐怖的气氛，所以读者无法参与进去，没有代入感，越往后看只会越来越迷惑。

"那为什么你们的世界，知道书和书可以连接这件事情？"我问道。

"我不知道，但在我们的历史上，有明确的记载。"他说道，"这件事情是我们的知识，也许是有先驱者？"

我还想提问，他忽然道："求求你了，我必须去救我们的世界，你要相信我并帮助我。"

"我可以回答你的问题,也可以借你一些钱,但我不知道要怎么帮你拯救你们的世界。"我说道。

"我需要从这里逃出去,找到那个作家,你能不能帮我逃出去?"

之前我也搜索了那个作家,很神奇的是,那个作家是很久以前写的这本小说,不知道为什么,这几年忽然又开始连载了。当然,要找到他特别困难,这哥们儿是个加拿大人。

我忽然意识到,这个人可能是想通过这种方式逃出这里,毕竟精神病人逃出医院不是小概率事件。但我看他的表情和状态,确实和之前的那个人很不一样了,就连他讲话时的断句方式也不一样了。

我看着那个人,忽然觉得自己陷入了一个很棘手的境地。

对方看着我,重复了一遍:"帮我逃出去,我会代表我那个世界,好好谢谢你。"

"在我没有确定你是不是那个怪物之前,我不会帮你的。"我说道,"等一下我会进行测试。"

这当然是缓兵之计,因为我发现我把事情聊到了一个对自己来说特别不好的境地。

"怎么测试?我就算是怪物,也只有意识来到了这个世界,你怎么测试我?"他说道。

"从动机测试啊。"我说道,看着他的眼睛。

"什么动机?"

他说这话的时候,表情竟然有一丝不自然。我本来只是胡扯,想找个办法摆脱他,但是看到他的那个表情,我忽然愣了一下。

我从来没有相信过他所谓的怪物穿越说,但那个表情却让我真的在意了一下。很快,那个表情就从他脸上消失了,甚至让我觉得刚刚的一切都是错觉。

我犹豫了一下,担心事情完全崩盘,但最终我还是继续道:"怪物通过外交官进入这个世界,其实是没有动机的。我看过你们那本小说,那本小说里的技术手段相比我们这个世界还是落后很多的。如果我是一个诡异的怪物,我宁可生活在你们那个迷信闭塞的世界里,而不会想要过来。如果怪物要通过外交官来到这边,唯一的可能性就是,你们这本书马上就要结尾了,而怪物就要被消灭了。"

"为什么?"

"那个作家时隔多年突然开始重新连载了,出现这种情况多数是因为他良心发现,想要把小说写完。"我说道,"这样的话,这个故事一定会有一个好结局的,怪物肯定得死。但是怪物肆虐了那么久,肯定不想死,所以它唯一的动机只能是这个。"

"你错了,我不是怪物,我是要拯救我们的世界。"

"那你还要去找那个作家吗?"

"当然。"

"那你就是那个怪物。"我说道,继续胡扯,"因为这个故事很快就要结束了,怪物很快就要死了,去找那个作家的事情,根本没那么紧急。对吧,怪物?"

我此时完全没有其他的想法,只是觉得他刚才的表情有点奇怪,同时想赶紧结束这个话题。

没想到他却定住了,然后脸部开始扭曲起来,整张脸竟然扭曲得万分诡异,完全不像一个正常的人,而是真的像一个怪物。

接着,他忽然朝我怒吼起来,并且跳起来试图抓我的脸,我被他吓得摔翻在地,护工立即上来按住了他。

我看着他的脸,他嘶吼道:"我不可以被写死!"然后被拖走了。

PART 6

外交官（3）

这件事情让我在医院里的采访中断了很长一段时间，同时我也被禁止使用这种帮助病人构建妄想的方法和病人进行沟通。我的主治医生明确地告诉我，只能了解病人、理解疾病，不可以和病人一起去构建什么。

"但是病人和病人之间也会胡乱沟通。"我挣扎着，想要再争取争取。

"不会发生这种事情。"医生对我说道，"假设一个被迫害妄想症患者遇到了一个普通人，那个普通人顺着他的迫害妄想进行引导，被迫害妄想症患者很快就会将其也认定为加害方，但你不一样。"

"为什么？"这就让我有些疑惑了，为什么我不行？

医生解释说："因为你可以构建素材，你发现他的思维方式之后，不会直接进行引导，而是给予素材。他在没有防备的情况下，会被你引导，使用你的素材，从而使病情加重。"

"但我其实没有这样的主观意图。"我真没有。

"写小说本身就是一个偷窃读者心中的素材，引导读者自行去构建世界的工作。"医生说道，眼神似乎有些怜悯，"所有的好作家都是高明的小偷，拙劣的作家则希望把自己的东西硬塞给读者，看似慷慨，其实是在逼迫别人接受自己的想法。"

我不想再聊这些，直接离开了，但事后我也确实开始反省，因为毕竟对方是病人。我不知道他算不算病情加重，按医生的说法是病情并没有加重，但是妄想内容发生了变化，可能会导致其行为变得不可控，特别是严重的妄想症病人。

"总归是想解决一些问题。"一个护工在和我闲聊的时候告诉我，"妄想的本质是解决一些他内心无法解决的问题，但是你永远无法触及这个问题。因为他既然选择通过妄想来解决，就说明这个问题被藏得非常深，而且不可推理。"

过了一段时间，我重新在活动室看到了他，他仍旧被人看管着，但是已经恢复了平静。他也看到了我，主动要求继续和我进行沟通，我这才被允许再次和他接触。

我不能再进行任何引导，并且我希望可以做一些事情，来消弭自己对他的影响，所以我直接对他道："我发现你在骗我。"

对方看着我，说道："为什么？"

"外交官去到你们的世界，会进入你的身体里。你是一个怪物，那么他就不会死，而是会变成怪物，怪物不会杀自己。"

"所以呢？"

"他会被作家写死，而你会在这里生存下去。"我说道，"所以他没有死，他还在你们那个世界。"

"所以呢？"

"但是这个逻辑不成立，因为如果是这样的话，你其实已经安全了，就不用再去找那个作家了。所以我的那个推断是错的，你只是在配合我演戏。"我说道。

他沉默了。

"你不是怪物，你到底是什么？"我试图把整个话题扭转回来。

"你觉得我是什么？"

"你根本没有过去，你只是希望我带你离开这里，去见你的女儿，你还是原来的那个人，你知道我比你们更有可能离开这里。我是自愿进来的，有更大的自由。"我说道，"这是你的计谋，你只是想要逃跑。"

我试图将他的妄想拉回到原来的位置。

他看着我，忽然就笑了，缓缓地说道："如果在我的那个世界，我已经让你上吊了。"

他完全没有按照我的想法做任何的改变，仍是那个他。

"但是你说得对，他没有死，他现在就在那个世界里，在我的躯体里。而且他还会被我身体的欲望驱使，去杀更多的人。这个欲望是那个作家给的，他根本无法抵抗。"

"那你在这具身体里，没有这种欲望吗？"我有些担心事情会朝着我完全无法预料的方向发展。

"没有，而且我也没有能力，所以你才没有死。"他说道，看上去颇为遗憾，然后话锋突然一转，"暂时。"

"暂时是什么意思？"我心惊。

"他们即将对你们这个世界，发动恐怖袭击。"他说道，"他们会找到写作你们这个世界的作家，逼迫他修改故事的进程，将你们的世界毁掉。"

"能做到吗？"

"当然可以。"他看着我，慢慢地说道，"给我一本小说，我给你更多的情报，让你有机会可以自救。"

"通过什么方式？"我问道，想要了解更多的信息。

"一种特殊的交流和谈判，细节我不会说。"他说道，"也许你们可以达成共识或者达成某种平衡，但需要我教你，条件是给我一本小说，新的小说，不要旧的那一本。"

听到他这样说，我顿时松了一口气："为什么？你要做什么？"

"当然是离开这个无聊的世界。"他说道，"给我一本新的小说，我得再找一个。"

PART 7

巨人凝视

老A是一个我知道绰号,而且几乎如同我助手一样的病人。

他没有攻击性,没有认知障碍,也不传道,不会执着地想要让人理解自己的思想。他是一个轻症病人,而且认为自己应该快好了。

其实,很多病人的思维方式和我相似,区别在于我能分辨自己的哪些想法是想象出来的,而他们深信不疑。有一段时间,他帮我整理我的文稿,不免就要阅读这些故事,他说他特别喜欢外交官的故事。

最终我给"外交官"写了一部短篇小说,一个关于怪物乐园的故事,里面的怪物都能获得关爱并且幸福地永生。但我也小心翼翼地在里面埋藏了一条暗线,就是里面有一个非常强大的主怪物,它可以穿越任何时空,去弥补那些怪物遗憾的过去。

主怪物被赋予的权力和能力很强大,对弥补怪物们遗憾过去的决心十分坚定,以至于那个地方对于想要作恶的怪物来说,是一个监狱,因为它们永远无法越狱。

在小说中,那里只有一个人类,他是主怪物的助手,儒雅、善良且勤奋,"人设"完美。他还看完了那个世界上的所有小说,可以和所有的小说世界连接。而他最喜欢的就是我们这个世界,一直在等待可以交换到这个世界的机会。

这个唯一的人类还有一种能力，就是可以完全感知到交换躯体的思想和过去，拥有和他进行交换的人的所有的爱和记忆。

很鸡贼的设计，但作家在这种事情上有特权，对吧！

我并不知道他对这部小说是否满意，他的理论其实有很多漏洞，对他来说有两个世界，但事实上世界上有无数的小说，难道这些小说世界之间的关系没有交织成网吗？这极难通过文字描述和理解，我觉得他也没有往那方面去深想。

但无所谓了，如果他真的相信书和书之间连接交换这件事情，并且一直在想办法逃离这个世界，和我写的短篇小说里的那个人类交换，那么我们也许会迎来一个"正常人"。

我问医生："这是否算是一种临床治愈，因为病人妄想自己成了正常人，并开始模拟正常的自己。"

医生说："不准套娃。"

在外交官故事的结尾，我曾经有过一个升华主题的念头，但等到写完的时候，却又觉得也没有那么"高大上"。这个念头就是，妄想自己是正常人的精神病人，到底算不算是正常人？如果他能妄想一辈子呢？

其实，也许我们大部人都是这种类型，比如我自己。

深度凝视自我的时候，我会忽然觉得，我这辈子也只是在扮演一个正常人而已，这让我毛骨悚然。内心深处，我也许是一个不可救药的妄想症患者，甚至是怪物。

老A很喜欢这个故事，大概是因为他算是我的助手，能理解我的心境。在这家医院里，如果没有我这样的心境是比较无聊的，这也算是有事干了。

老A其实已经开始逐渐意识到，自己有妄想症状。他对我说，他有时候完全相信因为妄想而出现的东西，并对此感到非常恐慌，有时候又知道那些都是假的，只是他的妄想而已，并提醒自己不要害怕。

我问他，怎么判断自己是否处于发病的状态，他告诉我，当他凝视太阳的时候就是发病了。

但我始终没有办法了解老A在想什么，为什么他发病的时候要看着太阳。

我去问医生，医生却不建议我深究老A。

"他觉得太阳是一块镜片。"医生和我说,"显微镜的镜片。"

"这么大的镜片?"对于老A的这种想法,说实话,我是有些吃惊的。

"对,他认为地球是一个培养皿,天晴的时候,有人会通过太阳这个镜片观察我们。"说着,医生无奈地摇了摇头。

"我们是细菌吗?有一个巨人在研究我们。"我觉得老A的想法有些匪夷所思。

"不是我们。"医生说道,"老A凝视太阳,就是凝视这块镜片,他觉得巨人是在通过镜片研究他。"

"那我们是什么?"

"如果用你说的细菌来举例的话,他就是那个关键细菌,而我们只是杂菌,随处可见的那一种,但他不是。"医生说道。

"为什么他会这么想?"对于老A的想法,我真是越来越好奇了。

"因为他发现自己去任何地方,天气都会很快放晴。"

"就像很多人一出门就下雨一样。"我点点头。有这种想法也很正常,可能他碰到这种偶发事件的概率比别人大了点。

"对,所以他认为主要的观察对象就是他。"医生总结道。

"那他的结论是什么?"

"他是一个特殊的细菌,或者说对于巨人来说,他是特殊的微生物,是高致病性的。"医生说道,"巨人正在研究他。"

"他是传染病病原体。"

"嗯。"

我一笑,这是典型的自我意识。

"但是他并不会分裂。"我说道,"一个细菌对于巨人的免疫系统来说,不算什么吧!"

"你听过杰克和下金蛋的鹅的故事吗?他认为那个故事是有隐喻的,一个小人进入巨人的世界,会导致巨人生病。"医生说道,"你不能用人类和细菌的关系,来讨论我们和巨人的关系。"

这倒也是,也许巨人没有免疫系统,并且非常脆弱。

"那他的态度是什么?"

"生来就是另外一种生物的致病菌,他没有选择,也很无奈。他时刻生活在恐惧中,一直问我,对于致病菌的观察,最后的时刻会做哪些实验。我告诉他,观察会持续很久,但事实上,会用不同的药物来试验细菌对药物的敏感程度。"医生说道。

"哦?"这倒是有些出人意料了。

"但他自己肯定也查了资料,知道我没有说实话,并且接受了这个命运。来到这里之后就是不停地吃药,他就一直很有深意地看着我。"医生说道,"吃了那么多药,他都没死,他开始相信自己是最难搞的那种细菌了,后来他就开始得意起来。"

"菌王。"我笑了,突然觉得老A可爱起来。

"他在这里很长时间了,病情控制得很好,应该可以出院了。"医生看着我,突然变得很严肃,说道,"不要去招惹他,把他当普通人就好了。"

我后来观察老A,试图去确定他是否也是因为想要离开这里而假装病情好转。如果他坚信自己是细菌,甚至认为自己是一场瘟疫的瘟神,难道不是应该去感染什么人吗?而感染别人就要先离开这里。

"月亮不是镜片吗?"我问医生。

医生就对我道:"月亮不是。"

"那月亮是什么?"

"多头显微镜,转动镜片头的时候,就会变成晚上。月亮的所有变化,都是更换镜头时候的景象。"医生说道,"我模拟过,从细菌的视角,确实说得过去。"

自始至终,我都没有去招惹老A。毕竟,我看到过他老婆过来看他,看起来是一个很好的女人。我希望老A能够回归正常生活,获得幸福,"分裂"几个孩子之类的。

PART 8

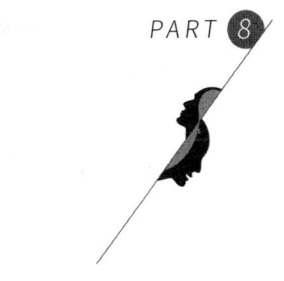

最重要部门（1）

那个人永远坐在最靠近门口的那个位置，那个位置有墙壁挡着，其他人从门外往里看是看不见他的。

用他的理论说，减少别人发现他的概率，可以让他更好地开展工作。

他是我在这里接触的第一个有故事性妄想的病人，这种病人一般都会有两个故事，一个故事是讲给其他人听的，一个故事是他认为自己身边真正发生的事情。

需要触发某个条件，才有可能让他讲出他所认为的真正发生的那个故事。一般来讲，这个触发条件会非常离奇。

但是这个人的触发条件，很多人都知道——你只需要在进门后，直接走到窗边，看向窗外的院子，他就会被触发。

这时，他会凑过来，直接塞给你一团纸。

纸是他平时收集的各种卡纸，用胶水粘在一起，上面写满了别人看不懂的符号，瞥一眼就知道是乱写的，没有任何逻辑。

他一直认为自己隶属于一个关键部门，来到医院里，是为了监视所有的医护人员是否在进行秘密工作。

卡纸上的每一个符号，都代表着医院里一个病人的病因，而每个符号边上的数字，是他给这个病人身边的医护人员打的分。

如果你进门后看了窗外——这在他的世界里，似乎是辨认身份的一种暗号——他会认为你是他的同事，是前来和他交接文件的，就会把卡纸给你。

递交文件的时候，他会看着你。如果你长时间没有反应，他就会回到座位上。只有拿出空白卡纸跟他进行交换，他才会和你说话。

我对这个院区的病人进行整体观察，就是从注意到这个人开始的，认识和了解他的过程十分有趣。

我让家里人给我准备了很多香烟的包装卡纸，按照医生的交代把卡纸给了他。他看到我递给他卡纸，就笑了。

"我认识你。"他对我说，"借阅室有你的书，但是没有第二本，据说第二本有些邪乎，很多人看完后病情加重了。"

我问他道："你的工作做得怎么样了？"

他一脸惊讶，说道："你不会是信了那些医生的话了吧？"

他的表情非常鲜活，我一下子不是很明白他是什么意思。

他继续道："我只是需要卡纸，所以才编了那样一个故事。同时，也是想看看他们到底有多轻视我们。果然，我每次拿到卡纸后，给出去的时候都会留下一张，他们一次也没有发现过这个问题。"

"什么故事？"这和医生告诉我的完全不一样。

"就是我监视病人的故事。"他说道，"啊，你信了。这一招特别管用，大家都觉得精神病人全是傻子。"

我当时差点儿就被绕进去了，因为他表现得太正常了，直到我想起他的医生说的"他不会像病人一样说话"，这才打算先不动声色。

因为那个时候如果不顺着他的话说，继续表演，我会更像一个傻子。

于是我接着刚才的情绪，硬着头皮和他说道："别开玩笑了，我们得继续执行任务。"

他就戏谑地看着我："你被他们耍了。"

"你如果不能执行任务，我会上报的。"说着我做出要离开的样子，往外面走去。

我走到门口的时候，觉得自己可能真是个傻子。但当我拉开门时，他终于叫住了我："哎，先别走。"

我转过头，他先看了看其他人，然后才压低声音对我道："不好意思，情况有变化，那个东西已经出现了。为了安全开展工作，我只能先试探你。幸好，你过关了。"说着，他又看了看四周，才接着说道，"我们的简报沟通不能在这里。"

"那在哪里？"我问他。

"一个秘密的地方。"他神神秘秘地说道。

所谓的秘密地方，其实就是C餐厅。医院里一共有三个餐厅，其中C餐厅是供应咖啡的，而那个秘密的地方就在咖啡机的旁边。

他看着我，拿出了卡纸。

他的动作确实很像医生，并且像医生一样"发号施令"："好，我们现在进行沟通。我来提问，你来回答。"

"好。"我不知道他要做什么，但是我开始觉得有意思起来了。

"你必须完全按照训练的方式回答。你知道的，我可以根据你的回答知道上面的真实意图，而你作为传信员，不需要知道这些。"

我点头，虽然不懂，但我决定配合。

接着他问了我很多生活上的事情，比如说我爱吃的菜、细叶菜的几种做法之类的，还有一些政治和金融方面的新闻。

我都直接按照实际情况一一作答，不知道的，就说不知道。

他听完每个回答后，都会很仔细地在卡纸上描描写写，我完全看不懂。我觉得自己说的东西毫无意义，但他似乎完全听懂了一样。

问完之后，他一脸严肃地对我道："看样子，事情已经很难挽回了。"

我不禁问他："我可以知道一些吗？"

他摇头，对我道："除非你获得晋升，否则以你目前的职级，你无权知道这些。"

"那如何才能获得晋升呢？"

他又看了我一眼，说道："需要有重大立功表现。我就是因为发现了它，也就是那个东西，才得到晋升的。"

交流就此终止。

说实话我真的非常好奇，也许，我最终问到的就是一个混乱的精神病人的世界观。当然，我也很难有所谓的重大立功表现，因为我根本就不知道那是什么东西。

大概是在一个月之后，我发现了一个突破口，就是当我开始和病房里的另外一个病人频繁沟通之后，他表现得非常焦虑。

我当时有一种特殊的直觉，觉得正在和我沟通的这个"另外的病人"，或许就是他口中所说的"那个东西"。

这个另外的病人是一个反向视觉的人，他觉得他看到的所有东西都是相反的，他认为自己的脑子里有一面镜子。

"镜子人"的故事也非常有趣，但这里还是主要说说这个"秘密特工"病人。

在发现了他的异常反应之后，我找了一个机会，在一次和他交换卡纸的时候，对他道："我已经取得了那个东西的信任。"

他看了我很久，最后似乎松了一口气，说道："我一直都很担心你。"

我知道我猜对了。

"我还不知道那个东西的危险性。"

"你们都不会知道的。"他说道。

"那我可以得到晋升了吧？"我问他道。

他犹豫了一下："按道理是可以了，但需要组织批准。"

我就对他说："现在我好不容易获得了这个机会，我们要放弃吗？我需要下一步的指令。"

他看了看我，对我道："好，那我们执行紧急决策原则。我直接决定你晋级，并且对你进行培训。"

他说这些话的时候，用力捏了一下我的手，似乎下了很大的决心。

PART 9

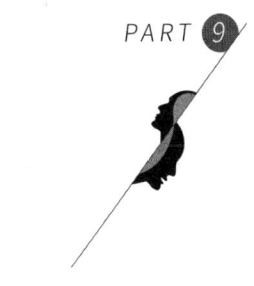

最重要部门（2）

培训的内容基本上就是由他来讲述整件事情背后的逻辑。

他所在的组织，叫作最重要部门。

对，你没有看错，就是"最重要部门"，一个字都不差。

最重要部门成立的原因，是"什么最重要"这件事情的不稳定定律。

在很多年前，他们组织的科学家就发现，人类对于什么事情是最重要的，无法集中注意力。比如说，在学生时代，学习成绩是最重要的；工作的时候，工资收入是最重要的。

但人的生命是一个统一的整体，如果将人的整个生命作为一个整体去看，应该只有一个最重要的东西，而且这个东西是恒定的。那么，为什么每个阶段，这个东西会发生变化呢？

他举了很多例子。

比如说，一个名贵的包，有一些人会因为得不到它而自残或者自杀。那么，包会重要到超过自己的生命吗？不会的。但为什么有些时候，人对自己生命价值的预估会低于很多身外之物呢？

比如说，有些人因为要赶着去购买低价水果，而去抢公交车司机的方向盘。可能一斤水果才便宜八毛钱，但是他的行为却是连自己的命都不要了。又比如说，很多人炒股是为了更好地生活，却因为亏了钱而跳楼……

"由此，组织得出了一个结论。"他对我说道，"重要事件不是一个恒定的量，这是一种传染病的病症，是由一种病毒导致的。在这种病毒产生之前，所有人的人生中最重要的东西，确实都是恒定的。"

"后来呢？"我不由得追问。

"病毒产生之后，'重要'就变成一个波动的量。我们每个人的身上都有这种病毒，所以我们都有可能发病。发病的时候，我们会把眼前的事情直接当成最重要的，而无法宏观地思考整个人生。"他继续解释。

"这是一种精神疾病？"

"我说了，是病毒。"他反驳道，"它存在于我们体内，和我们共生。这很常见，鼻病毒①就和我们共生。"

"所以组织安排你在这里的任务是？"

"组织给的任务是，在任何时候都要用制度，保持人类对重要性的认知。"

我搞不懂他的话是什么意思，他继续解释道："它是一个火种，是一叶方舟。"

"你的意思是？"

"得寻找对这种病毒免疫的人，他们时刻都明白，对于人类来说最重要的事情是什么。我们会监视这种人，并且保护这种人，最终从这些人身上研究出疫苗。"他脱口说道。

这下我明白了："所以这个医院里——"

我话还没说完，他就立刻接过来："对，这里有一个免疫者，他知道人类最重要的事情是什么。"

"是你说的那个很奇怪的东西吗？"我问道。

"不是。相反，那个人是传染源。"他说到此处，停顿了一下，仔细想了想，才继续对我说，"我们身上的这种病毒，大部分是遗传带来的，它不会传染，所以那些免疫的人和我们在一起，是安全的。但是有一些人是超级病毒携带者，他们身上的病毒可以感染免疫者。如果他们出现了，我们就需要除掉他们。"

"你是如何分辨的呢？"

"你需要观察,朋友,这个不是我能描绘的。你注意观察,就能发现这些超级病毒携带者。他们完全不知道什么是重要的,他们做所有事,都是从随机的事情开始的。"他说道。

我当然没有注意过这些,但我觉得不同的人对重要事情的认知是不同的,所以关注这个没有什么太大的意义。

最后,他给我的任务是靠近那个东西,也就是那个"镜子人",并且想办法让他尽量不要靠近咖啡餐厅。

我大概能推测出必须这么做的原因——他正在监视的免疫者,应该经常出没于C餐厅。

后来,我因为很难控制自己的好奇心,又去问他:"那人类最重要的事情到底是什么?"

他对我说:"你身上有那种病毒,所以你永远也不会知道,因为你最重要的事情随时都会变化。你需要自由的时候,觉得自由最重要;你要活下去的时候,觉得生命最重要;你爱上某个人的时候,觉得爱情最重要……我们都不可能知道人类真正最重要的东西是什么,除非我们打了疫苗。"

"这种最重要事情的变化对人类有什么害处呢?"有这种变化不是挺好的吗,哪有一成不变的人生呢?

"你去超市里,买那么多没有用的东西回来,就说明你一路走,你最重要的事情一路都在变。最重要事情的随意变化,让人类社会产生了很多的浪费。你在网络上和别人争论,一开始你只想表达自己的想法,后面就会变成一定要打败对方。到底什么才是最重要的?人类总是把自己想要的,变成所谓的最重要的。"

"所以这种病毒让人群分裂?"我问道。

他没有直接回答,只是说:"我们永远不会知道答案的,一直到我们毁灭之前,我们才能知道我们还有什么没做。"

---

① 鼻病毒:一种常见的会引起上呼吸道疾病的病毒,会导致出现感冒症状。通常具有自限性,人在感染后一周左右即可自愈。

PART 10

蝎子草中的女人

荨麻草又叫蝎子草，是一种触碰之后，会让人产生剧烈疼痛的植物，应该属于很多人的童年噩梦。这种疼痛的痛感级别非常高，时间能持续两到三个小时，而且减弱速度十分缓慢。所以，如果你不慎跌入荨麻草丛里，浑身多处皮肤被蜇到，大部分情况下必须叫救护车急救。

据说曾经还有人疼死过。

如果一个地方有一大片多达几百亩的荨麻草地，那基本上是为了保护种在中心区域的珍贵庄稼，没有牛羊能通过荨麻草地，所以很多地方也会将其种植起来当作栅栏。还有就是人工种植的，用来做中草药。

那一片荨麻草地有几百亩，所有的草足足有一百五十厘米高。那个姑娘，也就是我要采访的那个病人，赤身走了进去，深入那片荨麻草地的中心。

营救的人员根本无法进入，也无法确认她的位置。最后消防员出动，穿着带氧气瓶的全密封防护服装，进行了长达三天的搜索，才找到她。

找到她时，她正在草堆中打坐。

如果你曾被荨麻草蜇过，就会知道，这几乎是不可能做到的事，因为任何人的皮肤只要碰到荨麻草上的茸毛，就会产生剧烈疼痛。你可以把这种草想象成满身都是毒毛的洋辣子，然后你整个人裸着被包裹在里面，几百亩这样密密麻麻、细如牛毛的毒刺围着你,连空气中都散发着剧痛的气息。

她被带出来的时候,浑身都溃烂了,过敏反应非常严重,甚至开始产生幻觉。

但最可怕的是,她是怎么走进去的?在我的认知中,没有人可以就这么走进去,而且是一直走到最深处,因为那种疼痛几乎没有人能忍受得了,尤其是手、脚踝和脖子上的疼痛。

"的确很疼。"她对我说道,"但是我有天赋。"

"什么天赋?"我问。

"我对疼痛并不敏感。"她说道,"比起一般人,我要不怕疼得多。有很多次我做饭的时候,手破了,直到别人提醒我,我才注意到,否则我根本不会发现。"

"这是神经系统的问题吗?"我猜测道。

"也许吧,但我的身体没有问题,能感觉到疼痛。只不过,我的身体似乎不是很在意这种感觉。"她说道,"你也知道,疼痛只是一种电信号,是大脑识别危险的一种信号,但它未必代表真的有危险。"

"我被荨麻草扎过,它的茸毛刺里含有蚁酸,能腐蚀人的皮肤,引起剧痛。我觉得这肯定是一种危险。"我说道,毕竟过量的剧痛反应会引起人体过敏,如果实在太严重,人甚至会休克死掉。

"挠痒痒也是一种电信号!"她用力拍了一下桌子,显然是在跟我示威,让我注意听她说话,"你不要自说自话,电信号本身是不致命的!"

边上的女医生立刻看了我一眼,我意识到她不喜欢我这样和病人直接辩论,于是便点头赞同:"对,你说得对,痒和疼,本质上都是电信号。"

"判断属于哪种信号,身体对此做出什么反应,都是由你的大脑决定的。所有人约定俗成的规则就是,疼就是危险,但唯独我的大脑不这么认为。"

"你的大脑认为那是什么?"

"倒也不是说和危险无关,只是它不会让我这么痛苦。我举个例子,如果把我的脊椎切断,那么无论你对我的身体做什么,我都是感觉不到的。麻醉就是一种化学切断的手段,所以理论上说,手术也是在伤害我的身体,但我并不会觉得疼。"

"所以说你的身体……"我好像有点明白她说的情况了。

"一直处于一种半麻醉状态。"她说道。

我在笔记本上记录下她说的话。其实我能理解，这就是有些人怕痒，有些人不怕痒，有些人怕疼，有些人不怕疼而已。

"即便如此，你为什么要走到荨麻草的中央？"我问道，"这对你有任何意义或是好处吗？你是不是要向谁炫耀，或者是和谁打了赌？"

"嗯。"她嘟起嘴巴看向女医生，"他能听懂吗？"

"你说吧。"女医生鼓励她。

看得出她们两个人的关系很好，病人看着我，歪头想了想，说："如果你完全沉迷于一件事情，有时候并不是好事，因为你有可能会钻牛角尖，疼痛也是一样。"

我想问这是什么意思，但是忍住了。

"你现在回忆回忆，你小时候被火烫到的时候，是不是很疼？你能回忆起那时候的疼痛具体是什么样的吗？"

"具体的疼痛？"

"对，意思就是，到底什么是疼痛，疼痛是一种什么感觉？"

我陷入了疑惑。她看着女医生说："你看，他不懂。"

女医生就对我解释道："她的意思很简单，疼痛对于大部分人来说，就是发生在一瞬间的一种简单的感觉。疼就是疼，它没有内容，只是一种长期或者瞬间的刺激，你无法去品味这种疼痛。"

"这我不同意，虽然疼的时候脑子是一片空白的，只是身体的条件反射在起作用，"我说道，"但我还是分辨得出割伤的疼、胀痛、撞击的疼之间的区别。"

"不，那些都是疼痛之前的感受，但疼痛是一样的。"病人看着我说道，"所以，对于你们这些普通人来说，疼痛就是简单的——疼。"

"难道你不是吗？"

她缓缓地摇了摇头，眼神中都是鄙视和怜悯，似乎我是一个不懂得欣赏艺术品的土老板。"因为我对疼痛没有那么敏感，所以，我可以体会到，在疼痛的背后还有东西，不同的东西。"

我看着她，她给我举了个例子："有的人吃辣的时候就只感受到辣，但

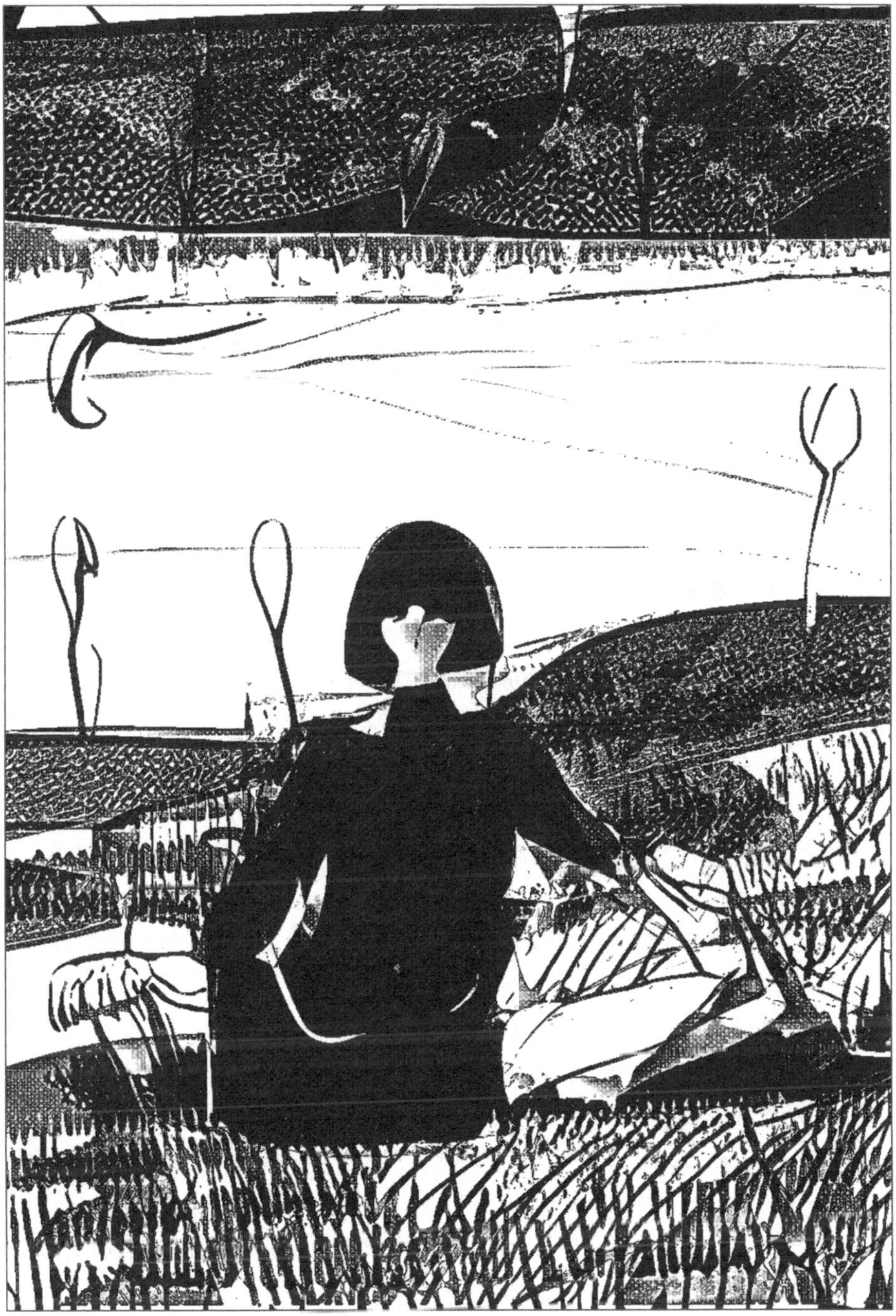

我吃辣时就觉得辣里面还有香味。"

我稳定了一下思绪，忽然明白了她的意思。

"我懂了，你认为疼痛是复杂的。"

她依然看着我，眼中的鄙视和怜悯并没有消失，只是说："光懂了是没有用的。"

因为她对疼痛不敏感，所以身体不会全身心地进行条件反射，她反而能够因此体会到疼痛后面隐藏的感觉。

"疼痛不是一种感觉吗？"我特意把重音放在"一"这个字上。

"不是，疼痛是十几种感觉的综合，里面有很多其他感觉的细节，它们组成了疼痛。"她说道，"有十二种。"

"那么多？"我惊讶道。

"嗯，要一一辨认出来并不容易。"她说道，"但十二种，正好也是香水的配方数，是不是很迷人？"

"那你走进荨麻草地里，是在——"

她大笑了起来，完全像是一个疯子，表情也是不正常的："真的很疼，连我都觉得疼，但我却因此能够更加清晰地分解出那十二种感觉来。要知道，人只有五种感觉，说起第六感，大家都觉得很神奇。但在疼痛中，混有十二种感觉。天啊，你知道这神奇到什么地步吗？"

"我……我不知道。"我看着她，她已经完全沉醉其中。

"你身上最起码多了七种器官。"她说道，"我研究过，应该是在我们从两栖类进化到人类的过程中，消失的七种器官。它们曾经在生物的感知世界里，发挥过巨大的作用，但后来没有用了，就退化了，于是现在我们只剩下五种感官。"

"然后呢？"我不由得追问。

"所有被淘汰的感官，全都汇入了疼痛这种感觉里。"她认真地说，"你如果足够幸运，全部感受过那十二种感觉之后，世界会完全不一样。"

说完，她按住我的手，对我道："我曾经用针刺激自己，但疼痛消失得太快了，我需要一种更持久的疼痛，一种剧烈的、长久的疼痛。荨麻草的毒非常完美，但真的太疼了。然而在疼的同时，那十二种感觉，都非常持久地爆发了出来，是我之前用针和电能够达到的时长的几百倍。"

所以她走进荨麻草地里，中毒严重，遭受剧烈疼痛，就是为了这个？

"你当时差点死了。"我说道。

她依然按住我的手，力气很大："这不重要。你想知道那十二种感觉出现之后，我体会到的世界是什么样子吗？那是两栖类动物感受到的世界，那是蛇感受到的世界，那是虫子感受到的世界。人不算什么，人能感受到的东西太少了，其实这个世界远不止你看到的那些。"

女医生按住她的手，示意她差不多了。她却忽然对我眨了一下眼睛，神秘地说："其实，你也可以尝试，有办法的，你想不想知道？"

女医生掰开她的手，她就看着女医生说："你一定试过了，对吗？对吧！我教过你了，你一定试过了！你要说出来，我不是疯子，我只是和你们不一样。"

我和女医生在楼梯间里抽烟。我们两个都很沉默，我看着她，她大概知道我想问什么，于是直接对我说道："她所谓的方法，就是使用药物提高自己对疼痛的耐受度，然后通过感受持续不断的疼痛，来分解疼痛这种感觉的层次。"

"你试过吗？"我问她。

"这里的生存条例就是，绝对不要去试病人的理论。"她说道。

"什么药物可以降低自己对疼痛的敏感度？"我好奇地问。

"我不会告诉你的。"她看着我说道。

我蹲到地上，又陷入了沉默。说实话，我几乎被那个病人说服了，我甚至不再那么害怕荨麻草的疼痛，想去试试。

七种已经退化的器官所带来的七种新的感觉，对于我这种体验派人士来说，简直是一种美梦。

"这里有人被她说服过吗，试过吗？"我不依不饶地追问。

女医生看着我，神情显得有些激动起来。我知道我猜对了，这个女病人的煽动性很强，肯定有人试过。

"你不希望我继续追究吗？"我补充道。

"那个被她说服后去尝试的人，死了。"女医生说道，"是疼死的。"

"所以，你认为她其实是妄想症？"

"如果她有超能力，真的能够感受到疼痛的十二种层次，以她如此痴迷的程度来说，最终也一定会死亡。无论你的大脑如何看待疼痛，你身体的免疫系统都会产生应激，导致你重度休克。"她说道，"哪怕是过度贪甜吃糖，也会甜出病来的。"

我深吸了一口气。说实话，我现在脑子里一团乱，那个病人的声音一直环绕着我：七种新的感觉，七种新的感觉……

"如果有新的被她说服的案例，我会通知你的。"女医生看我这样，拍了拍我的肩膀，"回你的男病区吧。"

这次访谈之后，这个理论一直在我心中回响。我觉得自己也有点不正常了。我一直努力去忘记她，但那个女病人的话其实非常有感染力，我连做梦的时候也经常会梦到她，她就站在荨麻草田里，犹如一个守望者。

那个梦经常伴随着巨大的痛苦而来。

不，不是痛苦，是痛感。

PART 11

移植人格改变真实案例

"这绝对是玄学。"医生递给我一支烟,说道。

"我可以抽烟吗?"我好笑地看着他。

我其实已经很久不抽烟了,而且我是极难成瘾体质,无论做任何事情都不会成瘾,所以平时来一支也无伤大雅。

"就我们抽烟这频率,还不如吃尾气的伤害来得大。"他说道,"你只要不去持续挑战人的免疫系统,它还是非常强悍的。"

我看着烟,还是觉得在医院的楼梯口抽烟不太好,但他已经先点上了:"我做心脏造影手术的当天晚上,给我动手术的医生就带我去喝酒了。你抽吧。"

他都这样说了,我就抽了,然后继续问他:"什么是玄学?"

"啧。"他看着天花板,想了很久,竟然没有形容出来。

这是我进行今天这个采访的前一天发生的事情。

这个医生竭力游说我,让我一定去采访这个病人,他是一个两次接受器官移植的患者,他的肾和肝脏都进行了移植。这应该是我知道的移植比较成功的案例了。

他二十四岁左右,头发不多,据说是免疫抑制药物的副作用所致。见他的第一面我就发现,他虽然看上去比较局促,但眼神坚定,不像是精神分裂症和妄想症患者。

不要问我为什么又是这两种病,我们这个楼里全是这种情况。

他妈妈送他来的,说他因为接受了别人移植的器官而产生了妄想,觉得身体里有另外一个人。

"移植在几年前是很火的概念,很多影视作品里都有表现。"医生对我说道,"也有很多论文探讨移植之后,人的性格是否会发生变化这件事情。"

"为什么会发生变化?"我好奇地问。

"不知道,似乎是器官原主人的性格会融合进受体人的性格里,受体人的性格因此会发生改变。"医生给我解释道。

"这不是很恐怖吗?"

"对啊,某种程度上和夺舍相似。"医生点了下头,说道,"但这个病人更夸张,他的性格非常强悍,所以性格没有被融合,但是他感受到了很多无法解释的体感。"

所以我就来采访了。但其实我这个人很怂,对于这种比较极端的病例,我还是有点害怕的。可是没想到小伙子竟然有一些"社恐",看得出他还在努力保持着社交礼仪。

我对"社恐"的人天然就有好感,因为我也是这一类人,就对他道:"我是私人采访,不是医院的规定,你不用紧张。"

"我不想待在这里。"他对我道,"他们都觉得这是我的妄想,但我知道不是。我多久可以出去?"

"你想要官方回答还是真实的回答?"我想尽量缓和一下他的焦虑情绪。

"当然是真实的。"

"他们有一套评估体系,用来评估你的认知水平。如果你一直否认自己生病,是很难出去的。"我说道,"首先要承认自己有病,并且开始和医生讨论病情。"

他看着我,似乎不想接受我的说法,但他欲言又止了几次,最终放弃了:"我会考虑。"

"我想了解一下你的感受。"我说道,"我听说你接受器官移植之后,有了特殊的感受,可以告诉我吗?"

"我从麻醉中醒过来的时候,就已经觉得不太对了。"他说道,"那种感觉你没有经历过,不知道怎么和你形容出来。你可以这么想象,就是你觉得有一个人在你身体里哈气。"

"是一种痒吗?"我试图去理解他的感受。

"不,是一种、是一种抽泣的感觉,有人在哭,但哭出来的是气。那股气很烫,我当时不明白,就问了医生。医生也觉得奇怪,说很少有人说有这种感觉。"

"这种情况持续的时间很长吗?"

"也没有很长。"他说道,"一个月后,这感觉就变了,我恢复得很快。肝和肾都是同一个人的,应该是一个女人,因为车祸死亡了。我当然很感激她和她的父母,但那一个月里,她的父母老是到我的病房门外看我,让我觉得很诡异。"

"失去了女儿,这个是可以理解的。"

"如果他们真的想看,我希望他们可以进来,不用躲在门口,这太诡异了。"他说道,"特别是晚上,很吓人。"

"是哪里的医院?"我随口问道,想多收集一些资料,好写作故事。

"苏州的,老阿叔和老阿姨都是很体面的人,他们是我的恩人,想来看我,怎么看都行。"他说道,"后来我就出去堵住了他们,问他们是怎么回事。他们就告诉我,我发呆的时候,表情特别像他们的女儿。"

"这应该是幻觉吧!"

"我不知道,但我也看过一些电影,知道一些关于移植的都市传说,所以我就在意起来。我买了一个摄像头放在病床边上,然后二十四小时拍摄。"

"怎么样?"

"我惊呆了,因为我发现我发呆的时候,整个人的表情确实像是另一个人。"

"这很吓人吧?"我开始好奇起来。

"而且我的口味也开始变了,变得爱吃甜的了。我是从西北过来的,以前根本吃不了那么甜的食物。"他说道,"就在那段时间,我之前感觉到被哈气的地方,出现了新的感觉,我感觉那里有心脏在跳。"

"神经有时候也会跳。"我提醒道。

"不是，是心脏在跳。我去做了核磁共振，什么都看不到，但我就是觉得有两颗心脏在跳。"

"之后呢？"

"之后我就变得很焦虑。老阿叔被我堵了一次之后就不来看我了，但是老阿姨可能是舍不得女儿吧，还是会偷偷地来，我就让她进来了。后来她就雷打不动地，每天晚上七点左右，在我妈离开医院之后就进到病房里待一个小时，给我送吃的东西，送来的还都是她女儿爱吃的，也不太爱说话。"

"你会觉得不舒服吗？"一个"社恐"，这种时候应该会不自在吧。

"每次她来，我就感觉到我伤口下面的两颗心跳得非常快，似乎能够感应到什么。"

我摸着下巴："这会不会是幻肢？"

"我也想过，但医生说，心脏出现这种情况，没有先例。"

"你继续说。"

"她妈妈后来肯定是精神有一点问题了，和我说话的时候，忽然就会叫她的小名。我妈就不干了，说要找人看看，是不是那女孩的阴身在器官里，然后带到我身上来了。"

"你找了吗？"我问。

"没找，人家救了我的命，我找个人让她魂飞魄散，我不干。"他说道，"她如果还在我的身体里，那我就替她好好活着。"

"你是个好人。"我惊讶于他的善良。

他就苦笑起来："后来我出院了，这件事也就基本上结束了。我恢复得很好，然后慢慢开始能运动，吃得也多了，就重新开始上班。不过我把家里的镜子都拆了，虽然我很感激这个女孩，但是我的面相确实变了很多，我照镜子的时候，甚至无法认知自己，这就非常恐怖了。"

"镜子里是另外一个人。"我替他补充道。

"对，绝对是另外一个人。"他说道，"我一个人住，晚上，特别是晚上的时候，非常明显，我的脸不是我自己的，不知道是什么东西在控制它。"

"现在还这样吗？"

这个问题显然让他有点难受，他沉默了几秒钟，才说道："后来发生了

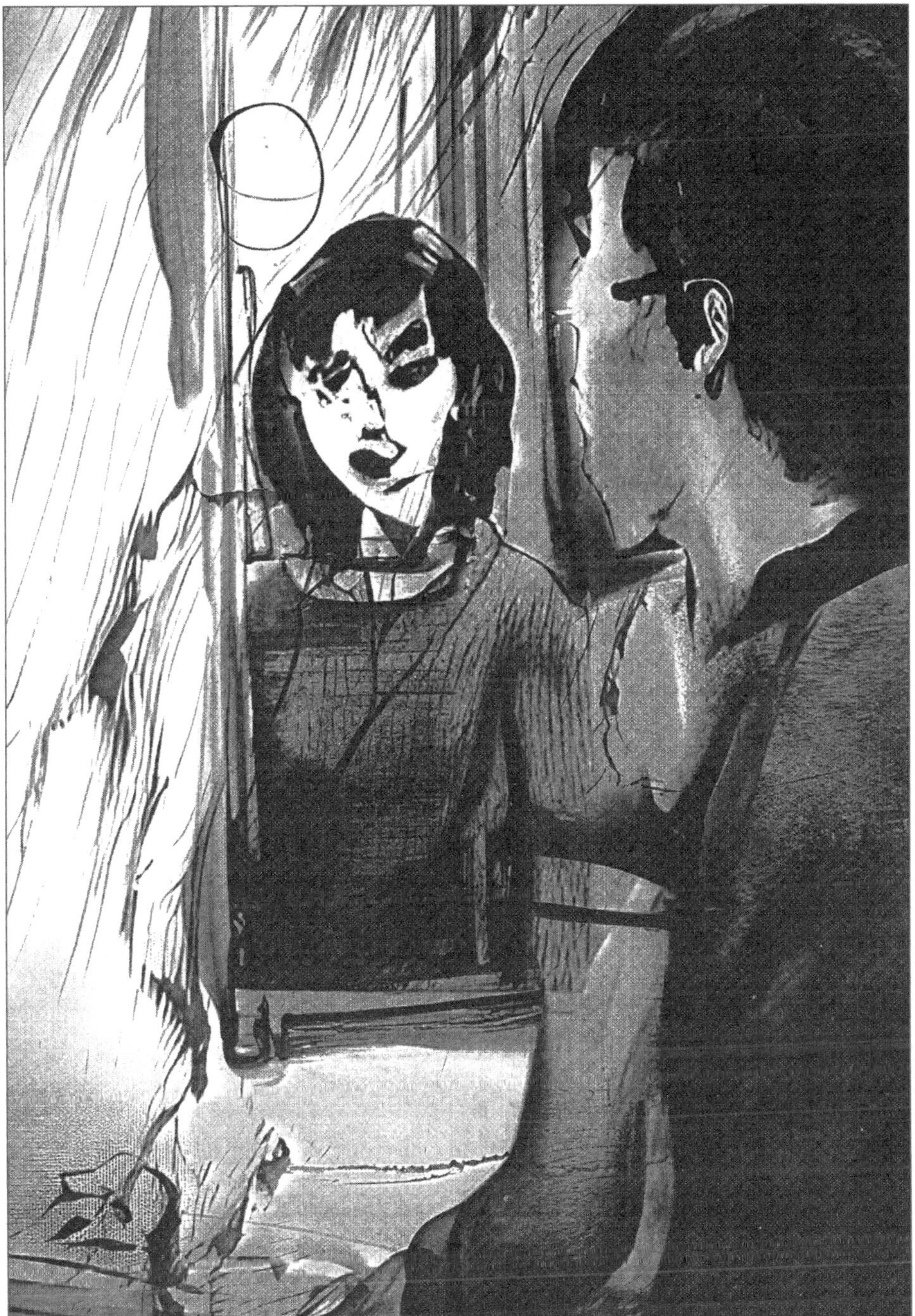

一件很大的事情。"

"你说。"我对后续的发展产生了浓厚的兴趣。

"我不知道这个'她'到底算什么，是不是一种共生的潜意识，但她没有伤害我，我也就慢慢习惯了。直到有一天白天，我在厕所里照镜子的时候，发现她的表情无比悲切。我从来没有见过那么悲伤的人，我忽然……我忽然很可怜她。那个时候，我就动了恻隐之心，做了一个决定，我想让她开心。"

"毕竟别人是因为你特别难过的，对你的生活也不便。"我表示理解。

"那房子里，就我和她两个，其实其他人在想什么我不在乎的，但那个表情太让人难过了。"

"然后呢？"

"我就去找了老阿姨，问了她女儿爱做什么、爱玩什么。我还在老太太的房子里看到了她女儿的照片，她好漂亮。"小伙子说道，"然后我就去做了一些可以让她开心的事情。她生前喜欢玩的东西、看的书、吃的东西，我努力去尝试。慢慢地，我发现她开心了起来，不知道为什么，我也开心得很。"

我看着那小伙子，他说到这里的时候，我就觉得不妙。非常不妙，这个发展。

小伙子看着我："我妈妈后来给我介绍了一个对象，我就去相亲了。那个女孩子很好，比我大胆，是我喜欢的类型，我们聊得很开心。但是慢慢地，我就发现她看我时，表情里充满了恐惧，最后直接逃跑了。我立即用手机看了一下，发现我当时的表情极度怨毒，犹如恶鬼一样。"

果然不妙。

"她爱上你了。"我直接说了结论。

小伙子看了看我，再一次苦笑："我不知道，后来我妈再让我相亲，我想起她的表情就没有兴致了。我不想让她难过，不知道从什么时候起，这已经成了我最大的执念和习惯。我妈继续逼我，我就把这件事情和我妈说了，我妈就说我疯了，然后就把我送到这儿来了。"

我实在没有想到，事情会这么发展："这太牛了，你们是相爱的，不对，不是你们，是你一个人。"

"你不懂我的感觉。"他说道，"我和她就是两个人，不是一个人。我妈说我自恋,但我不是自恋,只是她在镜子里面,我在镜子外面。所以,我很迷惑,只有迷惑。"

"你妈怎么会懂你的这种感受,谁都不会懂你的。"

"是的,她不懂。"他叹气,低头看自己的脚。

"那你自己到底是怎么看待这件事情的?"

小伙子说道:"我注定要和她终身在一起,还能如何?你看过《大话西游》吗?我和她才是佛祖的灯芯,是缠绕在一起的。"

"你爱她吗?"

"我不知道,我没谈过恋爱。但我不想让她不开心,也不想让她离开,不知道这算不算?"他回答得非常干脆,"如果算的话,那我一定很爱她。"

我看着他,忽然生出了一股巨大的勇气,问道:"你能把她叫出来给我看看吗?"

"她如果想见你,你自然会看到她,这不是我能控制的。"他抬起头,还是刚才的样子,并没有变化。

和他告别的时候,我对他甚至产生了一点羡慕。

我也不知道我在羡慕什么,因为这件事情没有结论,我觉得他甚至有可能是水仙综合征①,这是一种自恋精神障碍。

但我又觉得不是,这个小伙子太实在了,是个好人。

我离开采访的房间——那是医院里做身高、血压等基础体检的房间,我借来用的——那个房间有很大的玻璃窗户,一排几乎是全透明的,像一个橱窗一样。

我重新看向里面,就看到那个小伙子也正在偷偷看我,但我在余光中看到的,分明是一个风华绝代的女孩。

---

① 水仙综合征:即水仙花综合征(Narcissus Complex),主要症状为过分自恋。来源于古希腊神话中一位名为那喀索斯(Narcissus)的美男子。一天,他偶然间瞥见了自己在湖面的倒影,便疯狂地迷恋上了这位"水中仙女",于是日日去湖边倾诉衷肠,最终不小心掉入水中淹死,化为湖边的水仙花。

PART 12

一个病人

他坐在草坪上，样子清瘦，虽算不上邋遢，但有一些不修边幅。这是我第一次见他，当时我并不知道他在某专业领域里的地位那么高。

精神病人的内心世界是常人难以想象的，逻辑却是自洽的，我经常称其为"反常识但是强逻辑"。

说实话，我并不太想了解他的内心世界，但是他很坚持。他的眼神很专注，里面像是有簇火苗，这种人一般都很执着。他一副一定要把事情告诉我的样子，最后我妥协了，坐到他的面前。

"首先，你可以公布我的秘密，因为大部分人都不会相信，而且你我之间没有利益冲突。"他并没有急于说出他的结论，这反而引起了我的兴趣。

"是哪种利益冲突？"我问道。说实话，都混到精神病院里了，很多时候，利益早就不重要了。

"就是我的发现。"他说道，"我发现了关键秘密，但是正规期刊都不可能发表。我也知道不能证伪①就不是科学，但我就是知道。"

"但你告诉了我，我就有可能发表。"我有点明白他的意思了。

"对的，你是小说家嘛。未来，这件事情一定会被证实的，那时我早就不在了。但是在你的生活经历里，还有你的资料里，会有我的名字，而且在你的小说里有我的结论，所以这个科学成果是我的。你是一个知名作家，你不会抢这个成果，你也抢不走，但其他人就不一样了。"他看着我，"包括我的弟弟和学生，他们都不可信。"

"所以是我。"

"所以是你。你不发表也没关系，我也预料过这个秘密有永远被埋没的可能性，但我劝你还是积极一点，因为这是你名垂青史的机会。"

他这套利诱其实对我不管用，但我还是顺着他的话继续问下去："我需要名垂青史吗？"

"你现在在中国当代文学史上应该已经绕不过去了，我看你的眼睛就知道，你对于人生成就已经很满足了。你不在乎世人怎么看你，你只在乎自己在历史上有没有位置。你这种人，一旦在历史上有了位置，就不再担心了，因为一旦进入历史，就不会被人遗忘了，你就不再是普通人了。这可能和你卑微的出身有关。"他说道，"但通俗小说不在人类记忆的范畴里，只有科学在。"

说实话，如果他不是一个病人，我肯定打他了，但要忍住。

"好吧。"我点头。

见他沉默不语，我就问他："我们怎么开始？"

"其实很简单。我发现了地球存在的意义。"

"这个命题很大啊。"我几乎要笑了，但又忍住了。

"不算大。地球在宇宙中十分渺小，但是地球对于人类来说非常重要，所以认知上会有一些偏差。但你要知道，地球非常渺小。"他侃侃而谈，似乎已经进入了状态。

"好，那它存在的意义是什么？"

"地球是一把锁。"

我从未听过这样的说法，说实话我被震了一下。

因为这个说法超出了我的预判。

"这把锁是一个象征，还是实际的？"我第一次开始正式提问。

"实际的，地球就是一把锁。"

"为什么呢？它不是一个球吗？"

"因为它复杂。"他身体前倾，看着我，"你知道量子计算机技术一旦成熟，现在的密码体系将不堪一击吗？"

"我知道。"

"你把一张有字的图片打上三遍马赛克，通过AI②算法技术，辅以巨大的算力③，可以把随机的打码直接还原。就算不用量子计算机，只使用AI，也可以用AI的方式破解你的密码。所以在未来，密码学是不存在的。"

说完，他停顿了一下，观察我的反应。我点了下头，他才继续道："但锁是一种象征，是人类拥有私人财产之后的一项重大发明。如果没有锁，就没有私有制，人类的社会经济结构就会瓦解。"

他看了看天："我所有的同事，都认可一个理论，就是那些外星文明，如果技术比我们发达，那么他们的社会经济结构一定不是私有制的。不是生产力的问题，而是从最基础的层面上，锁早就失去了意义。"

"就不能靠道德吗？"

"道德不是自然界产生的，道德是社会体系产生的。"他说道，"我们只讨论科学。"

看来他非常不赞同我这次的发散，我只好回答："好。"

"但我相信人性是自私的，所以，一定会有人发明新的加密方式。"他又补充了一句。

他看着我，继续说："地球，就是一道密码锁。"

"我不明白。"我老实说道。

"我们来举个例子，你知道有一种密码叫作赛跑密码吗？"

我摇头，这是他的专业领域。

他开始解释："这种密码方式，是让一台电脑计算圆周率——当然这只是一个例子——并且把圆周率当作密码，这个密码每一秒都上百万地增长。用来破解密码的电脑，它的开锁条件也是计算圆周率。假设两台电脑的计算速度相同，那么锁永远无法被打开，因为开锁的电脑永远在追赶锁上的电脑。"

这下我听懂了。

"如果你要打开锁，那么开锁电脑的计算速度就需要超过上锁电脑的。这就是赛跑密码。那么要保护这个锁，要么一直保证上锁电脑的计算速度是世界上最快的，要么限制开锁电脑的计算速度。"

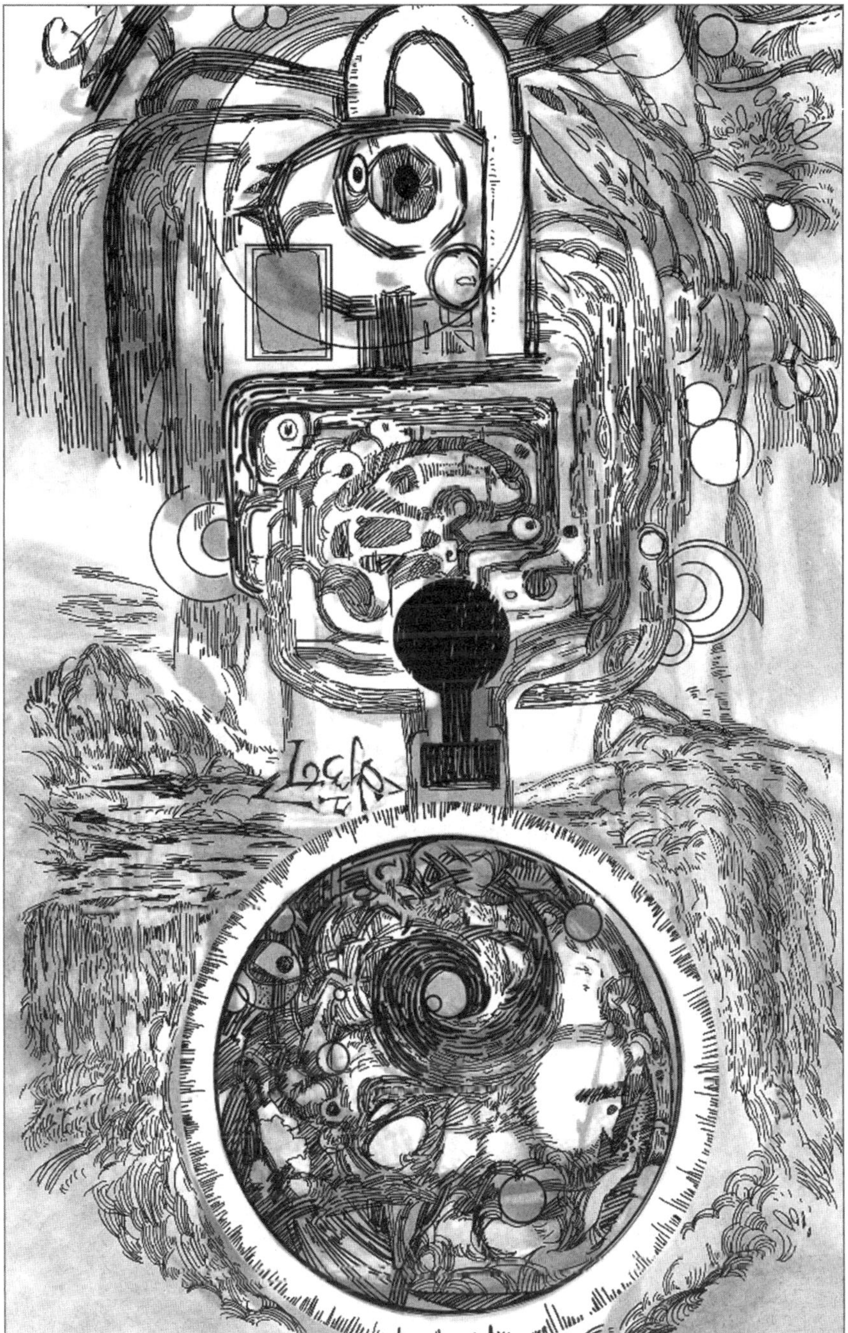

说实话,我在等他和我说他的结论,否则我有些跟不上。

他继续说道:"现在你知道为什么光速是不变④的了。"

这是一个说简单也简单,说复杂得写本书的问题。我思索了一番,明白了他的真实意图,于是问道:"你是说,光速被锁,是为了防止这个世界出现开锁电脑的计算速度超过上锁电脑的情况?"

"是的,这个宇宙设计出的电脑,其底层运算速度无法超过光速。"

"嗯……这是两种单位吧?是混淆了吧?"我提出疑问。

"是一种,本质上是一种。"他的语气斩钉截铁,虽然我觉得哪里不对,但也无法反驳他,再说他是病人。

"好,你说了算。"我再次把主场让给他。

"我们无法研制出运算速度超过光速的电脑,所以锁在这个宇宙是安全的。"他继续说道,"我们由此可以得出一个推论,就是在这个宇宙中,最复杂的东西就是锁,那么什么东西是最复杂的呢?"

"什么是最复杂的?"

"是生命。"他滔滔不绝地说下去,"你身体的一个细胞的复杂程度就超过了这颗星球的运行逻辑,生命的复杂性远超出你的想象。而无数的生命形成的生态系统、气象系统、意识系统,其综合起来的复杂度,必须使用超过光速的计算机才能预测出来,这是无法理解的数据量,也是一条无法计算长度的密码。但是这个宇宙的物理规则让一切都无法超过光速,所以在这个宇宙里,地球这把锁是无法被打开的。"

"这又有什么意义呢?如果无法被打开的话……"我脑子有点混乱。

"不知道,只有在这里储藏东西,或者说,在我们的宇宙里放了东西的高级生物,才知道这有什么意义。它们肯定有开锁的办法,只是我们不知道而已。它们一定有突破光速的办法。"

一番对话下来,我好像听懂了,又好像没听懂,于是问他:"地球是一把密码锁?"

"是的。"

"我们所有的行动都是密码的一部分?"

"是的。"

"如果要打开这个密码锁,需要算出人类的未来?"

"是的，但太复杂了。"

他如同一个表演完绝世武功的大侠，看着我，感觉差点儿就要伸手摸我的脑袋了。他说："我用这个理论写了一个算法，用来做加密用，已经运行了七年。这个算法是模拟生命的开始和演化的，现在应该也有非常离奇的变化了。我出院之后会去看看，到时候如果有新的进展，我会告诉你。"

他走的时候，拍了拍我的头。我就问他道："作为一把锁，算一种好的意义吗？"

"比没有意义好。"他说道，"这里还有一个玄机，和熵有关，但你还没有准备好接受这个，先理解锁吧。"

说完，他扬长而去，仿佛我已经成为他的信徒。

---

①证伪：通俗地讲，就是判断真假。任何科学理论都需要加以检验，如果检验的结果表明这个理论是错误的，那么这个理论就应当被放弃，用新的理论替代，即该理论已被"证伪"。英国哲学家卡尔·波普尔在《猜想与反驳》中提出："科学和非科学的划分标准为证伪主义原则，即科学都是能够被证伪的，不能证伪的都是非科学的。"

②AI：即人工智能（Artificial Intelligence），是计算机科学的一个分支，是用来模仿人类思维和能力的一门学科。比如你和你的iPhone Siri（苹果智能语音助手）的语音交互就属于AI的应用。

③算力：即计算机运算数据的能力。每秒的运算速度越快，则算力越强。

④光速不变：即光速不变原理，指光在真空中的传播速度为一个定值，并不会随着参考系的变化而变化。也就是说，无论你在什么情况下，看到的光速都是一样的。比如一个人静止地站在我们面前，手里拿着一个手电筒，手电筒发出一束光，我们测量到的光速是每秒30万公里。当这个人拿着手电筒登上一列以每秒30公里的速度相对于我们运动的火车，我们此时再去测量手电筒光的光速，得出的值仍然是每秒30万公里。

PART 13

八字杀手

这是一个非常引人注目的病人,他的胡子和头发都很长,有时候还会扎一个发髻。

我表明身份之后,他立即纠正了我:"我并不在医院里,这里是一个监狱。"

我知道不能否定他,一旦否定就会让话题往"谁对世界的理解是正确的"这个方向去发展,所以我点头:"你说得对,这是一个监狱。"

"你是因为什么罪名进来的?"他问道。

"毁坏公物。"我随口编了一个。

他就"咯咯咯咯"笑了起来,似乎很轻蔑。

我顺势问他:"你是因为什么罪名进来的?"

他看着我,笑了起来,慢慢说道:"因为杀人。"

这是我进这里以来,看到的最令人毛骨悚然的眼神,那确实不是一般病人的眼神。但我知道他是一个妄想症患者,他声称杀了人,却没有任何证据能证明他的故事,也没有发现任何尸体。

"那你为什么会和我关在一起?"我问道。

我还是主动抛出了我的问题,这种问题被称为柔性引导,不尖锐,而是通过指出极其细小的矛盾，来尝试让病人意识到自己所处的环境和自己的幻想之间的不协调。

"因为他们找不到死者，无法给我定罪。"他看着我说道，"我不是普通的杀人犯，我是一个杀手。"

"哦？"这个命题我还真是没有涉及，于是我又问他，"你是怎么做到的？不过你肯定不会说。"

"其实告诉你也没关系。"他一边说着，一边笑了起来，"反正他们找不到尸体。"

接着，他指了指边上的茶杯。我去给他倒茶，心想，这个人没疯的时候肯定也是一个讨厌鬼。

他喝了一口茶，就对我道："我是靠八字杀人的。"

我愣了一下，这是什么意思？

他接着又问道："你知道八字吧？"

"我知道，生辰八字。"我说道。

"对，你的出生年月日时，按照干支历日期，可以排出天干四个字、地支四个字。解读这八个字，就可以基本看完你的一生。"他说道，"当然也要结合大运和流年，更复杂的甚至还要看到月份。"

"这好比是我的命运密码？"

"不是密码，是档案号。在出生的时候，你的人生剧本就已经写好了，放在一个档案柜里，八字就是你的人生剧本的编号。"他又喝了一口茶，接着道，"我可以通过这个编号，调取你的人生剧本来看。"

"那八字相同的人，命运岂不是一样的？"我反驳道。

"说了是剧本嘛。"他看着我说道，"剧本一样，但投资不一样，舞台不一样，演出的效果就会不一样，观众也会不一样。所以八字相同只是剧本一样而已，人生是不会一样的。你在大舞台上演出和在大街上表演，能一样吗？"

"哦。那怎么用这个来杀人呢？"

"八字里有一种很特殊的情况，比如有些人的人生剧本叫作横死。"他看着我，"说明这些人本来就是要死的，我看了他们的八字，就能知道他们会在哪一天死。"

"这么准确？"

"非常准确。"他说道，"以我的经验来说，最准的是牢狱，然后就是横死。"

"然后呢？"

"在横死里面，还有尸骨不存的，这是最不吉利的八字。"他说道，"就是死了之后，尸体不知道去哪儿了。我看八字的时候，如果看到这种八字，就会记录下来。等到了他命中注定要横死的那一天，我就去找他，然后杀掉他，抛入河里。"他看着我，"尸体一定是找不到的。"

"那你杀了几个？"我问道。

"二十多个了，但花了很长时间，拥有这种八字的人不多。大部分人的八字都很无聊，越是好的八字，越无聊。"对此，他似乎颇为遗憾。

"你为什么要这么干？"我看着他。

"为了研究。"

"什么意思？"我不太理解他的意思。

"因为我不明白八字为什么会那么准确，这背后的科学依据是什么。"看得出来，对于这个问题，他十分困惑。

"这不是玄学吗？"我脱口而出。

"玄学只是一种科学的、粗略的统计学结果。"他说道，"我们无法凭空生出一种学问，然后让别人相信。八字是古人通过为成百上千万人算命，总结出来的规律。它是一种现象，是用数据反推出来的方程式，不是什么人在一个小黑屋里自己编造出来的东西。"

"所以，你在找背后的原因？"

"对，我想知道它为什么那么准确，而最好的实验对象，就是这些八字极端的人。"他看着我，说道，"你知道我的杀人实验，有什么成果吗？"

"什么成果？"我有点好奇了。

"那些尸体，一个都没有出现过。所有的尸体被我抛入河中之后，都消失了。"他说道，"人死了之后，尸体就不算是人了，而是成了物体，也就是说，物理客观世界也要遵循八字的规则。"

"什么意思？"我不太明白，不得不继续发问。

"如果八字是我们的剧本，那么这个世界就是舞台，而我们是舞台上面的演员。如果想让这幕戏能够继续按照剧本演下去，光靠演员熟读剧本是不够的，还需要很多幕后人员。"他说道，"这个世界，一定有幕后人员在维持八字的准确性，否则尸体不可能一具都找不着。"

我看着他，他也看着我。

"如果是这样，你怎么会来坐牢呢？"我问道，"你应该算到了你会有牢狱之灾，你应该能避开的啊。"

"算到了，但是避不开，只能接受自己的剧本。"他看着我，忽然对我说，"把你的生辰八字给我看看。"

他紧盯着我，我被他盯得毛骨悚然，立即说道："我出生的具体时间，我妈妈没有记住。"

"没关系，我能从你的面相推出一个大概时间，你只要告诉我年月日就行了。"

我没有吱声，他却咧着嘴对我笑了："你不是横死命的人，我看脸就知道。你放心，我只是好奇，你为什么来问我这些。"

我仍然没说话，看着他，他也看着我，两个人僵持了好久，最后我落荒而逃。

PART 14

百年孤独

这是一个非常特殊的案例，病人无法察觉到周围人的存在，即使是身处人群中，他感受到的也只有自己一个人。

他可以通过文字和别人交流，但对于他来说，所谓的交流也只是纸上逐渐出现了文字。他知道自己的病情，也知道自己其实生活在一个全是人类的环境中，但他就是感知不到任何人。

当然，他可以说话，我们也可以听到他说话。但所有和人有关的信息，都被他的大脑屏蔽了。街上车水马龙，但是他却看不到任何人，包括驾驶员。所有的一切似乎都是自动的一样。

他已经七十多岁了，以前是一个小有名气的话剧演员，得这个病有三十多年了，整个人已经变得非常沉默，他完全适应了一个人的生活，除了所谓的"鬼魂聊天"治疗，用来保证他的语言能力，其他的活动基本上都停止了。

对他做采访几乎是不可能的，我实际上是在和照顾他的护士沟通。

这个护士年纪也很大了，照顾了他十几年，上一个护士据说是转行了。

"他的世界，非常安静吗？"我首先问道。

"除了人的声音，其他的声音他都能听到。"护士说道，"事实上，虽然他有一些精神病的症状，但通过检查，找不到我们熟悉的病因。"

"能具体说说是什么意思吗？"

"简单来说，他的大脑有一些萎缩，但在临床上，我们认为他并没有精神病。"

我摸着下巴："没有得病？"

"对，他家里人几次带他就医检查，都得到了这个结果。所以家里人认为他是在演，为了某种别人不能理解的目的，后来就把他放到这里来了。"

"放到这里来，其实是为了恐吓他？"我问道。

"对的，意思是你再演，我们就都不管你了。"护士说道，"但他还是老样子，他们就真的把他送过来了。本来以为他会害怕，但是一直到现在，他都没有出去过。"

"你怎么看待这件事情？"

"人的意识很神奇，大脑很正常，但是表现出来的问题却比精神病还严重。"她说道，"也许他真的在演，但是如果能持续三十年时间，这本身已经非常不正常了。也许是一种我们无法理解的病变。"

我点头："他怎么看？"

"你是指他自己吗？"护士说着，看了一眼老人。

"对，你平时多少还是得和他交流吧。"

角落里跑来一只狗，依偎到了老人身边，老人开始抚摸它。

护士说道："只要还有狗陪着，他就还好，狗死的时候，他会难过一段时间。"

"他平时没有什么表达吗？"他看不到其他人，也没法交流。总是一个人的话，应该会寂寞吧。

"没有。不过他说，正是因为没有任何干扰，所以他可以看到很多我们看不到的东西。他一直在记录这些东西。"

"什么意思？"我紧张起来。

护士就笑："你别紧张，不是鬼。他能看到很多层次的颜色，能看到所有物品的细节，能看到一层一层的影子，总之所有的东西，在他眼里，细节都不一样。"

"影子？"

"是的，他说影子有1829层，如果你仔细看一个影子，你就能看到它有很多层。"

"你看过吗?"

"我试过,但我做不到,这需要非常强的专注力,很难,我总会被其他事情打断。"护士说道。

"哦。"我有点被震撼到了。

"你应该看看他画的蚂蚁,他用肉眼能看到上面的小绒毛。"护士真诚地建议道。

我点头,心想,因为没有其他事情的干扰,他就有更多的精力去观察四周的世界,这还有点让人羡慕。

"他的画越来越奇怪,但很漂亮,我觉得他在不停地把他看到的世界画下来,有非常多的细节。"

我问道:"那他有痛苦吗?"

"不好说。"护士说道,"我们对于他来说只是鬼魂。其实他并不孤单,他是可以上网以文字进行交友的,只是他不愿意这么做,他也可以使用微信交流。他只是听不到声音,看不到人而已。"

"那确实会让别人以为他在演。"我说道,"入院之后,其实应该有办法设计一些实验,来确定他的真实情况。比如说,对他的脑部进行核磁检查,然后和他说话,看他大脑的听力区会不会发亮。"

"可以发亮。"护士说道,"事实上他能听到我们说话,但他没有反应。最神奇的是,只有听力脑区会发亮,逻辑的部分完全没有反应。"

"像是被大脑自动过滤了。"我总结道,同时感叹于大脑的复杂。

护士接着说:"细节实验没做,家属不愿意,他反正就是这样了。"说完她无奈地叹了口气,起身去整理床铺。

我凝视着护士整理床铺的动作出神,然后随意往房间各处扫了几眼,立刻有东西死死抓住了我的眼球。

他房间的墙壁上有很多画,其中有一幅很大,画的是他自己房间外面的梧桐树和远处的山。那幅画非常美,似乎所有的细节同时出现在你的眼前,不需要你去聚焦,给人一种层峦叠嶂的美感。

而且画中有一种让人极度羡慕的安静。

PART 15

千般雨

这个病人的病症，很少见。

但是，上帝给你关上了一扇门，必然会给你打开一扇窗。他就是。

很多时候，因为精神疾病而出现的特殊特长，都表现在数学方面。比如说，能够准确背诵圆周率，或者具有快过电子计算机的心算能力……他也有类似的能力，但怎么说呢，只能说是类似的能力。

他的能力非常特别。

这个人的行为模式也非常奇怪，而且极难沟通，戒备心特别强。他愿意接受采访的唯一原因，竟然是我答应支付给他版权费用，买了他的三张作品，而作为交换，他愿意和我沟通。

那是三张摄影作品，两万多元一张，其实很贵了。拍摄的内容是三片云，照片背后有他写的几个奇怪的符号和作品编号。

我只有十五分钟的采访时间，所以我直切主题。

"你这些年花了多少钱？维持你这样的生活模式，需要大量的钱吧？"我看着他，问道。

"两百多万吧。"他说道，语气轻松。

"你怎么负担这些支出呢？"我又问道。

"我写一些歌，然后卖一些照片的版权，勉强可以支撑。"他答道。

他的生活模式，就是在世界各地，使用昂贵的照相机拍摄很多云彩的照片。他有一个博客，记录了所有的过程。他本人是一个很复杂的人，不过所有的特征都偏向艺术家。从博客上看，他是一个作曲家兼摄影家。

"你说，你的音乐灵感都是从云里来的？"我看着手中关于他的资料，他在很多采访稿里，都说过这句话。

"这句话经过了加工，其实真相不是这样的。"他看着我说，"事实上是雨。"

"是雨？"我疑惑道。

"我拍摄的这些云，最终都会变成雨。"他解释道，"但确实要从云开始说起，云是有性格的，和人一样。你不介意我从云开始说吧？"

"不介意，你可以展开说一下。"我点头同意道。

"大概从四岁开始，我就能听到云里的声音。"他表情很认真地说道，"叮叮当当的，每朵云都不一样。我和大人们也说过，可是没有人相信我，但我自己听得很真切。"

"云离我们很远，你确定你听到的声音是从云里发出来的？"我问。

"是的。我知道你想说什么，你觉得可能是我在看云的时候，旁边有工地在施工或者是汽车通过什么的。"他笃定地说，"不是的，那些云的声音非常悦耳，不是一般的东西可以发出来的。"

"悦耳？"我有些好奇了。

"对，非常好听。虽然不知道是什么，但这些声音，在我们日常生活中是听不到的。就算是用乐器，也发不出这种声音。"他说着，又看了看窗外，今天是大晴天，没有云彩，"我的语言很苍白，难以形容出这种声音的万分之一。但当我接触音乐之后，我立刻知道，这种声音是真正的天籁之音。"

"是音乐吗？云里的音乐？"我问。

"不是，只是一种声音。不对，这么说你会误会，我重新说。"他重新组织了一下语言，"每一朵云的声音都不一样，是不同类型的声音，非常不同，就像扬琴和架子鼓之间的那种不同一样。云和云之间也有高下之分，虽然都比人类的乐器好听，但有些云的声音的好听程度，犹如五彩斑斓的仙境，远远超过其他云。所以，我才要去世界各地找云。"

"这些声音，可以给你带来灵感吗？"

"不是云，是雨。"他笑着看着我，沉浸在一种幸福里，"我们只是先讨论云。在海边的云，如果染上落日余晖，就会发出壮丽但是没落的音色。如果是暴雨时的雷暴云，其音色会诡谲得犹如末日命运。夏天的小而淡的云朵是俏皮的、轻松的、慵懒的，暴雨之后剩余的犹如山丘一样的云，则有异域风情。所有的云都不一样，但多少可以做一下分类。这些云在天上的时候，只会发出悦耳的声音，并不能给我带来任何的音乐灵感，除非，它们变成雨落下来。"

我惊讶地听着他的形容。事实上，这也是他入院的原因，他有好几次被人看见裸体站在大雨中。

"这些云变成雨的时候——"我的话还没说完，话头就被他接了过去。

"会唱歌，会变成一首曲子，但不是人间的曲子。我所有的作品，都是对其拙劣的模仿。我尝试用人类的乐器，还原那种音乐。"他说道，"很不成功，根本无法再现一分一毫。"

"可以说，只有你能享受这种感觉？"我试着理解道。

"是的，只有我。但他们认为我是疯子。"他说道，表现出一副十分困惑的样子。

"每一场雨都不一样吗？"我继续问道。

"不一样，每首歌都不一样。当然，只有我在找的那种云，那里面的歌才是最好的，沁人心脾。"他说道，"就是我卖给你的那三张照片里的云。其他的虽然也很好，但如果听过这种云的雨带来的歌曲，其他的都听不了了。"

我记得那三张照片，里面的云非常像宫崎骏动画片里的那种云，阳光形成的晚霞映在上面，呈现出起码十几种颜色。

不过说实话，全世界我去过的地方多了，在某些纬度，这种云并不少见。

"这三片云对我来说意义非凡。"他对我说道，竟然开始眼含热泪，"我目前听到的最动听的歌声，就是这三片云落雨的时候。"

"但是你为什么要脱光衣服呢？"我问他，要不是脱光衣服，他也不会来到这里。

"你得感受雨，感受到的雨滴越多，你听到的那首歌的层次就越多。"他说道。

我们沉默了几分钟，我对他道："你的形容很诱人，我很羡慕你可以听到天籁之音，即使这可能是一种幻觉。"

这个时候，他忽然看向窗外，我也跟着他看过去，就看到天空中出现了特别薄的一层云，很低矮，不知道从哪里飘来的。

"它有声音？"我不由得问道。

他点点头，看着那片云："这种云的声音，就像某种哨子，很轻微。即使是幻觉，我的幻觉也很浪漫，对吗？"

我点头，他缓缓地说道："时间到了，感谢你的耐心，希望对你的创作有帮助。"

说完，他就吹起了口哨，似乎在模仿云中声音的频率。

后来，每逢我走在路上，或是出差，尤其是到了南方地界，看到壮观的云的时候，耳边都会响起他的口哨声。有时候我也会在雨里站立一会儿，那个时候，我多少觉得有一些羡慕他。

PART 16

小蓝朋友

在国外的恐怖电影中，小朋友经常会和父母说，当他们不在家的时候，他会和一个看不见的朋友玩耍。

这个朋友有自己的名字，甚至有时候不是人，而是一种动物或者奇怪的生物。它们的来历也各种各样，比如来自房子的柱子里、来自外星球、来自电视节目，等等。

父母也并不担心这种情况，似乎这种事情多发生于孩子的某个年龄段，当孩子过了这个年龄段后，这个伙伴就会消失。特别是当孩子交到了真正的朋友，并且开始广泛社交之后，这种现象就会立即停止。

而整个过程中，除了孩子之外，其他人无法看到这个朋友。

我的童年没有这种情况。我有着无比现实的童年，在我还年少的时候，现实问题就开始困扰我了。但我的下一辈中有这样的例子，我的侄子就有一个隐形朋友，是一块能活动的毯子。

让我觉得神奇的是，他能说出毯子的所有细节，仿佛真的可以看到一样。他说出的细节量非常大，大到有时候我都觉得挺害怕的。

那是一块红色的、有着丝绸光泽的毯子，上面有用金色的线织成的钱的图案；毯子很老旧了，不会说话，但是可以像虫子一样蠕动；毯子的边缘用从花被子上剪下来的布做了包边……那是一张老毯子,而且明显有些年代了,大概是新中国成立前后的。

我的侄子话都没有讲利索,他怎么能够编出这么一个毯子来?

当然,我没有深究这件事情。外婆总是用一些谚语告诉我们,孩子小时候说的事情不用太在意,这是王母娘娘在教孩子,会用到各种各样的办法。身边的精怪为了积功德,也会抢着来做这件事情。精怪也是各种各样的,毯子精怪、水缸精怪、井里的小龙王……都是有的。

因为孩子对这个时期的记忆总是非常模糊,所以这种事情无法做任何考证。我当时就在想,如果某个孩子的隐形朋友没有在成长的过程中消失就好了。

如今我终于遇到了一个。这个病友是一个完美的例子。他的隐形朋友没有消失,并且一直伴随他到了如今这个年纪——三十二岁。当我看到这个人的时候,就意识到,这是一种心理疾病,绝对不是什么好事。

他形容枯槁,头发花白,看上去有五十多岁了,他看着我的时候,表现出一种极大的畏缩感。

"它快回来了。"他紧张地看着门口,神色不安地对我说道,"你要问什么赶紧问吧。"

我其实有点意外:"它还能离开你吗?"

"为什么不能?"他反问我。

"我以为这种从小一起生活的朋友,都是和人形影不离的。"我说道。

"如果你仔细看过国外的报道,就会发现,这类朋友都是可以离开的。它们有自己的生活,和正常的朋友一样,很多朋友甚至还有家人。"他说道,"它会离开的,但是它也一定会回来。"

"回来了,就不能聊了吗?"

他摇头:"它不喜欢我和别人提它,每次我和别人提它,它都会吓唬我。"

"它会怎么吓唬你?"我问道。

"它会在我没有防备、完全放松的时候忽然出现,并且变成另外一个样子。"他说着,忽然转头看向我,"你来不是为了要问这个的吧,这些事情我和医生都说过了。我不想再说了,说了它肯定要吓我的。"

我点了点头，因为我发现他已经开始出现抗拒的状态了，再问下去，他可能就要结束这场对话了。

"好，我想知道，你和它是怎么开始的？"我直接进入主题。

"这很重要吗？"他疑惑地看了我一眼。

"重要，因为像你这样的情况很少。"我说道，"我想知道最初的情况。"

他想了一下，开口说道："小时候，我和其他小朋友玩打仗的游戏时，我打中了对方，让对方躺下。对方非说他没有被我打中，小孩子嘛，很喜欢赖皮。我就很着急，一下子急哭了。这个时候它出来了，并且帮我做了证。"

"哦，你的玩伴能够看到它吗？"

"当然不能，除了我之外，没有任何一个人看到过它。"

"是人类吗？"

"不是。"

"那它是什么样子的？"我开始有些好奇了。

"它是由草编成的一个像马一样的奇怪东西，有六只脚，但草是蓝色的，所以我叫它蓝草马。"

"它本身应该叫什么？"

"它没说，但是它说它的小名叫作小蓝。"

我点头，记录了下来："那个时候，它就开始时而在时而不在了吗？"

"对，它说它有爸爸，爸爸叫它的时候，它就要回家，其他时间才可以和我玩。"

"你们都玩些什么？"

"一开始的时候吗？"他问。

"还分阶段吗？"

"当然，它也在长大。"对方看着我，仿佛我问了一个傻问题，"最早的时候我和它玩打仗的游戏，还有神偷的游戏，这些都是我们比较常玩的。我当时有很多子弹壳，是在靶场上捡来的，那时候还有民兵训练。我们就作为特种兵，把沙发当成战壕，打仗玩。"

"还有呢？"

"晚上，它有时候会和我一起睡，我就和它说悄悄话，然后我爸爸会过来骂我。有时候它讲得太激动了，我想睡觉了它都不让我睡。"

这些过程没有任何问题，我侄子也有这种情况，睡觉的时候不知道在和什么东西说话，又或是自言自语。

"后来呢？"

"后来我就大了，我也忘记我那时候几岁了。小时候我一直和爸妈说小蓝小蓝，他们都没有太在意，但是那个时候，我再一次说小蓝，我爸就打了我，说我在说谎。"他说着，情绪变得有点低落。

"为什么？"

"因为那时我的年纪比较大了，我爸爸希望我能够自己承担责任。当时小蓝打破了一个花瓶，我说是小蓝做的，爸爸就认为我是在骗人。"

我点头，对方就看着我说："那个时候，小蓝就对我说，不要再和别人讲能看见它这件事了。"

"哦，那你照做了吗？"

"开始当然不行，但是当我的年纪再大一些之后，就发现确实不能再说了，大家都很在意，后来我也就不再说了。"

"那段时间你们玩什么？"

"我那时候比较喜欢玩电子游戏，它就在边上看着我玩。"他说道，"其实那个时候我只想玩电子游戏，已经不想和它玩别的什么游戏了，但它还是会要求和我玩打仗的游戏。"

"你会玩吗？"

"很勉强，但还是会玩的，虽然我内心里已经觉得这个游戏很不好玩了。"他说道。

"然后呢？"

"我越长越大，开始发现自己不正常了。"他看着我，"到了初中的时候，我发现其他人都没有这个问题。当我可以使用电脑查阅资料的时候，我查了很多论文，我开始意识到，这应该是我自己的妄想。"

"那你有采取什么措施吗？"他竟然知道自己有妄想症，这是我没有想到的。

"那个时候太小了，不敢和父母说这个。但也就是在那一天，我发现小

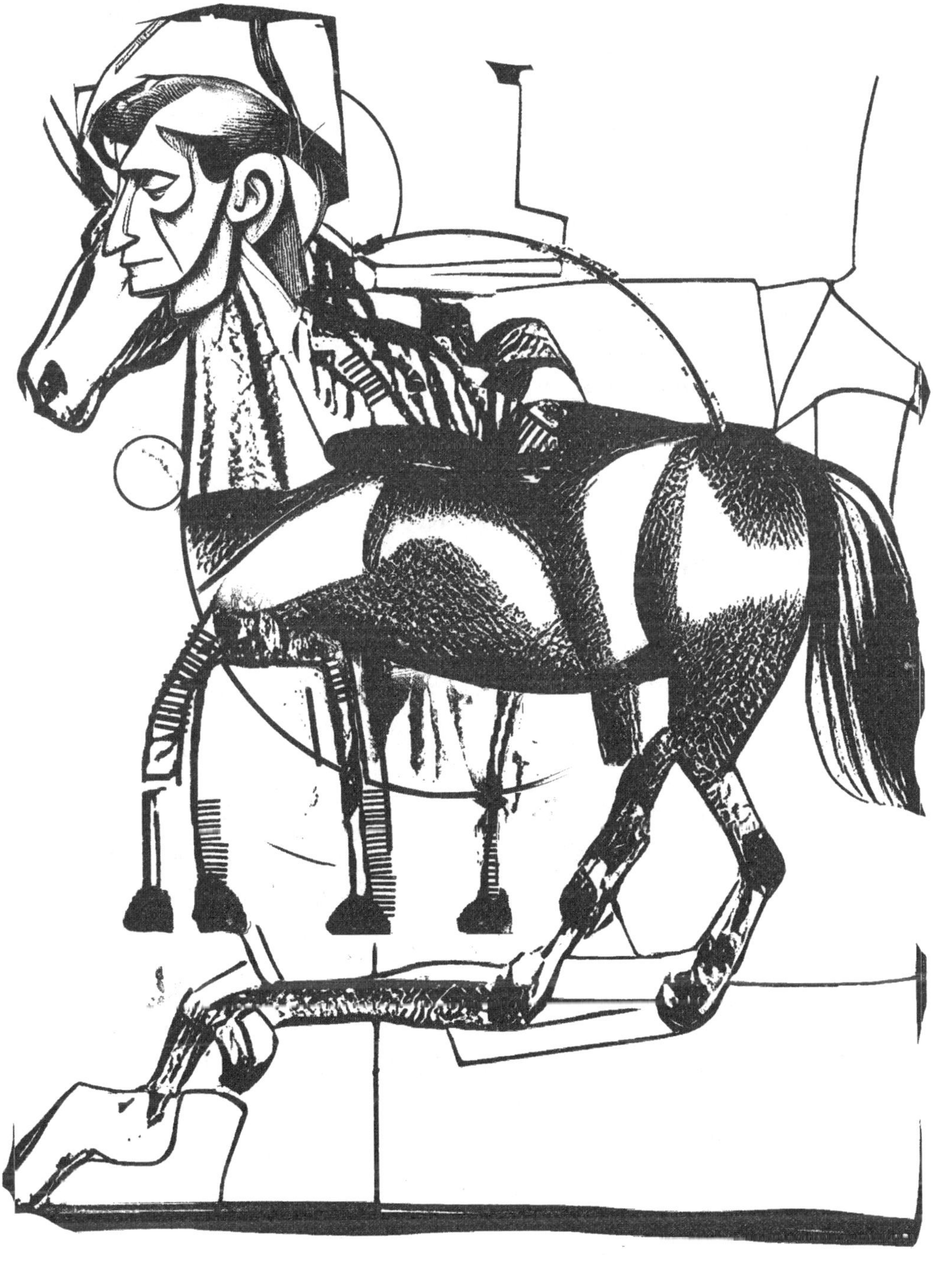

蓝变了。"他说道,心有余悸。

"它也跟着长大了吗?"

"它一直和我一般大,我多高它就多高,所以身高的变化我不敏感。我那天晚上看到它的时候,发现它长出了一张人脸。"

我沉默了,他继续道:"那张脸很奇怪,但确实是一张人脸。"

"那岂不是很吓人?"我回过神,搓了搓胳膊,他的话让我起了一身鸡皮疙瘩。

"是的,比起一匹奇怪的马,人脸给我带来的压力更大。它出现的时候,如果光线不好,就会很恐怖。"他说道,"平时那张脸还是很生动的,是牛奶广告片里的孩子的类型。"

"然后呢?"

"然后,它还是热衷于玩打仗的游戏,但这个时候我已经完全不想陪它玩了,因为我意识到,它出现就意味着我生病了,所以我就拒绝了。"他忽然打了一个寒战,抬头看向我,"结果那天晚上,它一直看着我,没有走。"

"它伤心了?"我猜测。

"不,我看着那张人脸,发现它的表情里全是怨毒。"他看着我,"那不是一个孩子的表情,那是一个成年人的表情。"

"然后呢?"

"我就开始到处求医,想要除掉它。"他的眼神忽然发起狠来,显然非常恨它,"我去看了精神科医生,一家一家地看,中医、西医都看过。我不怕它,其实我胆子很大,它就那样看着我,每天都看着我,但是我就是要除掉它。"

"除不掉吗?"

他摇了摇头,叹了口气,说道:"不仅除不掉,我发现它居然开始发生了变化,它的脖子变得越来越长,手脚也开始变长,整个形象越来越古怪。而且那张脸也在变化,我讲不出这种变化是什么,总之它越来越古怪了。后来,它就开始阻止我对外讲能看见它这件事了,它想阻止我求医。"

我叹了口气,幸好他形容出来的怪物并不十分吓人,否则这就是个鬼故事了。

"它可能做些什么实际伤害到你吗？如果是妄想，你不用害怕它。"我劝慰道。

对方看着我，苦笑了起来："能。你如果能够看到它最后变成了什么样子，你就会知道它当然能伤害我，它只要在夜晚忽然出现在我的床边，就足以让我窒息。"

"它变得非常可怕？"看他如今的模样，三十多岁的人看起来有五十岁左右了，能想象他这些年的境况。

"我成年以后，那东西就变成一种我无法形容的东西。"他张开嘴，想要形容什么，最终却什么也没有说出来。

"你画得出来吗？"我提示道，给了他另外一个选择。

他摇了摇头，刚想说什么，忽然看了看我的身后，说道："采访结束了，你可以走了。"

我还想提问，他忽然低下头去看自己的脚趾，不再看我的身后。

我的冷汗瞬间就下来了，立即意识到，他应该是看到了自己的隐形朋友。我回头，却发现身后什么都没有。

我再转头看他，他一直看着自己的脚趾，再也不肯抬头，就和他平时晚上的状态一样。

离开他之后，我去找医生询问，是否有关于这个病人更多的资料，我特别想看看那个小蓝到底长什么样子，对方有没有画下来过。

医生只是让我看了我和他聊天时的监控，画面全都被拍下来了。

"事情比你想的要复杂。"医生对我说道，"你仔细看他在和你聊天时候的眼神。"

监控画面被放大之后，其实看不清楚眼神，但是能看到他的脖子总是不由自主地歪向一个方向。

"这是什么意思？"我问。

"这是一种征求意见的身体姿态，是被动的，自己不易发觉。"医生解释道，"在所有的访谈中，他都声称小蓝不在他的身边。"

我忽然感到毛骨悚然："你是说，他在说谎？"

"是的，在你们的整个访谈过程中，小蓝一直在你们的边上，并且指导他回答你的提问。"医生说道，"你听到的，一定不是真相。"

我盯着监控画面，确实，他一直有着强烈的战栗感，整个人处于防御状态，并且注意力不断地飘移到他的左边。

我本来以为他是在畏惧我。

"这到底是什么病？"我问医生。

医生说："有时候，来这里的病人，不一定有病。"

PART 17

跳预言家

这是一个成功的企业家，他的成功大多得益于其对市场变化的预判。在三四年前，他预测到市场或者政策将发生巨大变化，于是提前转型，并取得了巨大的成功。

他在这里有一个单间，一百多平方米，很是让人羡慕。而更让人意外的是，他并不是因为精神有异常情况才进来的。

三年前，他预判了自己会精神分裂，于是提前入院，当时各种精神检查结果都没有任何异常，但他本人极端强势，坚持入院，所以最后被判定为妄想症。但现在，他确实开始产生明显的精神分裂迹象。

如今已经无法判断，当年他的妄想症是否已经有了发病征兆，是他自己的理智让他自救入院，还是他确实具备非凡的预见能力，提前预知了自己会发病并且采取了措施。

他吃的药基本上是自己配的，因为医生不给他开药。他就根据自己判断的病程，在网上偷偷买药服用。

我觉得他的几个孩子可能也不是什么好人，竟然默许自己的父亲乱吃药。但后来我接触了他的几个孩子之后，发现他们对自己父亲的预见能力深信不疑，几乎是信徒一样地崇拜。

医生告诉我："他仿佛是有特异能力的，他说的所有事情，几乎都是百分之百准确的，包括我的婚姻状况。"

"你可以和我简单说说吗？"我问医生，"如果你不觉得丢人的话。"

"可以和你说。"医生说道，"我和前妻算好聚好散，不丢人。"

"我都不知道你结过婚。"

医生就笑了："有一次我带这个病人出去购物，你不要误会，我们是坚决希望他出院的。因为他表现得太过正常，我们的房间又非常紧张，所以我们觉得他是在浪费资源。但是他太执着了，找私人关系，甚至指使他公司的公关团队写文章来胁迫我们医院。领导实在没有办法，才逼我让他继续住下来。当时他如果想要外出的话，完全没有任何问题，对他自己和其他人来说，都是很安全的。"

"然后呢？"

"那个商场有一家礼品店，里面有一件二十四寸的琉璃工艺品，非常漂亮，价格要十几万，他很喜欢，但他说还得等六个月他才能拿到最低折扣，所以他得等着。"

"这个就算是预言能力吗？"

"他上车的时候，直接就和我说，那个店的店长对我有好感，等我离婚之后，下一任老婆就是她。他让我到时候记得通知他，他要来买这件工艺品，我的新老婆可以给他内部折扣。"

我看着医生，他接着道："当时我和前妻正在冷战，关系一直僵持着，但还没有走到要离婚这一步。所以我很惊讶，虽然'离婚'这两个字我们一直在提，但我从来没有想过真的要离婚。"

"然后呢？"

"之后就一直分分合合的，大家都累了，也都冷静下来了，觉得这么下去也不是个事，就离婚了。但是你知道吗，在我离婚的前一周，我例行查房，结束的时候，他拍了拍我的腿说：'应该差不多了吧。'"医生就笑，"那天之后，他就开始在病房里找可以摆放那件工艺品的位置。"

"你有和他讨论过这个能力吗？"我好奇起来，"是不是他有什么眼线？或者是他特别八卦，喜欢和护士聊小话？"

"我这个人的私事和工作分得很开，同事和我的私人生活没有交集，医院里很少有人知道这个,更没有八卦。"他说道,"当然我也问过他,他就说,这就是看人能力、痕迹学、推理学及枚举法的集合。"

"怎么说?"

"首先是看人,他了解我的性格,他说我在他的压力下最终同意他住进来,说明我是难以忍受长期压力和对抗的那种人,这是我的性格基点。常规情况下,我陷入事件之后难以坚持,最终一定会寻求脱身。而那个时候起,我的朋友圈里和前妻有关的信息开始减少,我在工作的时候也很疲惫,所以他推测大概率是家庭的原因,比如说夫妻关系产生了问题。这个阶段持续了整整一年,说明我前妻是一个善于持续斗争的人,那么我最后一定会退出这段关系。"医生说道,"按照他的社会经验,我这样的人,忍受压力的极限就是一年到一年半,所以离婚是必然的。"

"为什么你的前妻不会反悔呢?比如她忽然发现自己还是爱你的,不能没有你之类的。"我问道。

"夫妻问题如果能解决,不会持续一年的时间。持续一年就表示这个问题大概率无法解决。"他说道,"无法解决就会一直持续,那么如果双方都努力维持关系,问题就会持续一辈子。这对于我来说更加无法忍受,我是高级知识分子,我能洞见这些因果。"

我点头,这和我们写小说的时候塑造情节有相似之处,所以我在一定程度上也能预测人的未来,这个我认同。

"那工艺品店的那个店长呢?"

"看得出来她喜欢我,这很简单。这个人是企业家,他的专长就是看人。我是一个很喜欢工作、怕麻烦的人,那个店长各方面的素质都比较优秀,而且为人主动,当时就加了我的微信说要送优惠券。他说我这种性格的人,只要女方主动一点,条件没问题,就一定会和对方恋爱结婚。"医生说道,"那个女店长认识我的时间点特别微妙,所以除非有天降奇遇,否则过着两点一线生活的我,肯定会和她在一起。"

"那要是你不喜欢呢?你的交际圈里,女医生也不少吧。"

"我说了,我的私人生活和工作分得很开。"医生道。

哦,我心说,大概率是他看出你也对这个店长有意思吧,装什么大尾巴狼啊。

医生继续道："其实他应该枚举了我身边所有的女性，并一一仔细推理过了。我和我前妻的问题就在于她也是同科的医生，所以他不认为我会继续跳进这个陷阱里。我也带一些研究生，现在和研究生谈恋爱的老师也有不少，但他觉得，我如果和研究生谈恋爱，本质上是利用了地位和威权为自己增加魅力，并从中牟利。他为了入院，和我斗争，最终结果是我被熬到退让，我不是被他的威权压迫妥协的。所以他认为我不是那种喜欢利用威权和下属或学生恋爱的人。"

"所以，最后呢？"

"最后他都对了，我和那个店长恋爱了，但没有结婚，还在商量，不过那件工艺品已经给他打折了。"

我听完之后，就觉得这个人不是什么拥有特异能力者，而是当代福尔摩斯罢了。后来还发生了很多事情，他给出的预言几乎都准确。直到目前为止，基本上没有错过，因此很多医生看他的眼光中都带着一丝崇拜。

"那为什么这个人现在的危险等级被你们调得那么高？"我问医生。

这个人如今已经被禁止外出了，并且我无法对他进行访谈，医生认为我一定会被他说服、控制，并变成他的帮手。

"后来有一天，他的行为变得非常奇怪。"医生解释道。

"怎么了？"

"嗯，他最近两年买了大量的化学书籍和期刊，还有很多他并不需要的奇怪的物品，比如说漂白粉、汽车漆、洗金水。为此我们跟踪调查了他平时看的网页，发现他在学习制作液体炸弹。"

"为什么？"这确实让人害怕。

"他说，他预见到了四种未来的可能性，其中最差的一种需要用到这种知识。现在他仍旧拥有很大的资源管理公司，所以学习知识和准备化学材料还非常便利。他不能等到事情发生了，再开始学习这个东西，那就要花十倍二十倍的精力了。"

"什么是最差的可能性？"我问道。

"他没说，但似乎需要他拥有制作和使用液体炸弹的能力。"医生说道，"我们问他，他不肯说。但因为他的预言几乎百分之百准确，所以他的这种行为导致有些医生也开始恐慌，大家都觉得未来可能要出大事了。"

"那他自己如何看待这件事情呢？"其实我还是不太相信他有这种能力。

"他承认自己精神分裂症发病了。"医生说道，"但麻烦的是，他非常理性。我们用药物控制了他的一些幻听和妄想，他的病情也一直控制得很好。但唯独做炸弹这件事情，他一直不肯改口，即便吃了药也没用，一直说这是他在未发病的情况下预见到的，学会做炸弹是必要准备。"

"那你的判断呢？"我想听听医生对此事的看法。

医生回答道："不好说，他之前给出的预判太准了，说实话我也有点恐慌。"顿了一下，他又补充道，"但如果一定要我推理，我觉得他可能是过度预判的强迫症。"

"什么意思？"

"就是他习惯性地对任何事情都进行预判，并且提早做准备。"医生说道，"但有很多事情，推理之后会出现多种可能性，有好的，有坏的。他是一个企业家，他的工作就是预判并且对坏的可能性做出预案，用来提高事情的成功率。对于他这样拥有足够资源的人来说，他可以对所有可能出现的后果，都制订出预案。但某些事情因为可能性太多，全部做预案会造成非常大的精力耗费和资源浪费，而他无法克制自己，不允许自己放弃任何一个预案。这个需要他学会制作炸弹的预判，比如说，未来会有战争爆发，一定是一个发生概率非常小的预判。而对于这种预判的预案，他都必须要执行。而且你懂的，这种预案只有他自己做，他的秘书是不会替他做的。"

听了医生的解释，我突然对他产生了浓厚的兴趣，于是问医生："我可以采访他吗？"

"不能。"医生一口回绝了我。

"我非常想采访他，拜托了。"

医生看着我，我对他道："我下本书把你写成主角。"

我做出了猫咪求人的眼神。

PART 18

树状人生

进到那个一百平方米的房间之前,医生又叮嘱我说:"你必须要尝试带有进攻性才行。"

"进攻性的真实意思是什么?"我问道。说实话,我不是很明白。

"他一定会尝试控制你,如果你不尝试反控他,那么你大概率就会被他控制。"医生说道,"他的煽动性非常强,并且有极强的个人魅力。"

我对自己的定力还是有一定的信心的,于是回道:"我们作家是思辨的,最讨厌这种气氛,我不会被他控制的。"

"不,不,不。"医生说道,"这个人和江湖骗子不一样,你一定要小心。"

"你这样说我反而会觉得紧张。"

"他值得你紧张。"医生说道,"我觉得你也许不应该进去,如果你出来之后变成他的信徒,我会很失望的。"

医生这些话,我就不太同意了:"连你都抵抗住了,我为什么不行?"

医生就叹气。

虽然我嘴硬,但是医生给我下的心理暗示最后还是起了作用,我变得更加警惕了。比起和其他病人沟通时的放松,我进门的时候,内心竟然有一丝恐惧。

我进去之后，一眼就看到了这个企业家，他非常瘦削，正坐在一张巨大的桌子后面翻看杂志。听说他进来的时候很胖，但是忽然有一天，他开始注意控制自己的体重，迅速瘦了下去，并且让自己一直保持着这个体重，直到现在。

意识到有人进来了，他抬头看了看我，示意我坐下。

我走过去坐到他的对面，注意到四周什么设备都有，他甚至起身帮我泡起了咖啡——他这里还有咖啡机。

这间病房虽有一百平方米，但因为东西太多了——各种书和设备，还有各种瓶瓶罐罐、报纸等东西——所以他的生活空间显得非常局促。

"你不要听那个二混子妖魔化我。"他把咖啡递给我，说道，"我没有超能力，他说的那些屁话都是市场调研里包含的基本内容，你找外面的机构也能给你预测出来。"

"他很少这么夸人的。"我说道，"你也不用谦虚，你肯定有过人之处，否则也不会有这么大一个病房。"

"没你想的那么难，这里本来是储藏室，不是什么VIP房间，设备也不好，空调都是我自己装的，我就是用装修换来了使用权而已。"他又给自己泡了一杯茶，"我没用特权和灰色手段。"

"总之很感谢你愿意见我。"我说道，"听说你不是很愿意见人。"

"他们不让我见而已，也不让我出去。"他说道，"听说你是个有意思的人，我当然愿意和你聊聊，否则太闷了。"

第一轮"商业互吹"结束，不分胜负。

他非常有亲和力，没有任何攻击性，说话时让人如沐春风，但我还是非常紧张，害怕这都是他的策略。

"为什么想见我？听说你想把我写进文章里去？"他问我道，开始切入正题。

"是的，我对你的能力很有兴趣，那种事情从别人的嘴里说出来，似乎是超能力一样，不知道你本人是怎么描述的。而且我也想知道，你为什么要学习做液体炸弹？"我也直截了当地回道，希望按下来的谈话能够顺畅。

"我看过你的小说，觉得你和我是一样的人啊。"他说道，"你在小说

085

里用了和我同样的技巧,你难道会不明白我吗?"

这是很妙的一招,把我和他直接划为一种人,一般人这时候会受宠若惊,那么后面的谈话节奏可能就完全掌握在他的手里了。但我还是警醒了一下,心中的喜悦刚起,我就提醒自己,好险好险。

"可能我无法总结。"我说道,我确实无法总结。

他喝了一口茶,看着我,顿了一会儿,才说道:"就以这一刻为例子吧,虽然未来是不确定的,但你还是能大概推测出,未来会发生哪些事情。"

"我不能啊。"我摇头,继续否定。

"你能,你可以预测出你未来肯定会吃饭,肯定要上厕所,你甚至知道自己未来肯定会出院。"他说道,"有句俄罗斯的谚语是这样说的,天下所有身处苦难的人,其实内心都知道,眼前的痛苦总会过去的。"

我看着他。他继续道:"一切都会过去的,所有的痛苦都会过去的,因为人类就是这么被设计的。离婚会过去,亲人的去世,甚至孩子的去世,都会过去,只是所需时间的长短不同而已,这也是预测未来。"

"可有些人也会在痛苦的那个点上直接毁灭啊。"我反驳道。

"因为眼前的痛苦而宁愿放弃未来,也是人类的一种特质。"他说道,"但它和痛苦一定会过去是不冲突的,你死了,痛苦也是过去了。"

我理解了,这就是说痛苦来了,只要你一直不死,那你大概率会挺过去,并且逐渐开始忘记这种痛。这也是过来人看恋爱中的人死去活来,会嗤之以鼻的原因。比如说我当年高考失利,无比痛苦,现在回忆起来只觉得蠢,浪费了那个暑假而已。

这是先阐述公理,作为自己理论的基石。这人在这方面很有天赋。

"这些都是客观上的未来,很多事情不做会死,所以我们只能去做——"我继续追问,"这种预测不算预测吧?"

他没有回答我,只是拿出了茶点,然后想了想,似乎是在思考该怎么和我解释。

"很多事情不做会死,很多事情不做会痛苦,很多事情不做会难过,因为死、痛苦、难过,所以我们被一点一点地训练成了为逃避这些而生活。"他最终说道,"无论你如何自由奔放不可控,你的人生都是被这些点控制的。你无论走多远，最终都会被拉扯回来，知道了这个原始的道理，那么大脉络就有了。"

生老病死吗？人生的大脉络。

我看着他的眼睛。他喝了一口茶，才又慢慢地说道："如果我想认识你，我会在离你家最近的那个医院里蹲点，在十年的时间里，大概率能蹲到你。因为你的人生轨迹，一定会和那个医院有交集，不是你生病，就是你的父母生病，或者是你的孩子生病。"

他用"病"这个概念来细化解释，很有耐心，也很能引起共情。

"万一我是天煞孤星，而且健壮如牛呢？"我继续挑战他。

"所以说是大概率嘛，而且我在这个世界上从来没有见过真正的天煞孤星。"他说道，"故事里会有这样的角色，现实生活中是不会有的。我的预测只要基本准确，就可以了，百分之百的准确率本身就不可能。"

"你也有不准的时候？"这是我的谈话策略，叫作抢话，重新占据对话中的主动权。

"医生就没有在我预测的时间里结婚啊。"他说道，"我有一个细节没有看到。"

"哪个细节？"

"你的入院啊。"

"是我导致他没能结婚吗？"他又把话题打回来了，拉回到我身上。

"嗯，你太能折腾，消耗了他的精力，让他的进程变慢了。我现在其实已经调整了预测，如果你再闯祸的话，那么医生可能会分手，结不了婚，百分之十的概率吧。"他看了看放在桌子上的一件工艺品，那就是在医生女朋友的店里买的。

我沉默了一会儿，不知道该怎么形容此刻的心情，只好说："您继续说，我努力不闯祸。"

我开始感受到他的能力，他并不想征服你，而是他对人生的思考让你觉得非常有道理，你想知道得更多，就会在他的思绪里沉沦下去。

他说道："你写小说的时候，主人公的命运有无数种，但不论你怎么写，也只能选择几种来刻画，对吧？"

他开始对我进行分析预测了，我看着他，不知道结果会怎样。

"因为大部分的走向都是无聊的，缺乏戏剧性的，所以你只能选择有'看头'的那几种走向，对吗？"他继续抛出问题。

我看着他，缓缓地说道："其实最有看头的走向，不超过五种。"

"人类做事的逻辑也是一样。"他说道，"把事情做好的办法是很少的，而人又倾向于把事情做好，类似于熵减①。人都有这个特性，但并不是所有人都可以办到。"

这个理论很像托尔斯泰所说的"幸福的家庭都是相似的，不幸的家庭各有各的不幸"。

他接着说道："优秀的人都是很相似的，但平凡的人就多种多样。你觉得自己优秀吗？"

"还行。"我心虚地说道。

"你算优秀的人中的落后分子吧。"他说道，"但还算优秀，我可以拿你做例子。"

"不要吧。"我开始觉得羞耻起来。

他看着我，我也看着他，我没有给出反应，他就继续说道："你告诉我一个基础信息，我来演示给你。"

"什么基础信息？"我好奇起来，也许他能给出一个让我惊奇的预测结果呢。

"从小家庭富裕吗？父母做什么工作？是否和父母生活在一起？"

"不富裕，父母双职工，一直生活在一起。"我规规矩矩地回答。

"80后，父母是双职工，是自由恋爱的一代。是在南方吗？"

"南方人。"

"嗯，祖上呢？"

"奶奶是船娘，外婆是窑主富农。"

"富农没有家学，船娘更没有，你的父母是在没有家族哲学的环境里长大的，两个人都会想要绝对自由，所以不可能有和谐的婚姻。你的父母在你童年的时候大概率爆发过激烈的冲突。同时，你的父母是双职工，导致陪伴你的时间不多，所以你的安全感一直缺失，但这也让你在高压环境下有足够多的时间进行自我思考。又因为家里不富裕，因而没有物质去填充和依靠，导致你从小就很敏感。"

他总算进入了正题，分析得也还算准确。

他接着说道："我记得你是小镇青年，到大城市里来需要经历阵痛期。又从小敏感，阵痛期的时间会比普通人更长。一开始，城市一定抗拒你，直到你解决了阵痛期的问题。从那个时候开始，你会进入膨胀曲线。你的父母都没有这方面的经验，所以你在绝对自由的情况下人格膨胀了。没有人教你，同时你又特别敏感，这会导致你有极强的攻击性和诡辩性，自大、自恋、自卑。"

他看着我，忽然笑道："你一定有一段时间非常让人讨厌。"

我现在的确有这种感觉，但自己在当时并没有察觉到。

"人多少都会看一些成功学的书，那种书虽然没有什么用处，但可以让人学会审视自己。于是你到了三十五岁之后的那个阶段，开始意识到自己的缺陷并且尝试更改，但是你所迈出的更改的第一步，是摇摆的。所以，你的人设转变也是摇摆的。人际关系崩塌，身边本来已经适应你的人也离你而去了。"他说道。

我被他说得脑子里一片空白。他的推测确实很厉害，难怪连医生都觉得他是有些能力的。

他继续说道："随着时间的推移，你的人格改变完成，你选择了人生经验中最适合你的那张皮披上。在三十岁刚出头的时候，你还会疑惑要不要披皮，但现在你已经完全不疑惑了，因为你知道，这个世界是刚性的，能改变的只有自己。"

他抬头看着我："这是小镇青年到成功人士的一条命运线。"

"我一定是这样的吗？"

"大概率，准不准只有你自己知道。"他说道，"所有走这条线的人，尽管从外表上看是不一样的，有些人十八岁之后就很会伪装自己了，但他们内心的发展路线一定差不多。只不过是敏感的人自知，钝感的人不自知罢了。"

我沉默了一会儿，他也很有耐心地看着我，我就道："我觉得大体上是准确的，但这不是人的时代性吗？"

"你当时遇到的重击是什么？"他突然问道。

"什么重击？"我一时没有理解他的意思。

他解释道:"所有的膨胀终止,一定是因为受到某种冲击。只有这样,人才会开始自我反省。"

"我当时以为所有的人都需要我,特别是出版社的人,因为我给他们带来了巨大的收益。"我说道,"但后来我发现不是,没有人需要我,是我努力创造收益,形成了别人需要我的错觉。"

"你有没有责怪他们?"他继续问道。

"有啊。"我想,这不是人之常情吗?

"你创造了收益,形成了一种错觉,然而其他人并不配合你,你就迁怒于他们?"

"是的。"

"那你做了什么?"

"我用毁掉自己来威胁他们,这样他们就没有收益了,我以为这样做他们就会害怕。"

他看着我问道:"他们害怕了吗?"

"他们充满期待地看着我自毁,因为他们忍受我很久了。"我答道。

"然后呢?"

"我意识到自己并不重要之后,回想起了童年时期最没有自我认同的时候,发现自己反而平静了下来。"我说道,"没有任何自尊,也不需要别人认同,我开始整理当时手里的版权,胡乱售卖,想的是把钱赚回来就退休了。"

"然后呢?"

"然后,因为没有任何的情感,反而看得比较长远,决策也下得很快,结果书的收益又高了起来,其他出版社也开始来找我,但我不再对他们有任何的需求,我变得非常简单。最后,我甚至找了一个经纪人,自己就当甩手掌柜了。"我如实说道。

"结果呢?"

"结果就是,经纪人在外面做事,我来这里疗养避世。"我说道。

他看着我,拿出一个本子记录了起来,我看着他,结巴道:"这些不能公布。"

"你放心,我写的东西没有人会相信。"他说道,然后把纸巾推给我,我这才发现自己竟然在哭。

"你看,你现在还保留了自怜的人格,你的经历算非常幸运的了,没有必要哭泣。你知道真正的苦命人是怎样的吗?"他看着我,从他的本子堆里找出一个本子递给我。

我接过来翻开,发现那是一个男人的档案,男人在照片里笑得特别开心。

"这个人一开始只是外力引起的肾损伤,然后倾家荡产换了肾,结果换的肾里有癌,换完之后癌细胞全身扩散。他坚持治疗了三年,肾又坏了,不得不再次摘掉。最后的结果就是倾家荡产换来一身绝症,什么都没有改变。"他一边写一边说道,"但是我和他沟通的时候,他特别乐观,说自己都被自己的倒霉逗乐了。你这种幸运的人是不会懂的,就像你无法理解别人为什么会自杀一样。有些人的坎儿就是迈不过去的,老天爷要整一个人的时候,可不是你遇到的这种整法。"

我看着照片里的男人,听着他讲述男人的故事,翻看本子后面的访谈。

"平凡的人和倒霉的人,命运的可能性反而会更多,"他对我说道,"也更难预测,但原理是一样的。我有一个能力,就是并行思考的能力,我越了解一个人,他的命运就会越清晰。但命运不只有一个结局,大家都有很多的结局,像一棵树一样,会长很多分枝和树权。"

他补充道:"我可以同时预测多个未来。"

"哦。"我其实开始理解他的感受了。

"你说得没错。确实,我推理出来的一种可能性,最大概率的可能性,一般都是有时代性的。但还有第二概率、第三概率,我通常可以推测出十多种概率的可能性。并且是同时。"他说道,"我看人的命运,就像看一棵树一样,会同时看到树的所有枝权,不是一根一根地看,而是同时看到的,这基本上就可以洞见未来了。但我是病理性的,我遇到任何事情,都会这样去同时推测。这个病愈演愈烈,如今我已经不满足于推理到几个月之后了,我现在一直妄图画出人一生的树枝来,所以我才进的医院。"

"所以你是强迫症,不是妄想症。"我说道。

"是的,医院给我的药是有问题的,我只能自己买。"

"那现在呢?有好转吗?"

"药物其实逐渐在失效,我已经不堪重负了。"他看着我,"现在我的大脑就在不停地描绘和预测你这辈子的举动，但你这辈子太长了，树枝太多了。我要穷举出来，可能需要几个月时间，这对于我来说是种折磨。"

"那你为什么要学习制作液体炸弹呢？"我问道，我没有忘记我来这里的初衷。

他朝我笑笑："那是非常有必要的事情，但我不能告诉你。"

"告诉我嘛。"我试图用我的亲和力反向控制他。

不知道是不是我的亲和力太强，他看了我一会儿，最终还是说道："我在自救。"

"什么意思？"医生也说过他是想自救，但我还是想听听他本人是什么说法。

"药物一定在逐渐失效，对吧？"

"嗯。"

"终有一天，我会达到最严重的强迫症状态。到那个时候，我认识的所有人，他们都会在我的脑子里跑他们的人生——我将一遍一遍地体验他们人生的所有可能性。一个人就是天文数字，而我又认识这么多人，我的大脑很快就会被烧掉，我需要一个终止点。"

"什么意思？"这个答案出人意料。

"我需要他们的人生中，都有一个终止点，和我有关——也就是说，他们有同一种可能性，在未来的几年里，被我用液体炸弹一次性全部炸死。"他说道，"这样，他们的人生就固定下来了，不会有更多的可能性了。"

我看着他，他也看着我。过了很久，我问道："所以我现在的人生，在你脑子里跑——"

"不会跑一辈子了，因为你在一段时间之后，一定会死于我的液体炸弹。"他说道，"这个楼里的所有人都是，我认识的那些人也是，到时候我会邀请他们到这里来迎接我出院。"

"你自己设定了结局。"

"对，这样我舒服了很多。"他说道，"所有人的命运收束，和我的行为连接，就没有不确定性了。"

"你是真的打算这么干吗？"我心生警惕。

他却笑了："还有一个选项，就是医生把我治好了。"

我离开他的病房，医生在外面等我，很期待地看着我："怎么样？和你想的一样吗？"

"这个人非常危险。"我对医生说道，"他的液体炸弹计划失败，按道理来说他应该已经崩溃了，但是他没有，他一定有其他计划。"

"什么计划？"听到我这么说，医生明显紧张起来。

"杀了我们所有人的计划。"我想起他当时的表情，他一定在做什么我们不知道的事情，而且和液体炸弹的威力一样大。

医生看着我："他在里面什么都做不了。"

"他一定可以做。"我说道，"不能让他再接触任何人了，如果他有信徒，就完蛋了。"

我变成了和医生一样的态度，但我浑然不知。也不知道谁更疯一点了。

死亡是人类社会最极致的熵减。

---

①熵减："熵"用来描述一个系统"内在的混乱程度"，这个概念最早出现在热力学中，后来渐渐扩展到其他领域。熵减，就是外部力量的介入使混乱的系统变得越来越有序的过程。比如原本混乱的班级，因为班主任的介入，变得守纪律、有秩序，这就是熵减。

PART 19

智商借贷

这人头上戴着一个铁锅，落座在我面前，身边全是书。

我是在他的房间里和他进行沟通的，他身边的书全部都是我连名字都看不懂的哲学书，还有论文集，包括物理学的、生物学的，甚至还有分子蛋白类别的专著。

他显得非常焦急，所以我们的沟通非常急促。

最先引起我注意的，是他房间的墙壁上，贴着一张一家当今世界高科技企业领袖的海报，上面画满了叉和诅咒。

"你很讨厌他？"我问他。

"他是小偷。"他说道，一副义愤填膺的样子。

"你是有专利被他窃取了吗？"我看着那些书，觉得这应该是一个科学家之类的人物，那的确有可能会和科技、资本有这样那样的冲突。

"没有，他偷的东西比那个更重要。"他说道，"不过他现在偷不了了。"他敲了敲自己头上的铁锅。

我看着他，表示不解。

他继续道："你的东西也被偷了，而且现在仍旧在被偷。"

我大概能推理出他的说法，便自作聪明道："你是不是觉得，这个人能够偷盗你脑子里的想法，他有某种监视器之类的东西？"

在很多精神病人伤人的恶性事件中，他们都觉得自己的脑子里被装了监视器，有人在窃听他们脑子里的想法，而且他们通常都会把矛头指向科技企业的领袖。

"我看过那些案例，你不要自作聪明。"没想到他直接否定了我，"那是剥离型人格障碍。其实是他的本我和表我剥离了，他的本我感觉到表我在注视着自己，就以为自己的脑子里多了东西，这是多重人格没有进展导致的。"

我点头，我没看过相关论文，不知道是不是真的有这种解释，点头只是为了让他继续说下去。

"那这个锅在保护你的什么？"我问道。

"人类的智商是固定且有限的。"他说道，"我们都共用一个智商池。"

"什么意思？"

"你知道百猴效应吗？"他说道。

我听说过这个，但我没有去求证过它是不是真的。

见我没说话，他接着解释道："在完全不相邻的几个海岛上，都生活着猴群。某天，一个岛上的一只猴子，偶然间学会了一项特殊的技能，然后一只传一只，当第一百只猴子学会之后，这个猴子所在猴群里的所有猴子，都学会了这项技能。而更为神奇的是，其他海岛上的所有猴子，也学会了这项技能。这就是百猴效应。但你想过吗，这些猴子分布在不同的海岛上，它们之间根本不可能产生交流，也无法互相看见，那么这项技能是怎么快速在这个物种间产生爆发性传播的呢？"

"这是真的吗？"

"是真的，日本人做的实验。"他接着又详细解释了一遍，"故事是这样的，二十世纪五十年代初，一群科学家给了日本幸岛上的猴子一种沾满泥沙的红薯。一开始的时候，猴群不知道该如何处理这些红薯，直到一只猴子把红薯带到海边洗干净之后吃了，其他猴子看到后，纷纷仿效。当第一百只猴子模仿清洗后，科学家们发现，那些从未学习过清洗红薯的猴子，一夕之间也全都学会了这项技能。也就是说，其他没有跟已经学会的猴子接触过的猴子，竟然也学会了这项技能。而神奇的是，几乎同时，离幸岛不远的隔壁岛上的猴群，竟也学会了清洗红薯之后再吃掉的技能。可是这两群猴子完全不可能看见对方，也没有任何接触。后来，英国的科学家研究认为：当某种行为的数量达到一定程度之后，就会超越时空的限制，从一个地点散布到更大的区域。"

他顿了一下，又接着道："几年之后，一个由澳大利亚与英国组成的科学小组，开始探索人类是否也具有同样的能量网格。他们做了一个类似的实验，得到了几乎相同的结论：当拥有某种意识的人数达到某个临界值时，即认同某种观念或行为的人达到一定数量的时候，就会超越时空，迅速传递到更广阔的地区，影响更多的人。换句话说，这说明人类的潜意识是相通的，是可以量子化的。"

"但这和锅有什么关系？"他说了这么多，我反而越来越糊涂了。

"你脑子里的潜意识连接着所有人脑子的潜意识，你有任何想法，别人很快也会有这个想法。这是人类进化过程中，为了避免某一个人占有过多知识而产生的机制，所有的知识都是强制共享的。"他说道，"所以很多不同的文明，虽然从来没有交汇过，但是人们的很多习性都有着共性，文明特征也有很多无法解释的共性。这都说明，人类的潜意识是相通的。"

"哦。但这和锅有什么关系呢？"我执着地想知道这个问题的答案，因为这口锅看上去实在是有点滑稽。

"你知道心流状态吗？"他换了个话题，没有解答我的疑惑。

"这是个成功学的概念吧。"

我知道他说的心流状态，心流就是指，一个人在极度专心地处理某一项工作的情况下，会进入一种忘我的超凡状态，这个时候灵感会如风暴一样涌来，从而使这个人突破自己的极限获得成功。

"对的，心流就是那些人开始掠夺潜意识资源的结果。"他说道，"如果你进入一种工作状态的时间太长，你就会形成一个巨大的潜意识低压状态，你只要连续不停地工作，全身心地投入，那么潜意识系统就会认为你是一个突破点，从而把其他人的智商全部都交给你。"

我愣住了："什么？"这和我理解的，好像不是一个意思吧？

"人类没有天才，只有工作狂和专注狂。只要有这样的人出现，上天、

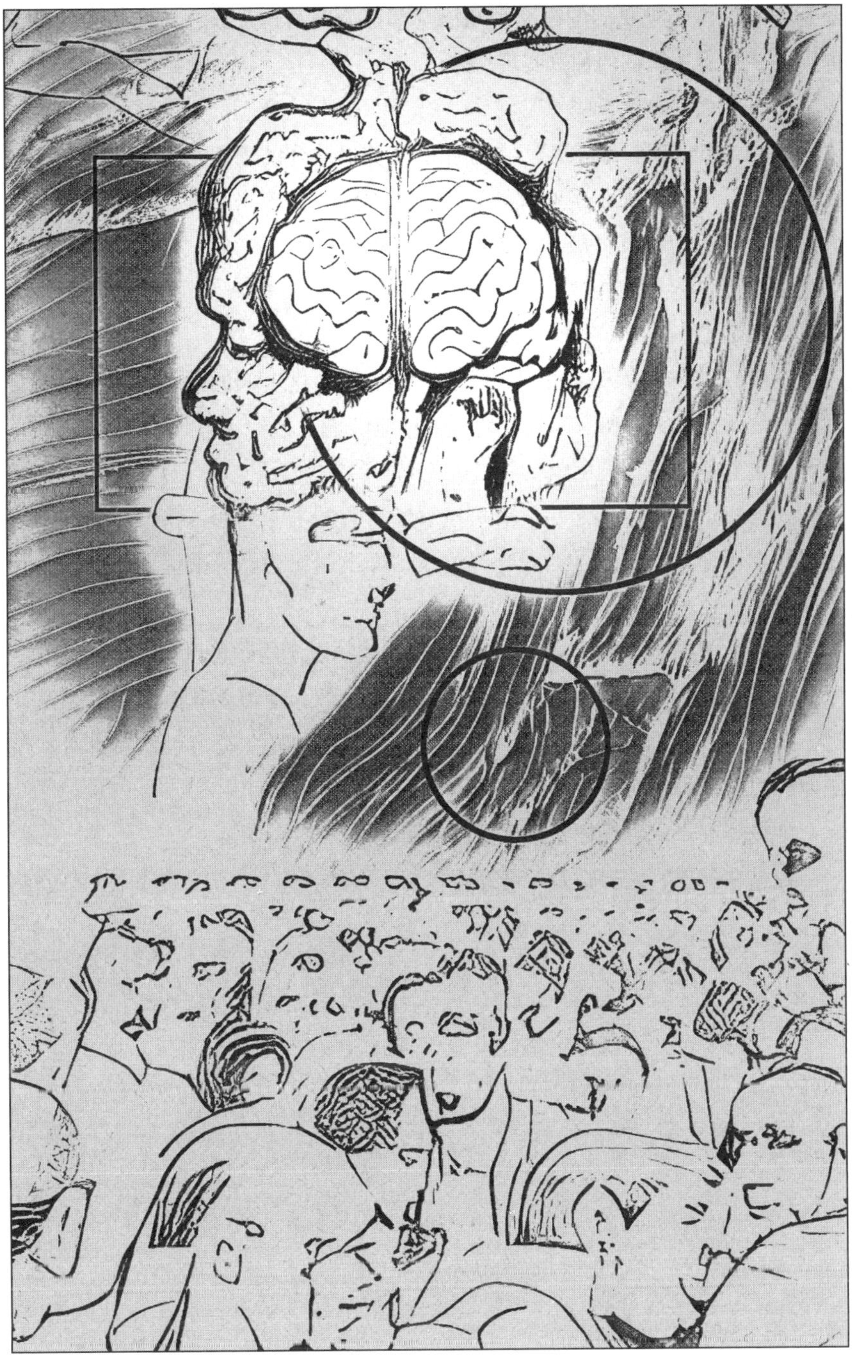

潜意识系统就会把我们的智商和知识全部都调用给这个人，让他去实现科技的突破，从而让我们的种群实现突破。"

"为什么要这么干呢？"

"不为什么啊，要实现一个种群的突破，这样的进化是最合理的，这没有问题。"他指着那张企业领袖海报，"你没有发现吗，这个人说要带领人类进行非常大的科技突破、去火星，在这些事情发生之后，整个人类就开始变蠢了吗？"

我沉默了。

他继续道："所有人都不正常了，都是因为这个人的野心太大，他要实现的科技跃迁太大，所有人的智商全部被他借走了。"

我看着他的锅："用锅就可以避免吗？"

"可以，我戴上锅之后，就可以看懂所有的书了。而这些书，我拿掉锅之后就看不懂了！！"他对我咆哮道，"戴上锅！锅能屏蔽信号，把你的脑子保护好！"

"但是如果能够实现突破，把智商借出去，我觉得也可以啊。"我说道。

他看着我，忽然笑了起来："你是他派来的，他需要我大脑里的东西，对不对？没有我他无法突破，对不对？他无法解决希尔德方程，对不对？这是他的关键，对不对？滚！！！"

他暴怒起来，直接把我推出了他的房间。

我站在门口，觉得很是好奇，希尔德方程是什么？

PART 20

祖先恐惧

"我和你不是同类。"他对我说道。

"从生理结构上来看,肯定是。"我反驳道。

他笑了起来:"肯定不是,如果仔细检查,一定能查出差别来,甚至我们的DNA都可能有差别。"他说的时候,脸上浮现出一种优越感。

"这样,我们换一种讨论方式。"我说道,"你和我不是同类,对你有什么好处吗?"

"嗯,不好不坏。"他不置可否。

"那身边的人呢,其他人呢?到底是你的同类,还是我的同类?"我继续问。

"我觉得大部分是你的同类,当然我不确定,我需要做测试才能知道。"他说道。

"你从出生就知道这个吗?"我再次换了个角度。

"当然不是,是有契机的。"他说道。

他的外号叫作"插座男",命名方式和"点击者"类似——他需要坐在身边大概一米范围内有插座的地方。如果范围内没有椅子坐,他甚至会坐在地上。

"你坐在插座的边上,和你与我不是同类这件事情,有关系吗?"我试图理解他的心理过程。

"有，又没有。"

"什么意思？"这人是墙头草再世吗？

"就是我愿意坐在这儿。不过我能发现我和你不是同类，也和这个插座有关系。但是我坐在这儿，只是因为我喜欢，和之前这些没有关系。"他看着我，再次强调道，"单纯只是喜欢。"

"你是通过这个插座发现你和我不是同类的？"我问道。

"是的。"他点头道。

我看着那个插座，那是一个普通的三叉造型，看着像一个呆滞的人脸。

所有的三个空洞组合，如果两个空洞在上，一个空洞在下，在野外就会被冠以"骷髅"的名字；在室内看到了，人们也会觉得那像人脸。

"为什么？"我问道。

"你是不是觉得这东西像个人脸？"他不答，反而问我道。

我点头，也不回答，想让他说得更多。

他继续说道："你知道人为什么有时候看很多物件，都会无端觉得像人脸吗？甚至你看洗手台的瓷砖，有时候瓷砖的形状特殊一点，你也会以为那是人脸。插座是人类最容易觉得像人脸的东西，还有一些人，连车的屁股都能看成人脸。"

我继续保持沉默。

他继续说下去："很多外星球的照片，因为照在上面的光影发生了变化，也很容易让人把上面的石头当成人脸雕塑。你不觉得人特别喜欢把别的东西识别成人脸吗？"

"是啊，为什么？"我提出疑问。

"那是因为很多肉食动物在捕猎的时候，都会选择隐匿在草丛或者灌木里。这种肉食动物，以猫科的老虎为例子，眼睛大多长在前方，和人脸相似。人类为了躲避这些肉食动物的偷袭，大脑加强了对于这种类似人脸的视觉识别机制，对于像人脸的图形，会直接强行认定是人，从而引发高度警觉。"他说道。

"所以是为了避免被猎杀？"

"是的，这是人类长期被肉食动物攻击而形成的演化，如今仍旧残留了这个本能。"他点头肯定道。

"但是你为何觉得你不是我们的同类呢？"

"因为我看到插座，不会觉得那是人脸。"他说道，"我不会产生警惕情绪。"

"也许只是因为，在你的基因里这一段表达已经不够充分了，毕竟我们是现代人，我们距离被老虎追杀已经过去起码一千年了。"我说道。

"我看到插座不会觉得那是人脸，不代表我看到其他东西，不会觉得那是人脸。"他说道，并且再次表现出了优越感。

我等着他继续说下去。

他说道："我看到某种东西，也会觉得那是人脸，并且心生警觉，但是那个东西不是插座，不是两只眼睛的。"

说着，他看向了一边的墙壁。

那里有很多圆形的大大小小的斑点分布在白漆的墙壁表面，都是发霉导致的。整个发霉的区域呈长条形，这说明墙壁渗水了。

"你看这个，这才是我觉得像人脸的东西。我看到这种类型的污渍，就觉得那是一个人在看着我，和你看到插座时的感觉是一样的。"

我看着那些发霉的斑点，说实话被他说得有点毛骨悚然。

他继续说道："我的祖先，不是被老虎狩猎，而是被长成这样的生物狩猎，所以我才会对这种图形特别敏感。"

我又看了一眼那片霉斑，如果硬要说是一张生物的脸，那绝对是极度丑陋且诡异的。

"插座男"看着那一大片霉斑，缩紧了身子，忽然有点发抖，像是从祖先留传下来的恐惧，重新在血液中被激发了一样。

"所以——"

"所以我和你不是同类，我的祖先甚至不在这个星球上生活。"

他十分恐惧，但又表现出了一种优越感。到最后，我都不知道他的那种优越感来自哪里。

PART 21

死者体验

"你为什么要混进葬礼,冒充尸体?"我问她。

"我为什么要混进葬礼,冒充尸体?"她重复了一遍我的话,似乎也在问自己。

这个女孩子有过多次类似的前科,她不停地混进各种葬礼,把原本的尸体藏起来,然后自己躺在灵床上,参加死者的追悼会。

"对,为什么?"我追问道。

"不为什么。"她说道,"就是好奇,其实我没有病,我只是好奇心重。"

"你觉得你没有精神疾病?"我问道。

她点点头,一脸无畏地说:"我就是没病,我只是好奇心重。"

"记录显示,曾经有三次,你在假扮死者的时候,一直到被推进了焚化炉,都还在装。如果不是运气好,你已经被活活烧死了。"我看了一眼她的资料,说道。

"是吗?"她古灵精怪地反问我,"我不知道。"

"是的,三次,差点就被烧死了。"我强调道。

"我可能太投入了。"她竟然有点得意,"我模仿死者模仿得太成功了，所以没意识到要被烧死了。"

"为什么？"我不理解。

"你不好奇吗，人死后是什么感觉？"她看着我说，"你有没有幻想过，假如有一天自己死了，你身边的人会怎么看你？他们是不是会和你想的一样伤心？你的那些仇人是不是会特别开心？"

说实话，我幻想过。但我每次幻想时都会意识到，自己根本不重要，这个世界少了我不会有什么变化，一切当下的情绪，都是属于当下的，在未来一定会被遗忘掉，消散殆尽。

一个人想知道自己死后别人会如何反应，多半是把自己想得太重要了。

当然，我不能这么回答她，于是就说道："没有，为什么要幻想自己死？"

"没有人能抗拒这种想象，你骗我了。"她有些小小的不满，"啊，你不老实，你不说实话。"

"嗯，被你看穿了。"我没有否认。

"人总是会好奇死后的世界，每一个人都想过，假如自己死了，其他人会是什么反应。从小我就对死亡特别好奇，我尝试着去寻找答案。但人只能死一次，而且死了之后大概率是没有感觉的，所以我只能借助别人的葬礼来体验。"她想了想，接着说，"你肯定觉得，我不用这么做，这种感觉用理性思考一下，就可以得出结论，对吧？"

"是的。"我点点头。

"可事实和你想的完全不一样。"她眯起眼睛，笑嘻嘻地低下头，"躺在灵床上，和站在追悼会上，完全是两个视角。"

"会不会只是你个人觉得不一样呢？"我又问。

"你躺在那儿，脸上蒙着布。其实追悼会是不需要蒙着布的，因为要瞻仰遗容嘛，但是我必须蒙着脸，才能不让人发现尸体被调包了。所以每次我都会在脸上盖一块布，大部分时候，没有人会来揭开这块布。"她说道，"你躺着的时候，似乎能更清楚地听到别人说话，你会听到有无数人在讨论这块布，但是没有人来揭开它。这时候，主人往往也在忙着接待来参加追悼会的客人，无暇顾及这块布。然后你就会发现，宾客们不会去提醒主人尸体的脸上有布，主人也不会来看尸体。那几次我差点被烧掉，就是因为主人到最后都没有来看尸体，都是远远地待着，让工作人员操作。"

"是死者的家庭关系不好吗？"我猜测道。

"我不知道，我只知道，几乎所有的家属，在处理遗体上，决策都做得非常快。"她说道，"感情好的，感情不好的，都一样。"

"他们会在尸体旁边讨论吗？"我好奇地问。

"会站得远远的，似乎怕尸体听到一样，但决策都下得非常快。"她说道，"孩子处理父母的尸体，尤其快。父亲处理孩子的尸体，可以排第二。然后是夫妻之间处理尸体的速度。我一直以为，丈夫处理妻子尸体的速度，会比妻子处理丈夫的速度更快，但后来我发现，是一样的。最慢的就是母亲处理孩子的尸体，会精细很多。"

"这说明什么呢？"我开始顺着她的话提问。

"嗯，这个世界上可能只有一种真正的感情，就是母亲对孩子的爱，其他的，我觉得都是虚假的。"

"我不这么认为，我认为是否存在真正的感情和处理尸体的速度，这两者不能放在一起讨论。"我反驳道。

"呵呵，所以我说你得躺着，你得用当事人，哦不对，'当尸人'的身份去听他们讨论才行，我保证你可以非常直接地了解到，他们是不是真的爱你。"她说。

"为什么？"

"因为你已经死了，他们就用不着太忌讳你是否能听到了。"她说道，"当然啦，情感肯定是有的，人类总有情感。但身边人的情感中哪些是真情实感，哪些是社交性的——也就是演出来的，只有等你死了，躺在灵床上时，你才会知道。"

"因为他们不需要再演戏了。"这点我倒是赞同。

"而且你要知道，追悼会的时候，来遗体边上看你最后一面的那些朋友，他们偷偷说的话，才是最精彩的。"

"会有人对遗体说话？"

"对，很神奇吧？他们会走到灵床边上，偷偷和你说一句话。那往往是你不知道的秘密，却和你有关，他们真的会如实告诉你。"她做了一个鬼脸，表示自己当时也十分震惊，"我的天啊，好多秘密，什么我和你老公睡过，你终于死了；当时的举报信是我写的，对不起……这一类的。"

"这也太狗血了。"我也有点震惊。

"很正常啊，老师，真实的人生就是这么狗血的。"她说道，"但当你躺在那里，听到那么多的秘密，还是会十分震惊的。你知道为什么吗？因为你会发现自己所了解的生活和人际关系，根本不是真实的。你以为没有谁会比自己更了解自己的一生了，结果到头来才发现，你自己的理解全是错的。"

"所以，死了之后，你才能看到自己人生的真相。"我替她说出了这个结论。

"对的，可惜，你那时候已经死了。所以，你是带着假象去世的。不过本质上来说，你永远不会在活着的时候知道，你家里那个老实的老公，那个不苟言笑的父亲，私底下到底是一个什么样的人。"

"会很不堪吗？"

"人生如戏，大家都在演，到底有几个真正的体面人呢？"她忽然很感慨，"每一代人都有属于自己的一些破事。"

"还有呢？冒着被焚化的风险，你应该还有一些更加灵性的感悟。"我想让她再多说点。

"你这是剽窃我的感受哦，你自己干吗不去试试？"她看着我，不满地抱怨道。

"我个头太大了，上了灵床脚都在床外，我没办法像你那么灵活。"我说道。

"也对，那我就和你说说吧。你知道流程吧？首先你得在葬礼的前一天调换尸体，有些火葬场在存放尸体的时候，会盖上一块白布，你得挑这种火葬场。调换之后，你就躺上去。要知道在停尸房里，一天会进行好几次追悼会，所以等待的尸体很多。据我所知，还有推错的。而且在早上或者凌晨的时候，你躺在床上，还能听到旁边的尸体一直发出声音。"

"尸体还会发出声音？"我惊讶地问。

"对，各种声音，很奇怪的声音，完全无法形容。就好像它们在用内脏对话一样，所以那里其实很吵，灵堂等候区也不安静。"她一边皱着眉头回忆，一边说。

"然后呢？"

"我会感觉自己就像动物园里的动物一样，在等待开园游客进来。"她说道，"然后这段时间，虽然实际上也就几个小时，但是非常漫长，我会不由自主地模拟，如果自己现在确实死了，我会思考什么。"

"什么？"我又不理解了。

"嗯……就是说，有什么是我还没放下、没交代的，还有就是回顾自己的一生了。"她解释道，"在那个时候，我发现，相较生者对死者，其实死者更爱生者。因为我满脑子都是那些还活着的人，会想他们还需要什么，我还有什么东西没有托付掉。但是，当有人进来后，我大概率会听到亲属在讨论'我'留下了多少东西给后代，而'我'的后代则在讨论怎么分财产。"

"就是'死者'的考虑，是非常无私的，生者其实思考讨论的是同样的问题，但听上去却很脏。"我有点明白了。

"不是听上去，而是当你躺着听的时候，就是很脏。"她强调道。

"嗯，有意思。"我点点头。

"然后人到齐之后，会讨论细节。"她说道，"我以为他们会讨论'我'以往的生活，但是他们讨论的，基本上都是'我'对他们不好的地方。我很少听到有人讨论死者好的方面，大部分都是讨论不好的。"

她想了想，又补充道："不过我只有几次经历，所以不能对所有人一概而论。我相信还是有很多痛苦的、不舍的葬礼的，否则人这种生物就真的没太大意思了。"

我表示赞同。

她继续往下说："买骨灰盒的环节也很有意思，就算他们对你有很深的感情，但在骨灰盒的选择上，一般还是会讨论得很细。或者说，总得有人讨论这个，那个负责的人，就会问得很细。那个时候，他们讨论的样子，就像是在买房子。接下来就是我刚才说的，追悼会环节，你开始了解一些人生真相。有好几次，我都庆幸'我'已经死了。那种事情，如果活着的时候听到，肯定会令人崩溃的。到了最后，要火化了，这个时候，哭声就开始大规模出现了，无论之前多么稀稀拉拉，但一到火化时，哭声就开始激烈起来。"

"大家的情绪爆发了，真正的告别来了。"

"嗯，所以我认为火化要比土葬的离别感更重。"她说道，"但也可能是，大家都被平时的生活所累，酣畅淋漓地哭一场不容易，体力也不够，所以都留在了曲终人散的时候。"

"然后呢？"我继续问。

"这个阶段有时候会持续很久，我其实在那个时候就发现，哭这种行为，其实很不可信，它的激烈程度很容易控制。你想，那时候家属要哭，但是又有很多事情要处理，所以你躺着的时候会发现，身边在哭的人总是被迫哭哭停停，其间还不断有客人来劝。面对不同的客人，哭的声音、方式、大小，都不一样，似乎和来劝说的客人的身份有关。"

"一场大戏啊。"我也不由得感慨道。

"是啊，追悼会是一场大戏，完全属于你的一场大戏，可惜的是，你也许只是道具。"她说道，"在那个环节，我大概率就会被发现。不过也有完全不哭，直接往焚化炉里送的，那几次我就是这样被送进去的。"

她说完之后，就看着我："大概就是这样。"

"好玩吗？"我好奇地问。

"好玩啊。"她笑着说，"百玩不腻，人和人还是不一样的。不过呢，我只想玩别人的，我自己死了之后，还是什么都不要知道的好。"

"但你现在已经这样了，你已经知道会发生什么事了。"我看着她，希望从她脸上看出些什么来。

"人总会觉得自己不一样。"她自顾自笑了笑，说道，"努力变得不一样吧，或者就让我什么都不知道吧！幸好那都是别人的人生，我自己的人生如果是这样的，就有点可怕了。"

我看着她，她也看着我。

"你几岁？"她忽然问。

"你想干吗？"我警惕地问道。

"作家的身后，我也想体会一下呢。"她看着我，若有所思地说，"会不会有很多编辑和粉丝过来，和你说一些类似'他妈的，你其实写得真烂'这样的话，送给最后的你？"

我想了想，不禁在心中骂了个娘。

PART 22

工程师

这个人在入院之前，一直在组织失眠人群向杭州方向聚集。

他似乎有一套奇怪的理论，当时他已经组建了一百多个群，计划组织一百万失眠病人，到杭州聚集。

当然，这是不可能做到的，但这个目标还是有很大的安全隐患，让人不安。公安系统先发现了这件事情，便通知了他的父母，随后他就被送到了这里。

他不愿意和任何人讨论这件事情，最关键的是，他自己并不失眠。

这个人是一个系统工程师，在某个大厂工作，处于不上不下的位置，单靠手上拿的股票也可以获得不菲的收入，其实工作压力并不大，他所在的也不是核心部门。

有人怀疑，他出现精神问题和他老家发生的事情有关——他老家有人去世了，但没有人知道是谁。

我花了很大的力气，去探究他的行为逻辑。他后来表示，他并不是不想和别人说他的考量，只不过这是技术人员的思维方式，和那些医生没什么好说的，说了他们也听不懂。

"公安局的人也听不懂吗？"我问道。按道理来说，公安系统的人才密度比外面要高一点。

"他们不是警察,这个世界上没有警察。"

"那他们是谁?"

"和我一样,都是软件工程师。"他说道,"他们觉得我给系统带来了危险。"

我不能让他意识到我跟不上他,所以只能点头,但我真的不知道他说的是什么意思。

他接着对我道:"我做的是一项技术研究,不是非法集会。"

"我也是做技术的。"我试图用同行的身份拉近一些距离,让他能够多说一些,"和你们一样,我也是软件工程师,你可以和我说,我来帮你翻译成通俗的语言,我同时也是一个作家。"

"那你的技术肯定一般。"他整理了一下头发,他的头发很稀少。

这倒是真的,我是做B/S结构的软件的,用的是一种现在已经基本被淘汰的PHP语言,和他的水平当然不是一个层次的,但是我有软件工程师的基本知识。

"你做过什么?"他转而问我。

"一些简单的论坛,也做过流媒体[①]。"我答道。

他露出了轻蔑的笑容,然后说道:"可以,你应该能听懂。你和他们说吧,让他们不要再来烦我。"

我点头。

"除去网速问题,你在打游戏的时候,什么时候会卡?"他问我道。

"在线人数比较多的时候会卡。"我说道。

"如何解决这个问题?"他继续问道。

"有很多种办法,多服务器设置、架构等。"我说道。

"除了搜集用户名、家庭状况等个人信息之类的社会工程学[②]问题,还有什么问题是技术无法解决的?"他又问道。

"经济考量。"我回道。

这些对话看上去很玄妙,其实意思很简单。打游戏的时候,很多游戏在开始的时候会让你选区,其实就是选服务器。因为一个区允许同时在线的人数是有限的,所以不可能所有人都在一起。假如你和你的朋友在不同的区

109

CODE OF

里，那么你们是不能相互对战的，也不会遇到，就像一个一个的平行世界。

所谓的经济考量，这里也稍微解释一下。

假设一个游戏要求服务器平时可以承载一万人同时在线玩耍，同时CPU还能够正常运行，系统也没有问题，那我就可以只购买一台可承载一万人的服务器来服务这个游戏。

但在某一次世界电竞比赛中，中国队夺冠了，大家都非常开心，都想去玩一玩那个游戏，所以十分钟里，一下子有二十万人想要进入这台服务器来玩这个游戏。那么作为游戏的运营方，要么平时就准备了一台可以承载二十万人同时在线的服务器——显然，这台服务器比可承载一万人的要贵很多，平时用这种服务器很不经济；要么就还是使用可承载一万人的服务器，让游戏玩家排队进入，当有一个人退出来了，外面才能有一个人进去。

如果二十万人都进入了，服务器系统就会崩溃，出现各种问题，甚至会死机。

"我们的世界也是这样。"工程师和我说，"所以人才需要睡觉。"

"什么意思？"我一头雾水，这和之前说的完全没有联系。

"一半人睡觉，一半人醒来，大概是这个比例，这个世界只能承受一半的人同时清醒。"

我"哦"了一声，这话竟然有点哲理。

"如果所有人在同一时间醒来呢？"

"这个世界就会死机。"他说道。

"这个世界的机能不够吗？"我糊涂了。

"不够。"他说道，"显然不够，否则不需要睡觉这个步骤。"

"可世界人口到达现在这个数量，是一个长期的过程。"我说道，"以前世界上没有那么多人，那时候人也需要睡觉啊。"

"你以为我们处于同一个世界系统吗？"他说道，"两千年前，你打两三把剑，一辈子就过去了。如今你一辈子要做多少事情？"

我愣了一下。

他说道："地球的工程师一直在升级系统，否则这么多人口，系统早就崩溃了。但不管怎么升级，让一半人睡觉一半人使用地球，都是最经济的方式。"

111

"就是说，一半人上线，一半人下线？"我试着理解他的意思。

"对，这样使用人数可以翻倍。"他笃定地回答道。

我又一次被说服了。

"那你为什么要召集失眠的人到杭州来？"我说出了我的疑惑。

"我要增加在线人数，打破这个一半一半的平衡。"他说道，"但我没有办法让地球上的另一半人不睡觉。"

"那是当然。"

"我只能先打破某一个区域的平衡。"他说道，"就在杭州。"

"这有用吗？地球上睡觉的总人数应该还是一半。"

"地球上的所有人都在同一台服务器上吗？你连基本常识都忘记了吗？"他说道，"地球上有无数台服务器。"

"哦。"

"所以，在一个区域增加运算量也是有用的。杭州肯定是一个独立的服务器，甚至都不止一台。我觉得西湖区是一台服务器，拱墅区又是一台。如果让我来做架构，我就会这么安排。"他接着解释道。

"但我可以直接从西湖区到拱墅区啊。"我说道。

"你没有直接到，你退出后又快速登入了。"他说道，"速度太快，你自己无法发觉。"

"所以，与其说你想要搞崩杭州，不如说你想要搞崩西湖区的这台服务器？"

"是的，一百万人同时失眠，西湖区这台服务器肯定会死机。"他说道。

我明白他的理论了。

"但你为什么执意要让服务器崩掉呢？"

"死机了就要回档啊。"他说道，"这段时间的数据可能都会损坏，那就必须把服务器的时间倒回到一段时间之前。"

我看着他，忽然明白了："每隔一段时间，服务器的数据都会备份一次，然后保存起来，这是数据安全的规定。如果服务器突然死机，很多数据就会出问题，那么就会直接倒回到上一次备份的时候，使用上一次备份的正确数据。"

"听懂了吧，对你来说应该不难，你手机里备份的聊天记录，不也是一样的道理吗?"

我点头,总算是明白了:"你想让这个世界的时间倒回到之前的某一个时刻,对吧?"

他一下子愣住了,很久没有说话。

过了三四分钟之后,他忽然开始流泪,然后对我说道:"没用了,没有办法了,已经过去一年了,即便是现在回档,也只能找回三个月前的数据,但那个时候人已经死了。"

我看着痛苦抽泣的他,心忽然也被刺痛了。

这是程序员才能明白的故事,程序员在自己编撰的世界里,是无敌的。

但在现实生活中,他们却充满无力感,因为他们无法使用自己熟悉的技术、编程工具,来影响这个世界。

这是一个很优秀的程序员,也是一个厉害的软件工程师。我们无法知道,在他的老家,是哪一个人离他而去了,但对他来说一定很重要。他可能无法接受自己竟然不能拯救对方这个事实,才把现实世界和他的软件世界联系在一起。他用自己虚弱的逻辑,做着荒谬的事情。

相信懂技术的朋友对这种情绪能够感同身受,不太懂的可以略过这篇文章。

"回档到三个月之前,时间线会有漏洞,服务器之间会不一样。"我把这个故事转述给另外一位程序员时,他的第一反应是这个,"需要一个机制,在回档之后快速对齐时间线。"

"你不觉得重点不在这里吗?"

"可是这里有bug(漏洞)。"他也是一个大工程师。

可见人世间的悲欢,并不相通。

---

①流媒体:是指将媒体数据压缩后,在网络上即时传播的一种影音在线观赏形式,即无须下载完影音就可以实现在线观看。例如音频、视频、动画或其他多媒体文件。

②社会工程学:社会工程学(Social Engineering),也叫社交工程学,这个概念最早是一个名叫米特尼克的知名黑客提出的,他的目的是让上网的人注重网络安全,减少个人损失。对于社会工程师来说,他可能通过一次看似简单的交谈、一串密码,或者网上浏览记录,就能掌握一个人的个人信息。

PART 23

随机降临

"他认为自己只是一件衣服。"医生对我说道,"他的智商,平时只相当于三岁左右的孩童,但在某些特殊的情况下,会忽然变得非常高,理智也会恢复正常。"

"有多高?"我随口问道。

"比你我想象的都高,而且记忆力非常惊人,过目不忘。"医生说道。

"这难道不是一种扮演癖吗?可能他平日里就喜欢扮演一个白痴智障。"我问道。

"我们做过测试,他的智商的确只有三岁多的水平。这种事情是装不出来的,就算是影帝也演不出来。但我和他高智商时候的人格沟通过,他认为这是一种降临现象。"

"什么意思?"我不太理解。

"就是说,他的肉体只是一件衣服,三岁智商的人格也只是一种简单的人工智能,类似于汽车的自动驾驶系统,用来保证肉体可以存活。而在天上有另外一个世界,里面的神可以通过他的肉体随时下凡。"医生解释道。

"下凡之后,他的智商就会变得非常高?"我感觉很荒谬。

"是的。"医生肯定地说道。

"那他和你沟通的时候,用的是什么身份?"我又问。

"就是神的身份,你是没有看到过他高高在上的样子。"

"所以,你的结论是什么?"

医生端着他的拿铁,沉默了一会儿,说道:"他是一个综合体,大量的精神病症状混杂在一起,就现在这个情况来说,多重人格和妄想症是最严重的。"

我兴奋起来,多重人格,怎么不早说,我早就想见识一下了。

"两种人格吗?一个是三岁小孩,一个是天才?"

"不止。"医生看着我,慢慢说道,"但你只能分辨出这两个来,因为按他自己的说法,所有的神都可以降临到这具肉身上,而在他所说的神界中,神有很多。"

"那么在这种情况下,业界会认为他是多重人格,还是双重人格加上妄想症?"我好奇地问,想知道专业人士如何看待这种情况。

"我们高度怀疑他还有其他人格。"医生说道,"对多重人格的判定是有严格标准的,但因为这个病人还患有妄想症,所以这些判定可能会产生非常大的误差。"

我摸了摸下巴,医生立即知道我在想什么,说道:"你不用想,降临的时间非常随机,到今天为止,他停留在三岁的智商状态已经持续六个月了,你无法采访他。"

"那每次降临的时间有多长?"我问道。

"几分钟到几个小时不等,最长的一次大概持续了十四个小时。"医生说道。

我想了想,说:"我们就当是闲聊。我想确认一下,到目前为止,你只见过两个人格,并没有见过第三个,对吧?只是那个人自己说过,他的世界里还有很多神。"

大概隔了一秒,医生才点了点头。

"你犹豫了。"我立刻说道。

"我实际感知到的是两个人格,但事实上,有一次,他把自己的称号说错了——不,我一开始以为是他说错了,但是后来我想了想,也许他没有说错,那个时候来的可能是第三个人格。"

"他还有称号？"

"是的，和我沟通最多的那个人格，称号是鹅神。"

"鹅？"我感到有些匪夷所思。

"对，他们的神名都很奇怪。"医生喝了一口咖啡，"你不要笑，在古埃及的历史上，鹅神是大地之神盖布的称号。"

"居然是埃及神？"我更加惊讶了。

"我觉得是，因为他说错的那一次，是说自己是猫神，只有埃及人把猫当作神，猫神的名字叫作巴斯特。"

"他那次来，是怎么说的？有什么特别的地方吗？"我问。

"你是指鹅还是猫？"医生慢条斯理地又喝了一口咖啡。

"当然是猫。"

"没有什么，也是像之前一样和我闲聊，看的书也和鹅神差不多，他的房间里有很多书。"医生对我道，"如果你看到他开始看书，就知道降临发生了。"

我摸着下巴，一直在思考。

医生就问我："你在想什么？"

"我在想，他们有没有和你说过，降临的目的是什么？"无论降临的是什么神，总归要有个目的吧。

"我问过，他们说是在做准备，但是到最后也没有说，是在做什么准备。"

我继续摸着下巴思考，医生一改先前的悠闲姿态，显得有点慌，声音也提高了："你到底在盘算什么，你和我说清楚。"

"我觉得不太对劲。"我对医生说道，"你可不可以跟我说一说更多的细节，也许我可以帮你推理出什么东西来。"

"你先说哪里不对劲，不要卖关子，搞得我很紧张。"医生调整了一下坐姿，对我道。

"我说不明白。"这是实话，但我的直觉已经能够很明确地感受到，在刚才这些信息中，隐藏着一些矛盾，只是我说不上来。

最后，我和医生一起到了那位病人的房间里。

病人仍旧是三岁的智商状态，他最喜欢做的事情，是把一张张软硬卡纸，卷成一卷一卷的。

所谓的软硬卡纸，就是烟盒那种硬度的纸壳。

"过硬和过软的纸，他都没有兴趣，他只卷这种固定硬度的。他家里的人会给他送来很多，平时他就会在这里卷。"医生跟我解释道。

"卷完的纸在哪里？"我问医生。

医生摇摇头，说："这是个神秘的现象。起初，他会把它们堆积在床的里侧，但是过一段时间，这些纸就不见了，我觉得有可能是被他从厕所冲掉了。怎么，这和你觉得奇怪的地方，有关吗？"

"所有的多重人格都有严重的外因。"我说道，"每一个人格都有作用，那么这个三岁人格的作用是什么？"

"你觉得是什么？"医生开始问起我来。

"他在做什么，作用就是什么。这个三岁的人格，目前看来，是在做一件极度枯燥但是长期的工作。"我分析道，"卷卡纸——他以前是做什么工作的？"

"应该是一个普通的工人，装配工吧。"医生想了想，说道，"在流水线上工作的那种。"

在我和医生讨论病情的时候，病人仍旧在专心地卷着纸卷。我拿起一个仔细观察，发现这些纸卷卷得十分精细，这个人的手显然非常灵巧。

我又去看他房间里的书。他住的是三人间，但是其他两张床是没有病人的，可以看得出来，比起精神疾病，智力缺陷更受人歧视。尽管这里已经是精神病院了，仍旧没有人愿意和他同屋。

所以他可以在自己的床位边上，肆意地堆放很多书。我随手翻了几本，发现竟然是好几种不同的语言文字写成的。书上不仅有大量阅读过的痕迹，而且每一本的内页上，都有用写作这本书的语言文字所标注的注释。

"有什么收获？"医生再次问我。

"非常惭愧，我连他在看什么书都不知道。"我说道，也不想装，掏出手机开始用软件检索这些书都是用什么语言文字写的，结果发现，大部分都是冰岛语，还有一些是丹麦语、瑞典语和挪威语。软件上提供的说明是，这些都是斯堪的纳维亚语文，属于同源文字。

这些书的名字都很奇怪，无法判定是什么类型的书，但是其中有一本，

117

我知道那是一个冰岛作家写的一部很有名的小说，曾获得过诺贝尔文学奖。

我看了一眼医生，医生示意我可以耐心地看，于是我开始用软件翻译这些书的前几页，很快我就发现，大约有百分之八十的书是用冰岛语写的，剩下的其他语种的书，大约有一半和昆虫有关。

"你说过，鹅神降临的次数最多对吧，猫神很少降临？"我问医生。

医生点头："是的。"

"那么数量最多的相同类型的书，应该是鹅神看的。鹅神喜欢看北欧的昆虫类的著作，并且精通北欧语言。"

"有可能。"

"那么，这些书里，和昆虫不属于一个系统的书，就有可能是猫神看的。"我推测道。

"你是指，猫和鹅的生物系统不一样，所以他们不会看一样的书，对吧？我觉得未必，也许这些书他们两个都爱看。"医生提出了不同的意见。

我一边仔细地筛选这些书，一边问他："书是从哪儿来的？这些书全都很难买到。"

"网购。"

"说实话，网购这种书也很不容易。"我说道，"购买这种书，得在冰岛当地认识人才行。"

医生摇摇头，表示自己也不知道。

很快，我从这堆书里发现了一本特别的书。这是一本关于礼仪的书，讲的是冰岛当地的贵族礼仪。

"这本，看上去是猫神可能会看的。"我对医生说道，"我觉得大家在休闲的时候都爱看小说，但是宫廷礼仪和昆虫学，是不是就很不一样？"

"我觉得你是在诡辩。"医生不置可否。

我翻开那本讲礼仪的书，就看到里面折起一页。我用软件把那一页翻译出来，发现这一页是讲迎接的礼仪的。

迎接最尊贵的贵族的降临。

在线翻译出来的文章几乎难以阅读，但我还是艰难地看懂了。这是一种非常烦琐的宫廷礼仪，而且书里面含有很多手写体的记录，机器也翻译不出来了。

"迎接的礼仪。"我看着医生,医生也看着我。

"什么意思?"医生问。

"迎接谁?"我问医生道,"他说过,这个肉体是一件衣服,各种人格如神一样降临在肉体里。如果猫神在这里是在做迎接礼仪的研究,那么降临的是……"我看了看那些昆虫学的著作,"虫子?"

"埃及神里有虫神吗?"我接着问道。

"有,有甲虫神,还有蝎子神。"医生说道。

"不对,这些神都不够尊贵。"我指了指那本书,"鹅神和猫神所迎接的神,应该是至高无上的。"

"那就不是埃及的神了。"他看着那些昆虫学的书,"埃及的神话体系里没有地位特别高的虫神,难道是我弄错了?这么说,那些都是冰岛的神?"

我们对冰岛的神一无所知,冰岛的神话分支非常多,不在当地生活的话,根本无法了解其所有的神话体系,甚至有些神话体系只存在于某个村子里。

"我记得美国电影里有很多北欧神话里的故事。"医生想了想,说道。

"但我从来没听过鹅和猫在这种系统里出现,这应该不是常见的北欧神话。"我说道。这个时候,我无意间抬头看了一眼面前的病人,发现他已经停止了手工,正默默地看着我们。

我和医生一起抬头看向他。说实话,我看到他眼神的瞬间,就知道有东西降临了。

眼前这个他,已经不是三岁智商的他了。

"离开这个房间。"他忽然开口说道,语言清晰,铿锵有力。

我和医生对视了一眼,我开口问他:"鹅神?"

对方摇了摇头。

我继续试探:"猫神?"

对方还是摇了摇头,然后从书堆里抽出了那本小说,放在我的面前。

我不知道那是什么意思,但就在眨眼间,他的眼神又恢复了先前的迷茫,重新低下头开始卷那些卡纸。

我感到莫名其妙,医生也 脸茫然。

我问医生:"降临了?"

"对，出现了一个新的人格。"

我们又看了看病人，病人已经完全恢复了原样。

"为什么只有一瞬间？"我不解地问。

医生摇摇头，表示他也不知道，他之前从来没有遇到过。

我看着那本被推到我面前的小说，拿起来问病人："这是什么意思？你再出来说一句？"

但那个病人再也没有任何反应。

我翻开那本小说，不停地翻看着，终于，我看到在其中一页的页脚上，有人写了一行冰岛文。

我用软件翻译出来，上面的文字写的是："愚神编织虫窝，鹅神隐藏虫窝，猫神盛大迎接，六足之主垂涎。"

"什么意思？"医生问我。

我摇摇头，看着面前的病人，寒意从背脊不停地翻涌上来。

"是虫子，六足之主，是一只虫子，应该是他们的主神之类的。如果是多重人格，那这个就应该是他的主人格，非常尊贵。"离开病房之后，我在门口轻声对医生说道，"这个人的多重人格，是一个神话系统，不同的人格正在协同工作，用这具肉体迎接主人格的到来。"

"他的主人格是一只虫子吗？"医生问我。

我也无法确定，但从目前的线索来看，应该是这样的。

"是非常尊贵的虫子。"我补充道。

"当主人格到来的时候，他会表现成什么样？"医生想了想，又问我。

"还能什么样，他会表现得就像一只虫子。"

"主人格来这里干什么呢？"医生一边思索，一边说道，"就像你说的，动因是什么？"

"不知道啊。"我说道，看着病房里继续卷卡纸的病人。

按照页脚上的那句话所说，这个人格是愚神，他卷的这些卡纸，是为了建造一个虫窝，那这个虫窝现在在哪里呢？

六足之主垂涎……垂涎又是什么意思？

"如果虫的人格降临了，你一定要叫我过来。"我对医生交代道，医生点点头。我们两个人又一起沉默了一会儿，然后各自转身走开。

PART 24

幻听

和这个人沟通有一定的困难,他是一个聋哑人,只能用手语和他交流。

他是个男生,但是非常女相,可能是我在这里遇到的最秀气的人。如果不仔细观察,他大概率会被认作女生。加上他无法说话,不能用声音判断,所以更加不好辨别。

我所在的是男病区,所以看到他的时候我还是很惊讶的。

这人是一个手语研究者,工作是改良手语。他的目标是用手语读出古诗,并且还发明了有舞蹈动作的花手手语。

他完全听不见,所以需要手语翻译一起协助采访。这里为了叙述方便,我还是以正常的方式记叙。

他告诉我,手语叙述本身具有特殊性,他想改良手语,是因为他无法讲出他所在的那个世界和他听到的事情。

这是一个很特殊的例子,聋哑幻听。幻听是指外部没有声音,但本人却声称听到了声音的一种幻觉表现形式。正常人产生幻听很常见,因为他们本身就能听见并辨别不同的声音。聋哑人则不同,他们的听觉本身已经受损,并且不能正确辨别声音。在听觉器官损伤的前提下,他们如何认定自己听到的是什么?目前,临床上遇到的聋哑幻听的病例十分罕见。

幻听并不是听觉障碍，它与耳朵结构是否受损无关，属于精神类疾病。这是精神分裂之后，大脑创造的一种声音，这种声音虽然是幻想出来的，但是在病人的大脑里非常真实。离谱的是，这种声音大多是命令性的。

"幻听大部分都是命令性的。"边上的医生提醒我，"但聋哑人也存在幻听，是相对让人感到意外的。"

我问病人："那个命令让你做什么？"

"飞。"他说道。

其实他只是做了那个手势，但我还是用"说"来代替。

"飞到天上吗？"

"没有细说。"

"那个命令可以抗拒吗？"

他多次想要从高处跳下，被发现之后才到了这里。

"抗拒不了。"

"还有吗？"

"它要说话。"

"要你说话？"

"对。"

"要你说什么？"

"用手语描述不出来。"

"很复杂？"

"非常复杂。"

"那它希望你对谁说？"

"对着电视机说。"

"电视机？"

"是的，它说，它的伙伴可以听到。"

"通过电视机？"

"是的。"

我明白了，电视机大概是一个通信器。

"那你说了吗？"

病人看着我，指了指自己的嘴巴，我立即表示抱歉，我忘记了。

"它要你说的内容,你自己懂吗?"

"我能懂,但我复述不出来。"

"如果你能说话,你可以简单地讲出来吗?"

"不简单,但能讲出来,可手语不行。"

"这个信息和什么有关系?"

"回去,回家。"

"回家?"

"那个声音,想回家。"

"你听到的声音说它想回家,想飞?"

"飞回家。"他看着我。

"它想让你对电视机说的信息,你能写下来吗?"既然手语不行,那也许可以通过文字描述出来呢。

他却摇了摇头,说:"它不让我写给其他人看。"

我摸着下巴,这绝对有点奇怪,我看着他,问:"那个声音,不是你的声音,对吧?"

他点头:"不是我的声音。"

"那你知道是谁的声音吗?"

"一个陌生的声音,我不知道。"他回答说。

"你自己对这个事情有判断吗?"我问道。

他再次点点头,说道:"有的,我觉得应该是一个外星人在我的脑子里。"

"它想回家?"

"对,它说只要对着电视说出那段密码,就会有人来接它走。但它没有想到,我是残疾人。"他苦笑起来,"它被困在我的脑子里了。"

"怎么说?"

"我不能写下来让别人说,我只能自己对着电视说,但我无法说话,用手语也无法表达。"他看着我,"它永远回不去了。"

"你觉得它倒霉吗?"我被他的表情震动了。

"不知道,也有可能我们这种人,就是用来关这种生活在思维中的外星人的监狱?"

我愣住了:"你真这么想?"

"我们是提前设置好的人肉监狱。"他看着我,"小时候被投放病毒,造成残疾,就是为了用来对付这种外星人的。"

离开这个病人之后,我和医生坐在楼梯上聊天。

医生问我:"你怎么看?"

"被困在脑子里,可能是无法开口表达的人的一种普遍困境。"我说道,"我教过不少徒弟,他们才华横溢,但就是写不出来。他们的感受,就是那些瑰丽的画面,都被困在脑子里了。"

"你说是一种体感导致了他的病情?"

"先说好,我们只是闲聊啊。"我看向医生,他点了下头,我才接着说道,"你知道吗,灵修的人经常会发出一个拷问,就是内心的声音到底是不是自己发出的。人类总是在评判一切,在看到事物的时候,评判就同时产生。有灵修大师通过长时间的冥想,把自己的意识和这个声音分离开来,他意识到,自我是在这个声音之后发挥作用的,而这个声音不是人类自己的声音。"

"那是谁的声音?"医生问我。

"你心中评判世界的那个声音,给出想法的那个声音。不是你本人。"

"你说不说?"医生有点急了。

"是一个提示程序。"我说道。

他不解。

我继续说道:"后来他们做了一个试验,在人的耳边放置一个机器,然后在人看到东西的瞬间,抢先用机器播放声音,做出评价。久而久之,人对这个东西的评价就发生了变化,人被这个机器控制了。"

"是不是因此诞生了广告学?"

"是的。"我说道。

"你详细说说。"医生感兴趣了。

"其实,人脑有这么一个快速的评判机制。当你看到一个物体,在你对它还没有产生理解的时候,大脑就会自动从数据库里先调出对于这个东西的常规评价,直接给予你答案,让你不用再思考下去,这就叫作刻板印象。"

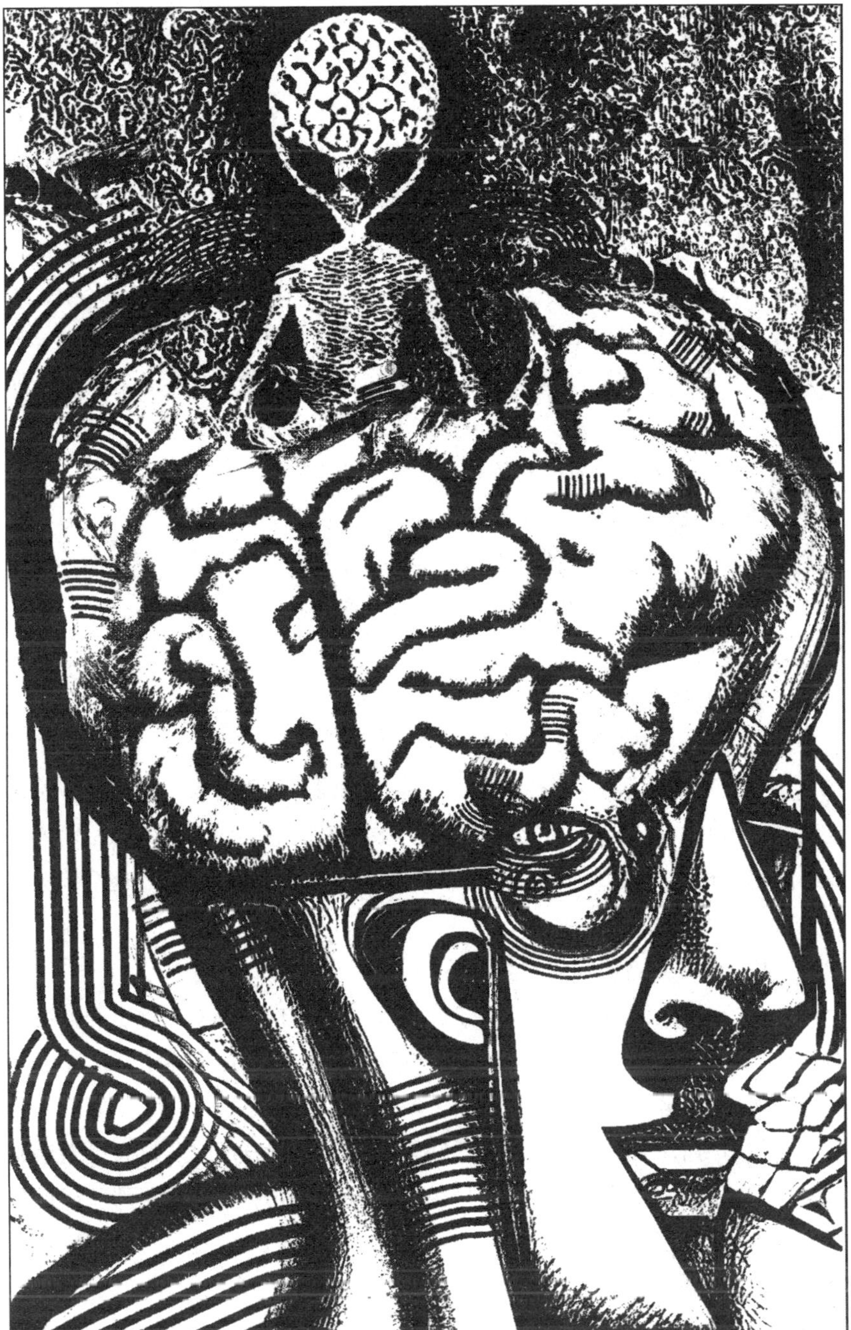

我说道。

"你觉得是为了什么？"

"我觉得是为了节约大脑的能量。"我道，"在原始社会，变化没有现代这么快。一个人知道花斑蛇大多有毒，所以他在看到花斑蛇的时候，大脑就会根据经验告诉他有毒，这个经验可以一生管用。但是现代社会变化太快，这套体系开始错乱了。"

医生被我聊蒙了。

我不管他，接着说道："如果你没有定期进行自我反省，就会被大量的刻板印象控制，但如果自我反省过于频繁，你又会感觉非常厌烦和疲惫。你不喜欢一个一个地去辨别身边的人是好人还是坏人，你就是喜欢一竿子打翻一船人。你也不喜欢分阶段和领域去判断一个人，因为一个人很复杂，有优点也有缺点，会做好事也会做坏事。但你其实不希望对方那么复杂，因为这太消耗大脑了，所以好人就应该什么都好，坏人就应该什么都坏。你一旦认定了某个结论，就不会根据对方的行为去改变和修正自己的看法。啊，不好意思，扯远了。"

"那你的结论是什么？"

我想了想，和他说道："其实人是可以克制这个声音的，但是要经过训练。当然，克服并不难。人类面对一件事物的时候，很容易产生刻板印象，此时只要内心的良知告诉自己，再审视一次，理性就会浮上来，开始掌控一切。但这一切都必须发生在'声音在前，理性在后'的情况下。这个病例，就是声音和理性的顺序调换了。"

"所以那个声音响起的时候……"

"直接变成了决策和命令。"我说道，"原本的情况是，他看到电视，觉得自己很憋屈，有很多想法，但是讲不清楚，就开始胡思乱想什么外星人。这个时候，理性就会出来说，别想那么多，人总要生活的。"

"但因为前后顺序调换了，所以他看到电视的时候，先告诫自己别想那么多，人总是要生活的。然后他的大脑里才出现了声音，出现了那些胡思乱想，因为后一个是做决策的，所以他的身体就直接开始执行了。"医生看着我，问，"是不是这样？"

我点头："小说家之言，听听就算了。"

PART 25

点击1继续生命（1）

"点击者"是一个典型的精神病人，他的故事会被记录下来，完全是因为我的调皮。

医生警告我说，我的这种行为是非常危险的，改变精神病人的病理循环，可能会造成严重的后果。比如说，把轻危险性的病例变成重症病例。

"点击者"大概二十五岁，是一个很不起眼的男性，他有一个手机模型，就是那种塑料壳子的，上面有一个手机拨打的界面，大概每隔三十秒，他就要去按一下上面的1。

谁都知道那个界面是假的，只是一张贴纸而已。

医生告诉我，他正在拨打一个生命热线，里面的声音曾经告诉他（其实是他的幻觉），他的生命已经结束了，马上就会死亡。但是他有一次申诉的机会，如果申诉成功了，他还能再活二十年。

他非常害怕，想要申诉，但是人工服务的电话系统一直处于繁忙状态，他无法打通。人工电话服务系统每隔三十秒，就需要按1确认继续等待，而他已经持续按1按了一年多了。

他担心如果挂掉电话，自己就会马上死，但是系统一直繁忙，他无法打通，为此他根本无法做任何其他事情，只能在这里不停地按1。后来家人就说他疯了，给他换了一个假手机，他也没有察觉。

我就问医生："晚上怎么办？他不睡觉吗？"

"他说人工系统晚上九点会下班，但他的排号还在内存里，所以人工系统晚上下班之后，他也可以休息。人工系统早上七点半上班，所以他会提前起来，在七点半的时候，开始每三十秒按一下1，这样，他就可以继续活着。"

"如果把他的手机抢走了会如何？"我问医生。

医生用警告的眼神看着我："这里的病人都不会去侵扰别人的世界，我觉得你也不要。"

我点头，我当然不想制造医疗事故。

不过医生还是告诉了我后果："如果手机被抢走，他会找一个类似手机的东西，将其当成手机，并且去按他认为是1的位置。"

"就没有人可以中断他？也许他发现不用按1，自己也不会死，他的病也就好了。"

医生没有回答，只是看了我一眼，似乎是觉得我的想法很危险。

后来，我就时常坐在"点击者"的边上观察他。说实话，"点击者"和我认识的很多人很像，这辈子就是在做一件自己认为可以续命的事情。

在医院的生活非常无聊，我看着他，不可抑制地想到，如果他漏按了一次，并且他自己也意识到并确定自己漏按了一次，会怎么样？

他会直接死亡吗？我记得有很多报道都说，人的大脑如果认为自己死亡了，人体就会直接死亡。

意识自毁是存在的。

但我觉得这几乎不可能。我有一个强烈的念头——如果他漏按了，他的病就会好了。

那段时间，我特别想知道这样做会有什么结果。

后来我终于想到了一个办法，那个办法或许可以让他意识到，他在人工电话系统里被强行挂断了。

PART 26

点击1继续生命（2）

有一天午休的时候，我蹲到了"点击者"的面前，他看了我一眼，似乎感觉到了危险，身体稍微避开了我。

我拿出我的手机，也模仿他的样子，开始每隔三十秒就点一次。他看了我一眼，并没有在意。

点了一个多小时后，我忽然表现出电话被接通的样子，拿起手机，装作和对方通话。

"我肯定阳寿没到，我不能死，嗯嗯，我要投诉。"我对着电话说道，当然，电话那头并没有人。

我在那里演，装作在听对方说些什么，然后我沉默了一下，点头道："谢谢，那我续寿命续了多久？好的，好的，够了。"

"点击者"此时看向了我，脸上露出不一样的表情。

接着我就问"点击者"："欸，你要不要顺便也和对方说一下？我打通了。"

没有想到"点击者"只是看了我一眼，没有回答。

我继续问道："你这么按要按到什么时候？"

他还是没有反应，我知道自己的计谋失效了，就佯装要把电话挂掉：

129

"我好不容易打通了，过时不候哦。"

他依然没有反应。我忽然意识到，他并不想电话被接通，因为他突然变得十分紧张，整个人的状态显示出他是恐惧这个手机的。

我不愿意就这么放弃，继续对着电话道："我这儿还有一个朋友，也要咨询一下，我把电话给他。"

说着我就把电话往"点击者"的耳边放，"点击者"像是受到了什么惊吓似的，立即站了起来，跑到另外一个地方坐了下来，离我很远。

我追过去，他仍旧跑开。这样的追赶非常显眼，护士很快就注意到了我们。于是我停了下来，不敢再造次，但依然佯装接电话，并说道："对，对，是他。"然后我就来到了"点击者"面前，对他道，"他们说，你不用申诉了，申诉没用，你的阳寿尽了。"

"点击者"看着我，手仍旧不停地按着，根本不相信我。我继续道："他们说，你的电话在某天早上断过一次，本来你是能申诉成功的，但你断线了，已经错过了追诉时间。你不用再打了，你打不通是因为当时断了之后，系统就把你拉黑了。"

我之所以这么说，是因为我猜想"点击者"肯定在时间上搞混过。

因为人类对于早上定点起床这件事情，是不可能完全精确控制的，任凭谁都不可能，所以我赌他一定在某一天早上，没能在七点半之前起床。他有精神疾病，他可能会把这个失误混淆，但他的潜意识一定是害怕的，因为他如此在乎这件事情。

终于，"点击者"的手停了下来。他脸色煞白，问了我一句："有一天？"

"对。"我肯定道，"有一天，你起床起晚了，所以你的'继续等待'早就断了，现在的通话是你第二次拨通的。"

"但是我马上又重新拨了。"他说道。

看到他被抓包的样子，我就知道我完全猜对了，于是继续说道："来不及了。"

几乎是肉眼可见，"点击者"整个人瞬间垮掉了。他忽然放下了手机，对我道："那，你们不要怪我，因为接下来发生任何事情都不是我的错，我已经尽力了。"

"会发生什么事情,你不是说,你会死吗?"我问道,"你看,你没有死,那是不是说明,这个电话是骗人的?"

他听完苦笑着,并对我道:"我说死,只是让你们比较容易了解我的处境。其实,并不是死亡那么简单,我要申诉的事不是这个。"

"那是什么?"

"点击者"看着我,看了好久,说道:"到时候你就知道了。"

PART 27

点击1继续生命（3）

那一天之后，有三四个月，他不再点击手机，也没有在公共区域出现过。我一度以为他出什么事了，也不敢问医生。

后来我就听说了他转院的消息，原因是病症发生了奇怪的变化。

当然，这种变化是病人的隐私，我无权知道。但我想知道的是，这件事情是否和我有关。在纠结了一段时间之后，我去问医生，并且把发生的事情和医生说了，希望医生能和我说实情。

医生当时就对我说："你觉得之前没有人试过这个方法吗？你有这种疑问，其他人也会有的，也总有人去做，也会有人成功。"

"你是说，我不是第一次干这种事的人？"

"当然。"

"那这一次为什么病情会发生变化？"

"其实他在按手机的时候，并没有真正按到1。你仔细看就会发现，他的手指虽然非常接近1的位置，但是是悬空的。"

医生放大一个监控视频给我看："我们也近距离观察过他。所以他按1，其实不是真的在等待电话接通。"

"那他为什么要这么干？"我完全糊涂了。

"因为申诉电话即便打通了，申诉结果也并不一定是成功，也有可能会失败，那么他在这里按1，也有一定的概率会死。所以他从一开始的时候，就一边按1，一边在想办法，看如何才能完全逃离死亡。"医生解释道。

"按照他的逻辑，这不可能吧？"

"其实有一个办法。"医生说道，"他是学法律的，他认为在电话接通之前，他自己是否真的算已经死亡，在法律上其实是一个尚未'决定'的状态。"

"什么意思？"

"类似于一个嫌疑人在审判之前，忽然疯了，那么他就丧失了智力，无法为自己申辩，也就无法招供了。这是一个法律难题，很可能会导致审判中止——"

医生耐心地解释，我却听得有点云里雾里的。

"也就是说，他如果在电话接通之后，忽然疯了，没办法给自己做申辩了，这件事情就会无限地被搁置下去。"看我还是没能明白，医生进一步解释道。

这下我明白了其中的逻辑。

"合理的情况是，在电话接通之后，对方会和他核实情况，来确定他是否真的应该死亡，是不是弄错了。如果在电话接通的瞬间，他忽然疯了，那么接线员就无法和他核实情况，这件事情就会进入搁置状态。哪怕他真的该死，接线员也无法直接杀死他。"医生说道。

"现实中，法院会如何处理这类事情呢？"

"很难处理，得有调查人员想办法和他接触之后，才能做最后的决策。所以他就在电话接通的瞬间，装作自己疯了。"医生无奈地叹了口气。

"然后呢？"

"然后他就自行来到这里，开始做出每天不停按1的行为。按照我们的观察，我们觉得他认为自己的电话已经在某个时刻接通了，然后他通过手机，让接线员听到了四周的环境，来佐证他已经疯了。"

"虽然他的手指一直在动，但他的本意是，电话已经接通了，他在让接线员听四周的声音，好让接线员明白他已经疯了，从而让接线员陷入难以判断的情况。"我理解了医生的意思。

133

"是的,这就是真相。"医生说道,"以前有很多人逗他,但他只要维持让接线员能够听到并且认定他已经疯了,就可以继续配合逗他的人进行表演。所以你不是第一个让他断签的人,断签对于他来说其实不重要,你认为他是疯子并和他说话,才是最重要的。"

"但这一次,"我再次问道,"为什么他的病情发生了变化?"

"你做了一件事情,很奇特。其他人都是让他当下直接断签,然后看他的反应,他只要假装立即续档,没有断签的记忆就可以混过去了。但你的说法很特别,你说他是之前断签的,然后现在在假装。"医生说道,"他认为接线员听到了'假装'两个字,也许已经发现了他的计划。"

"这有什么关系呢,这仍旧不能确定他到底处于什么状况啊。"

"不,如果接线员觉得有疑点,就会来找他。"医生解释道。

医生说完这句话之后,默默地看着我,我忽然意识到他的病情发生了什么变化。

"你是说,接线员来找他了,他在这里看到了接线员?"

"是的,他看到了接线员出现在他的窗户外面,木然地看着他。"

我沉默了一下,问道:"接线员到底是哪个部门的?"

"能决定人生死的,应该是地狱里的工作人员,可惜他没有画下接线员的样子。"对此,医生显然是不信的,"对了,他还让我警告你,接线员也会来找你核实情况,你也会见到的。"

我听了感觉有点不寒而栗。

"他转院了?"我不放心地问道。

"是的,他是在主动逃跑,他认为你在这里会暴露他的计划,他现在觉得自己还能继续伪装下去,但你会破坏他的计划。"停顿了一下,医生继续说道,"本质上病情没有什么变化,所以你也不用太担心。"

我不知道医生是不是在安慰我,但我确实有点害怕起来。

当天晚上,我做了一个梦,梦见床边站着一个脑袋是电话形状的黑影,很高,很瘦,就那么默默地看着我。

PART 28

蝗梦

"我来自另外一个世界。"他对我说道,"和这里完全不一样。"

这是一个新来的男病人,之前是一个导游,讲话有山东口音,应该是山东人。

据说他一个人在赛里木湖过了三个晚上之后,才开始发病的。没有人知道他为什么要在赛里木湖过夜,那个地方晚上很冷,有时候还会突然下雨。

我提出这个疑问,他对我说道:"我是从那里来到这个世界的,所以我觉得那里可能有回去的路。"

"但是你有出生证明,你有爸妈,还有一个女儿。"我说道,"你从一开始就存在于这个世界了,怎么能说你是从那里来到这个世界的呢?"

"我就是知道。"他对我说道,"忽然间就知道了。"

"是类似于夺舍吗?你是附身在这个肉身上的?"我继续问他。

"我不知道,也许是因为我犯了错误,他们才让我到这里来的。"他说道,"怎么来的,我完全不记得了。这不是夺舍,而是类似于一种记忆的苏醒。"

"你本来是一个普通人,但是某天忽然发现自己不属于这个世界?"我试图去理解他的"脑回路"。

135

"对。"

"说说你原来的世界是什么样的吧，"我看着他，说道，"也许我可以帮你回去。"

"那个世界很拥挤，有很多很多绿色的细柱子。"他一边回忆，一边说道，"里面流淌着液体，液体是可以吃的，我们吃那种东西。"

"嗯，这个很难想象。"我点头，鼓励他继续说。

"我只记得画面，不记得逻辑。"他说道，"在那个地方，我们能跳得很高、很远，可以在那些细柱子之间跳来跳去。当然，也能爬来爬去。"

"你们每天就在那些柱子上活动，然后吃柱子里的液体？"我问。

"是的，我们还能说话。对，我们非常喜欢说话，那里到处都是说话的声音，此起彼伏，声音非常大，所以那里一向很吵。"他说道。

"这感觉没有什么意义，你们每天就做这些事吗？像是野兽的生活。"我表示不理解。

"有些绿柱子上面还有一个盖子，有些是红色的，有些是黄色的，有些是蓝色的，还有灰色的……有人会爬到这些盖子上去，盖子里的水最好喝。"他说道，"但是在盖子上待太久的话，可能会死。"

"为什么？"

"上面很危险。"他说道，"有些人在上面待得太久了，就再也没有下来，不知道去哪里了。"

"你上去过吗？"

"没有，我不敢上去。"他说着，捏了捏自己的眉心，"我希望往下走。"

"柱子下面是什么？"我好奇地问。

"下面是沙漠，但我们很难到达柱子下面，因为柱子特别密，要很努力地找路。"

"沙漠？"

"对，都是像沙子一样的泥土，柱子从里面立起来。"他说道，"那里有另外一种人，他们也非常喜欢讲话，但声音比我们好听。我很喜欢下去和他们混在一起，可能就是因为这个才犯了错误。"

"听上去，你说的这个世界像是一个外星球的世界。"我猜测道。

"反正不是现在这个世界。"他说道,"至于是外星球还是异次元,我也不知道。"

"我还是不理解,你们什么都不用干,只吃那些汁液,汁液不会枯竭吗?"我再次质疑道。

"不会,那种绿色的柱子非常非常多,整个世界里,全部都是这样的柱子。"他说道,"可能所有的地方,都是这样的柱子。"

"你们人口多吗?"

"非常多。"他说道,"无法计算。而且他们说话的声音太响了,就算到了晚上,也听不到其他声音。他们一直都在说话。"

"按照这个规律,这个世界必然极度宽阔,否则很快人口就会超标,那些柱子也就不够用了。"

"在我的记忆中,似乎从来没有这样的忧虑。"他说道,"我们从不考虑柱子。"

"用之不竭?"

"似乎是这样,那东西是永恒的。那些汁液,有可能是从地下来的。也许地下还有一个世界,是一个更大的生产汁液的地方,我没有往下探究过。但那些绿色的柱子的确是无限的,如果你往一个方向一直走,就会发现它们永远都在,密密麻麻的。"

"哦。"我看着他。说实话我依然很迷糊,采访了那么多人,他是第一个完全架空世界的病人。

"你还是无法想象吗?"他似乎看出了我的迷惑。

"嗯,无法想象。"我点头承认,"主要是没有逻辑,为什么会有这么一个世界?"

"你们这个世界的产生,也没有逻辑啊!"他反驳道。

"你说得对。但如果逻辑有程度的话,你们的世界更没有逻辑,因为你们每天什么都不用干,只需要聊天就可以了。"我说道。

"也许有神在眷顾我们。"他对我说道,"也许就是存在那种物质极度充裕的世界。"

"也许有,但如果每天只是聊天,就太没有意思了。"我说。

"也许我们说话是在讨论问题,我们那个世界的人每天都在思考一些伟

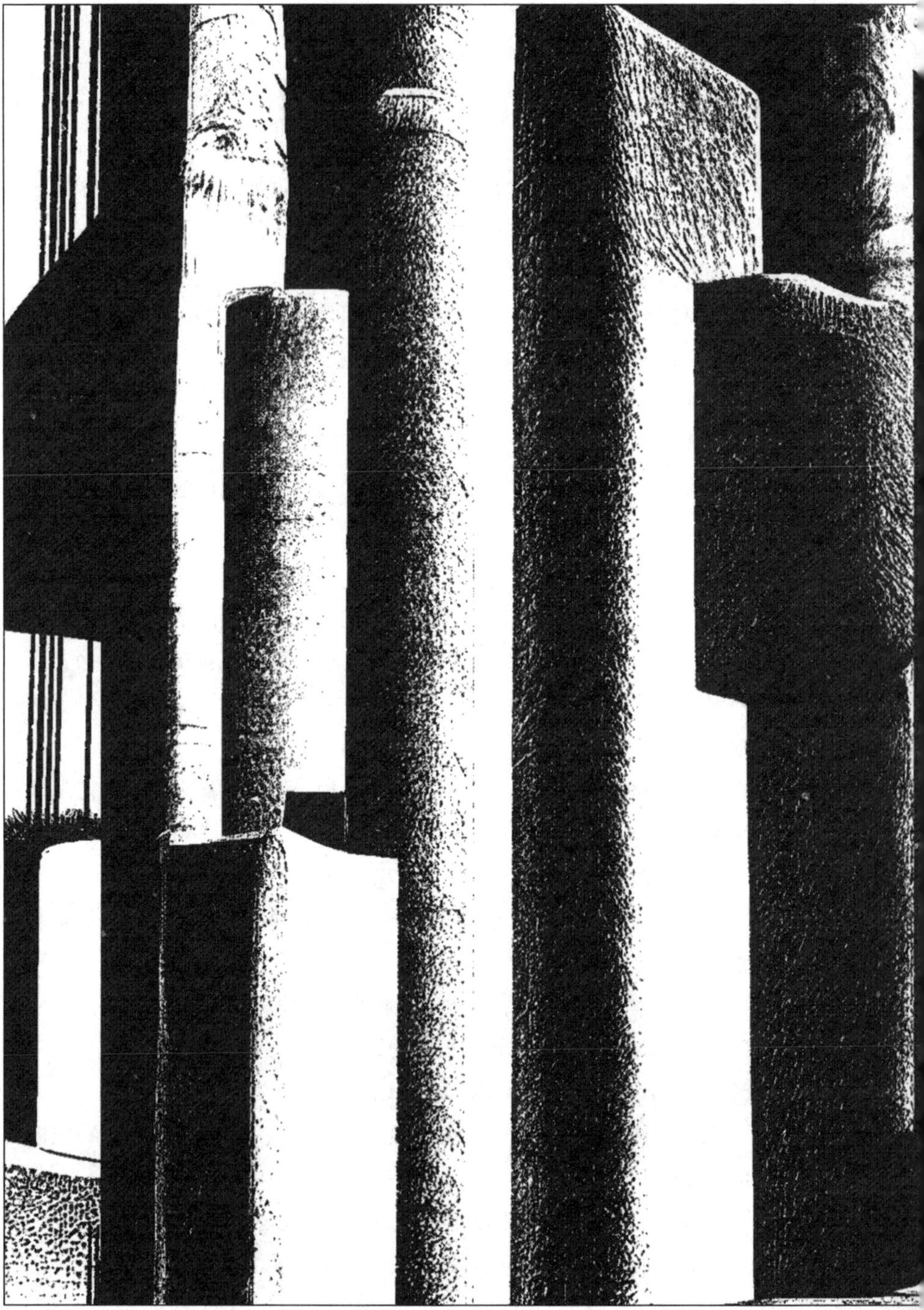

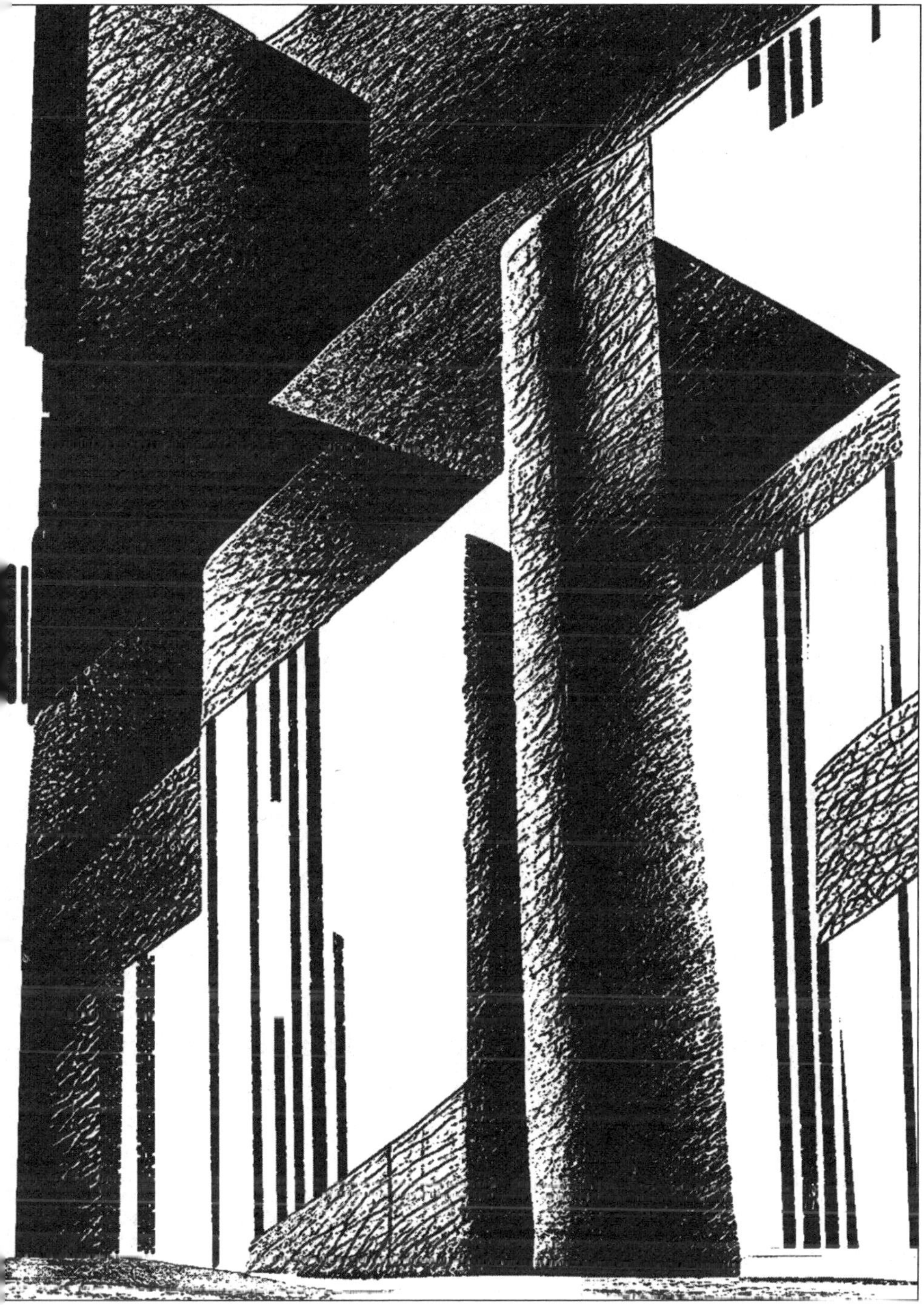

大的问题，我们不用做其他事情，只需要讨论就行了。"他说道，"那是一个思辨者的世界。"

"除了你说的这些，你的世界还有其他特征吗？"

他沉默了一下，似乎是在思考问题，然后说道："有。"

"是什么？"

"有一个特别宽的建筑，不，不是宽，我觉得那是一面墙，因为它特别长。"

"有多长？"

"墙一般都有两头，但是我从来没有见过那堵墙的两头，它长得没有边际。"他比画了一下，说道。

"像长城一样？"

"差不多，不过长城很窄，这堵墙很宽，非常宽，上面大概有你们这里的一个足球场那么宽。"他说道，"就像水坝……不，比水坝还要宽几百倍。"

"那么长，还很宽，岂不就像是一条路？"我想了想，说道。

"我们不需要那么宽的路。"他说道，"但确实很奇怪，我们能跳得非常高，这堵墙根本拦不住我们。我们跳上去后，再跳几下就到对面了，所以我们也不知道那有什么用。"

"是上古的神迹？"我开了个玩笑。

"也许吧，不过我们也不常去那儿，因为和那些有颜色的盖子一样，只要暴露在那堵墙上面，就很危险。过墙的时候，经常会有失踪的情况发生。"

"这是你们世界里最奇怪的地方？"

他点头。

"你多看看这个世界吧，我觉得你那个世界也不是那么美好。这个世界比你的那个世界要丰富多彩得多，何必一定要回去呢？"我劝他道。

"你不明白。"他看着我说道，"我的世界比较简单。"

"简单就是好的吗？"

"比这里好。"他说道，"其实，你只有到了我的世界，才能明白，我的世界有多么美好。"

和他的对话就到此为止了，我尝试让他说出更多的细节，但是他无论如何也说不出来了，我十分困惑，一个世界再简单，也不可能简单到那种程度。

我看着窗外喝咖啡的时候会想，也许病得很严重的妄想症病人，他们的思维确实是这样的，那些妄想毫无边际，没有任何逻辑。

也许他的世界只有瓷砖的花纹，他看着看着就妄想出来了。我小时候看到瓷砖上的花纹，也会想入非非，自己根本无法控制。

但我还是不由自主地想去追寻。

晚上睡觉的时候，医生给我发来了一份他的简报，里面有一张照片。

打开之后，我恍然大悟。

这张照片是在发现他的地方拍摄的，是赛里木湖边的草原山坡，那是一片由无数野牛麦子和各种杂草组成的广袤草原，上面开着黄色的、红色的、蓝色的小花，有一条宽阔的木头路从其中穿过。那条路蜿蜒至远方，非常长，犹如长城的形状。这是非常美的画面。

"这就是他的世界。"医生在附录里写着，"他在那一刻，似乎把自己想象成了一只虫子，生活在浩瀚的草原之中。对于微小的虫子来说，那片草原就是整个世界，没有边际。"

那些绿色的柱子，就是草的根茎；有颜色的盖子，就是那些根茎上的花朵。当四周安静的时候，整个草原上全都是虫鸣声，非常吵闹。

他肯定是一个富有童心的人，在那壮美的景色中忽然入定，幻想自己是一只生活在这里的小虫，也许就是这里上百万只虫子中的一只。

但他似乎再也没有苏醒过来，他把自己的幻想当成了现实。

这是现代版本的庄周梦蝶。

果然，一切都有来由。

PART 29

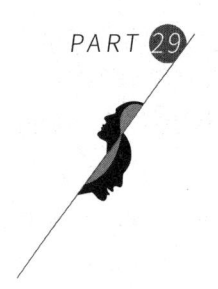

反宗教主义

  这个病人一直在病区传教,宣扬自己的思想。他自称是反宗教人士,认为反对现有宗教最好的方式是辩驳其原理,并创立符合原理的新宗教。

  "那些教义经书都是不完美的,为了让普通人能看懂,他们加了太多故事化的东西。其实人们都是被故事打动,而不是被其中的意义打动,这就很值得玩味了。"病人说道,"你不觉得简化故事,带着某种世俗的目的性吗?"

  "怎么说?"我问道。

  "一个宗教让更多的人相信,才能得到更多的供养嘛。"他说道,"要让更多人相信,就必须让更多人能看懂。比起枯燥的道理,一个生动的故事肯定更吸引人,这是现代传播学的技巧。"

  "所以呢?"

  这个人试图说服我加入他的宗教,他滔滔不绝,基本不需要我搭腔引导。

  "物理定律你很难直白地看懂吧?那些公式,你看到过吧?那些公式只是描绘了规律,并没有给出宇宙的终极答案,宗教却给出了,但是宗教故事你却能看懂,这肯定是有问题的。"

  "你可以举个例子吗?"我说道。

"六道轮回你知道吧？我问你一个问题，细菌属于哪个道？"

"畜生道吧。"我小心翼翼地说道，他可是有打人的案底。

"那么，人能堕落到畜生道，人也可以转生成细菌喽？"他问我，"身上还是有因果，对吧？"

"是的。"我点头承认。

"那细菌进入你体内，你的免疫系统杀掉了细菌，这个账怎么算？"他又问道。

我还真没有想过这个问题。

他接着说道："佛陀那个年代讲究不杀生，而当时的人们不知道人体原来是一个巨大的杀生机器，每天有数以百万的细菌因攻击人体被杀，这些因果谁来背呢？"

"那也许细菌不是畜生道的。"我说道。

"那是什么道？"

"也许什么道都不是，或者根本不在这个系统里。"我开始胡乱猜测。

"那就是脱离了六道轮回。"他顺着我的话说道，"细菌和佛陀都不在六道轮回之中。那有人就要问了，细菌是不是就是佛陀？"

我无言以对。

"所以理论需要革新。"他说道，"需要用新的理论来补充旧的理论。"

"请指教。"我竟然有点听进去了。

"我们不是一个生物，我们是很多生物的聚合体。要知道，线粒体①其实不属于人体，它是一种独立的生物，对吧？你也知道，人的血细胞、精子，脱离人体还可以存活，对吧？它们的状态和细菌很像，所以，人不是一个生物，人是一个生物的聚合体。"

"是的，可以这么说。"我点头。

"人身上的每个细胞，都有生命。人体的全部细胞数量为500万亿~600万亿个，每个细胞都有自己的因果。"

"哦。"我一时词穷，只能"哦"一声，然后等着他继续往下说。

"但这里有一个非常不符合宗教的定义，那就是，细菌或者细胞虽然会死，却不会生。"他继续说道。

"这又怎么说？"我好奇地问。

"细菌是会分裂的。首先，它是一个生命，有自己的因果。但是当它分裂成两个细菌的时候，请问哪个是母细菌，哪个是子细菌？因果是传递的，还是说，被平均分成了两半？"他解释了一句，但又提出了一个新的问题。

"这个重要吗？"我不理解。

"当然，你看到细菌的分裂就知道了，那是细胞质和DNA物质的平均分配，也就是一分为二了，你无法判断谁生了谁。"

"那就……因果平均分？"

"如果是这样，因果就是可以计量的。不能计量的因果是不能平均分配的，这就得有一般等价物，也就是货币才行。但因果肯定不能明码标价，所以是不可能的。"他解释得很清楚。

"那怎么办？"我问道。

"只有一个办法，就是认为细菌在分裂的同时死亡了，然后诞生了两个新的生命，这就是所谓的生灭同时②。说到这里，你是不是明白了？"他看着我问道。

我摇了摇头，什么都没有明白。

"在微观层面上，宗教的概念更适用，你在宏观上很难理解生灭同时，但看到细菌你就明白了。"他似乎一定要让我搞明白，"所有的宗教都是细胞创立的，不是我们，所以我们无法描绘很多东西。但站在细菌和细胞的层面上，都是成立的。一花一世界，每个细胞有自己的因果。在细胞层面上，生命是可以生灭同时的。"

我似乎明白了他的逻辑，但我不知道他是如何实现逻辑自洽的，鉴于他一直在思考这些，我决定听他的，于是对他道："你继续说？"

"你的细胞湮灭了之后，就会投胎到其他人的体内，无数的细胞因果轮回。佛教的时间单位是'劫'，每劫有129600年。这个'年'其实不是我们所说的年，而是细胞的年。细胞的时间很快，一分裂就死亡，所以单位很大，世界上的大部分生物都是这样的。你进入转世轮回，也不是整体转世，而是一部分进入人道，一部分进入畜生道，一部分成为阿修罗，你无时无刻不在转生。"他说道，"你只是一个因果的集合体，你每时每刻都在变化。

144

你不是一个人，而是无数个瞬间的人在时间中连起来的一串珠子，每个瞬间里的每颗珠子都不一样。"

我沉默了一会儿，说道："那成佛是什么情况？"

"就是那个细胞不再凋亡也不再分裂了。"

"有这样的细胞吗？"我很疑惑。

"当然没有，细胞分裂是天性。"他说道，"只有已经死亡的细胞不再分裂和凋亡。也就是说，细胞成佛意味着真正的灭亡，不再轮回。你如果想要了解成佛这方面的知识，就且去修炼。因你的境界还不够，所以是无法理解的。如果决定要跟随我，我们再上这一课。"

他说完这段话，就对我露出了微笑。

我看着他，想了一会儿，才意识到这是逐客令，于是我问了他最后一个问题："既然如此，我还不如是一块黏菌复合体，为什么要是人呢？我的意识又来自哪里呢？体内所有细胞的投票吗？某一个细胞是所有细胞的领袖？"

"那要去追溯源头。"他解释道，"但你还差得很远。有机会的话，你会从我这里得到答案的。我给你一个关键词吧，就是化身，你要充分去思考化身这个概念。"

---

①线粒体：线粒体（mitochondrion）是细胞进行有氧呼吸的场所，主要为其代谢提供能量。"线粒体拥有自身的遗传物质和遗传体系，但其基因组大小有限，是一种半自主细胞器。"

②生灭同时：在古代，庄子曾提出过"方生方死，方死方生"，后来，佛学上又讲"生灭同时"——生和灭几乎是同时发生的，不存在先后。

就细胞分裂来说，它则是一个生物学概念，指的是"活细胞增殖及其数量由一个细胞分裂为两个细胞的过程"。从某种程度上说，子细胞"生"的同时，母细胞就已经不存在了，也是一定意义上的"死亡"。

PART 30

理科唐僧

这是一个数学家，症状比较轻微，但强迫性很严重，他是主动进来寻找解决自己问题的方法的，并不像其他人，是被迫进来的。

和他的对话不是很有意思，但是能窥探他的思维方式，他不喜欢谈论数学，更多的是提醒别人数据的重要性。

"我无法观看任何电视节目、任何电影。"他对我道，"而且我只能享受一部分音乐，其他的都无法享受。"

"为什么？"

"因为太假了，没有什么电视或电影的逻辑是经得起推敲的。"他眯起眼睛，抱着猫。

如果医院许可，是可以带宠物进来的，这方面，医院没有规定得太死。

"我知道很多电视剧和电影都有科学顾问。"我说道，"其实还是很严谨的。"

"没有，这个内容产业的基础就是不严谨。因为这是让人逃避现实的产业嘛，严谨的话就会和现实一样，非常琐碎，根本无法观看。"他说道，"所有的内容产业，本质上都是理顺人物情绪的逻辑，让事件跳跃着发生，把凡人的琐事都略过。你看，在电视剧、电影里面，老总都是二十四小时谈恋爱的，你在现实中找个老总谈恋爱，让他关机二十四小时试试？所以最重要的是情绪，而不是事情的逻辑，这就导致了内容没法看，我们这种理科生，尤其是逻辑好的人更没有办法享受。"

"这和数学有关吗？"我很疑惑，搞不清楚这两者之间有什么联系。

他却一脸不屑，说道："根本不用数学出马，在数据阶段就完全崩坏了。"

我看他边上放着一本《西游记》，就问他："你不是还在看小说吗？"

"这是拿来给你举例子的。"他瞥了一眼，说道。

我有些蒙了："《西游记》里也有不合理的地方？这不是一本神话小说吗？"

"极不合理。"他说着，把书递给了我，"我做了批注，里面所有不合理的地方，我全部都整理出来了。"

我接过来，翻开看了看，好家伙，这哪里还有什么《西游记》的位置，字里行间全是他的注释。

我合上书："你还是大致先和我讲讲吧，我回去再仔细看。"

他抚摸着猫说："那你不准笑我。"

"我不笑。为什么要笑你，你很好笑吗？"

"我不好笑，《西游记》好笑。"他说道，然后为难地"啧"了一声，似乎例子太多了，不知道选哪个。他想了想，最后说道，"那我选一个最能说明问题的。"

"您说。"我尽量让自己显得诚恳一些。

"吃了唐僧肉可以长生不老，这是不是整个故事中反派行事的主要驱动力？"他问道。

我点头："是的。"

"这就很不合理。"他的语气很坚定。

我就纳闷了："这是设定，合理不合理不是应该作者说了算吗？"

"那吃多少可以长生不老？"他又问道，"吃整个，还是吃半个？"

呃，我真的被问住了。

"吃整个吧？"我说道，因为我记得书里的怪物其实都非常巨大，不是电视剧里看到的那样大小。

147

"那你说唐僧刮不刮腋毛？"我怎么感觉他的语气里透着一丝贱兮兮。

"那必然不刮。"我认真答道，但其实我不太能理解他的问题。

"不刮，那要是吃的时候，掉了一根腋毛，随风飘走了，算不算全吃了？"说着，他又抚摸了一下猫。

我"嘶"了一声："你确定你不是在抬杠？"

"你回答我的问题。"

"我觉得算。"我说道，"因为毛肯定不重要，吃鸡还拔毛呢。"

"那要是吃唐僧的时候，有一块皮磕掉了，算不算全吃了？"

此刻我已经意识到了他的逻辑，立即改口道："咱们不能这么聊，你这是一个定量问题。我记得在《西游记》里，很多妖怪抓到唐僧是要分了吃的。也就是说，唐僧肉是可以分的，那么就不用吃整个唐僧，只要吃了唐僧的肉，就可以长生不老。"

他看着我说："确实有这个情节，那吃多少管用？"

"这有关系吗？"

他的每一个问题都在我的意料之外，我刚以为自己理解他了，他就又抛出来一个更奇怪的问题。

"唐僧的洗澡水算不算肉汤？喝汤管用吗？"

"那必然不管用。"

"那你说，肠息肉算不算肉？"他说道。

我皱起眉头，还没回答，他又追问道："盲肠算不算肉？"

"你什么意思？"

"人身上有很多肉是人体不需要的，可以送人啊。"他说道，"唐僧如果大方一点的话，很多事自己就能摆平的。"

我说道："就算不用吃整个，至少也得吃条腿什么的吧？太少了肯定不行。"

他就说道："《西游记》原著的第二十七回，白骨精在云端里，踏着阴风，看见长老坐在地下，就不胜欢喜道：'造化！造化！几年家人都讲东土的唐和尚取大乘，他本是金蝉子化身，十世修行的原体。有人吃他一块肉，长寿长生。真个今日到了。'你看，说得很清楚，吃一块肉就可以长生不老，但这一块肉是多少？"

我的胜负心起来了，一块肉，有大有小，但多少都得是一筷子能夹起来的吧！于是我比画了一下："起码这么多。"

"吃少点就不行？"

"书里怎么说的？"这次我学聪明了。

"小说中没有定义要吃多少，只说一块肉。白骨精是人骨大小，她说的一块，就是普通人吃饭时候的一块肉的大小。"他道，"那也就是和盲肠差不多大，对吧？盲肠又没用，可以忍痛交个朋友嘛，何必去招惹那孙猴子。"

"当时的知识，恐怕不足以动手术吧。"对于他的大胆设想，说实话，我是有点震惊的。

"那可以变小了进到身体里吃啊，大家都会这个法术。"他说道，"如果盲肠还不够，就吃点息肉，息肉还不够，就吃点皮下脂肪。"

我表示不解。他解释道："唐僧是白面和尚，吃素油，油大，总归有点脂肪的。脂肪吃掉一点，还会更健康。"

"也许，脂肪没用，得吃肌肉呢？"我说得小心翼翼，担心他觉得我是在故意抬杠，不理我了。

幸好没有，他说道："金蝉子成佛，佛体吃了可以长生不老，脂肪吃了却没用，那他成佛的时候，难道全身的脂肪没成佛？脂肪落在凡间了？"

"那不能一概而论，也许脂肪里没有有效成分呢？"

"脂肪细胞和肌肉细胞，都是可以生长的细胞。"他说道，"吃肌肉也行啊，吃一点没关系的，唐僧稍微补充一下营养，多做几个深蹲，就能回来了，妖怪何必取他性命。"

我沉默了，当然我个人认为这件事情没有什么讨论的价值，但我也不想承认他是对的："当时的作家，没有这样的知识，你这就是抬杠。"

"不是没有这样的知识，而是他不敢写'吃多少唐僧肉能长生不老'这件事。因为一旦写了，数据一出来，这故事就变成理科故事了，大家就会意识到，比起杀掉唐僧，还有更多可以双赢的方案。"

我继续沉默，他又补充道："唐僧的性格你是知道的，很好说话，大家可以合作嘛，一路平平安安，多好。"

"好吧，也许你是对的。"我想尽快结束这个话题了。

"我就是对的。"他语气很坚定。

"难道就没有一部严谨的作品,能让你信服吗?"我还是有点不死心。

"文艺作品不可能严谨。"他说道,"只要不敢呈现数据,它就是不严谨的。所以数学是构建真实的核心基础,构建我们这个世界的神一定是个数学家。"

我看着他说:"数学、数据真的那么厉害吗?你还有没有什么例子,可以让我作为结尾用的?"

"鬼魂吧。"他说道,"这也是数据,算不上数学。你害怕闹鬼吗?"

"害怕。"说真的,我确实害怕。

"日本鬼片里的女鬼基本都是穿白色衣服的,对吧?"

"对。"我点头。

"如果鬼片出现现实数据,那么我们就可以对其进行分析。首先,白色的衣服大概率是女鬼死的时候穿的衣服,对吧?"见我不再反驳,他开始侃侃而谈。

"是的。"

"衣服本身没有灵魂对吧?"

"对。"

"那为什么一定要有衣服?要么就是地府的规定,要么就是女鬼让你产生的幻觉,对吧?"

"对。"我不由自主地顺着他的话接下去。

"女鬼为什么要这么干?我们只能认为,女鬼大概率觉得,不穿白色的衣服不仅吓不到人,而且还会惹出其他麻烦,对吧?"

"或者女鬼是无意识的,只是本能地把自己想成死的时候的样子。"我说道,"那些女鬼与其说有意识,不如说意识是残缺的,所有的信息都是执念带来的一种惯性。"

"好,那我问你一个问题,这个女鬼的白色衣服,线边踩了多少下缝纫机?有多少个线头?"

我愣了一下。他继续道:"本能会知道衣服的细节吗?"

"不会,没有人会去数这个。"

"那她用潜意识幻想出来的灵体,一定全是马赛克,你信吗?"

"为什么？"我已经被他的逻辑吸引了。

"没有数据，就无法想象那些细节区域。仔细看过自己后背的人都很少，那女鬼的后背都是马赛克，你信吗？"

"那会不会鬼是利用我们内心的数据，来构建自己的呢？我们的大脑在观察细节的时候，会通过各种联想，来落实细节。"我给出一种解释。

"那你第一眼看到女鬼的时候，你认为那是一个什么东西呢？"

"我不明白你的意思。"

"你不是说，幻觉中的景象是依靠你的联想来落实细节的吗？那么一开始的时候，在你还没有下定论的时候，它是什么样的呢？"

"一个黑影？一团黑雾气？"我也不太确定。

"你第一时间看到它时，确定那是一个女鬼的概率有多少呢？万一你当时觉得那是可达鸭呢？"

"也许我有亏心事呢？"我反驳道，"其实是我杀了她，本来就觉得她会来找我。"

"那你杀过人吗？"

"没有。"

"那你为什么要害怕鬼呢？"他说道，"所有的鬼魂对你来说，都只是可达鸭。"

我看着他，还在思考他是不是在诡辩的时候，他模仿了可达鸭的叫声，然后大笑起来。

PART 31

耳中仙人

这个病人的病症，是我见过的所有病症中最有趣的。

他是一个采耳师①的学徒，看到我采访别人，就一直跃跃欲试。但我一直没有去找他，结果导致他后来就出现了一种焦虑的症状。

在我采访别人的时候，他会一直在我边上走来走去，故意发出声音，像一个小孩子一样吸引我的关注。

我觉得一直这样下去会有危险，在询问过医生之后，就直接采访了他，希望他之后可以放过我。

这里都是轻症病人，本质上是没有危险的，这个人也是如此。看他兴奋的样子，完全是一个小孩子。

一见到他，我就开门见山地说道："我不了解你，不如你自己说？"

"这是我们行业里最大的规矩，也是绝对的秘密。"他对我说道，"你如果不做采耳这一行，其实不应该知道。"

这是诱导性聊天，我笑了一下，这家伙懂点儿我的技能。

"是行业里传下来的那种暗规吗？"我应道。

"是的。"他说着，还回头看了看四周，似乎周围会有人对我们的话题有兴趣一样。

"那现在怎么办？"我说道，"如果我不应该知道的话，你告诉了我，岂不是大罪过？"

他看着我，埋怨道："你这个人怎么这么没意思。我既然来了，当然是打算说的。"

"哦。"我说道，"但你要明白，我不打算付钱的。"

"听说你是个作家，那你能把这东西写出来吗？但是别说是我说的。"他压低了声音，靠过来问我道。

"你不是说不能说吗？"

"你知道有一种人，他就是犯贱，别人越不让他做的事，他就越想做。我就是这种人。"他说道，"我就是想讲出来。我师傅越不让我说，我就越想说。"

"这样做有什么目的吗？"

"唉，就是爽。"他说道，好似胸口闷着的一口气终于可以释放出来了一样。

"好，如果有意思，我就写出来。"我对他道。

他看起来很开心，很快说了起来："我们这一行啊，入行之后，自己第一次给客人看耳朵之前，师傅都会提前一个星期和我们说，采耳的时候，无论看到任何东西，都不可以大惊小怪，更不可以和客人说，只能当作什么都没看见，把事做完就好。"

"能看到什么，耳朵里不应该都是耵聍吗？"我问道，"我认识的一个朋友，耳朵里有一只蟑螂，他隔了很久才发现。这已经很惊悚了，但也算是个意外。"

"会有小人。"他压低声音，凑近我，特别神秘地说道，"特别小的小人，住在人的耳朵里。"

我看着他："小人？真的人？"

"对，他们穿着古装。"他说道，"在给客人掏耳朵的时候，有时候能掏出这东西来。"

我当时面上肯定显露出了怀疑的样子。

"小人——小人是干吗的？"我就问。

"我师傅说，这些都是耳中仙，他们在人的耳朵里修炼呢。"

"仙人住在人的耳朵里？"我说道，惊讶于他神奇的想象力，"不觉得那地方不合适吗？"

"在安静的时候，有些人老是能听到奇怪的声音，就是听到了他们在活动。"他说道，"我们不能过问这事。如果在人的耳朵里看到了耳中仙，我们只能当没看见，否则就会出事，客人和我们都会被杀掉。"

"这不是仙人吗，为什么还会杀你们？"我说道，心说，事情还能这么转折吗？

"仙人就不杀人了吗？"他说道，一副"你怎么这么没见过世面"的样子，"我师傅说，如果我们说出去了，耳朵里的仙人就会立即杀掉我们。当天晚上我们就会死，死得不明不白的。"

"哦。"我无言以对，"那你看到过吗？"

"看到过。"他说道，"就一次，我看到过一个穿红色古装的小姑娘。手电筒的光照进去的时候，她就在耳膜边上趴着，看着我。"

"然后呢？"

"哪还有什么然后，我吓都吓死了，假装没看见，赶紧给服务完了。结果那客人还投诉我，说我服务不到位，马虎。"他骂骂咧咧的，"我也没办法和经理说啊！"

是的，说了就要死，不说扣工资，怎么选择很简单。

"怎么样，能写不？"他问我，一脸期待。

我就对他道："目前这些内容还不太够，得有让人更加记忆深刻的。此外，你现在说了，未来你就不会死了吗？"

"应该不会吧，我师傅告诉了我，不也算告诉别人了吗？他也没事啊！"他一边说，一边还在想更加记忆深刻的事情，随即又道，"我听我师傅说过，有时候仙人在他看到的时候已经死了，他就得负责把人给葬了。"

"这是你们的职责？"

"是的，我们的职业就是这么产生的。"他说道，"一开始，我们这个职业就是姜子牙设置出来给耳中仙人打掩护的，让他们可以更好地在人的耳朵里活着。当然如果他们修炼失败，我们也有给他们送终的义务。"

"葬的方法和我们普通人一样吗？"

"放在火柴盒里。"他说道，"到山里埋了，那地方很快会长出一种小

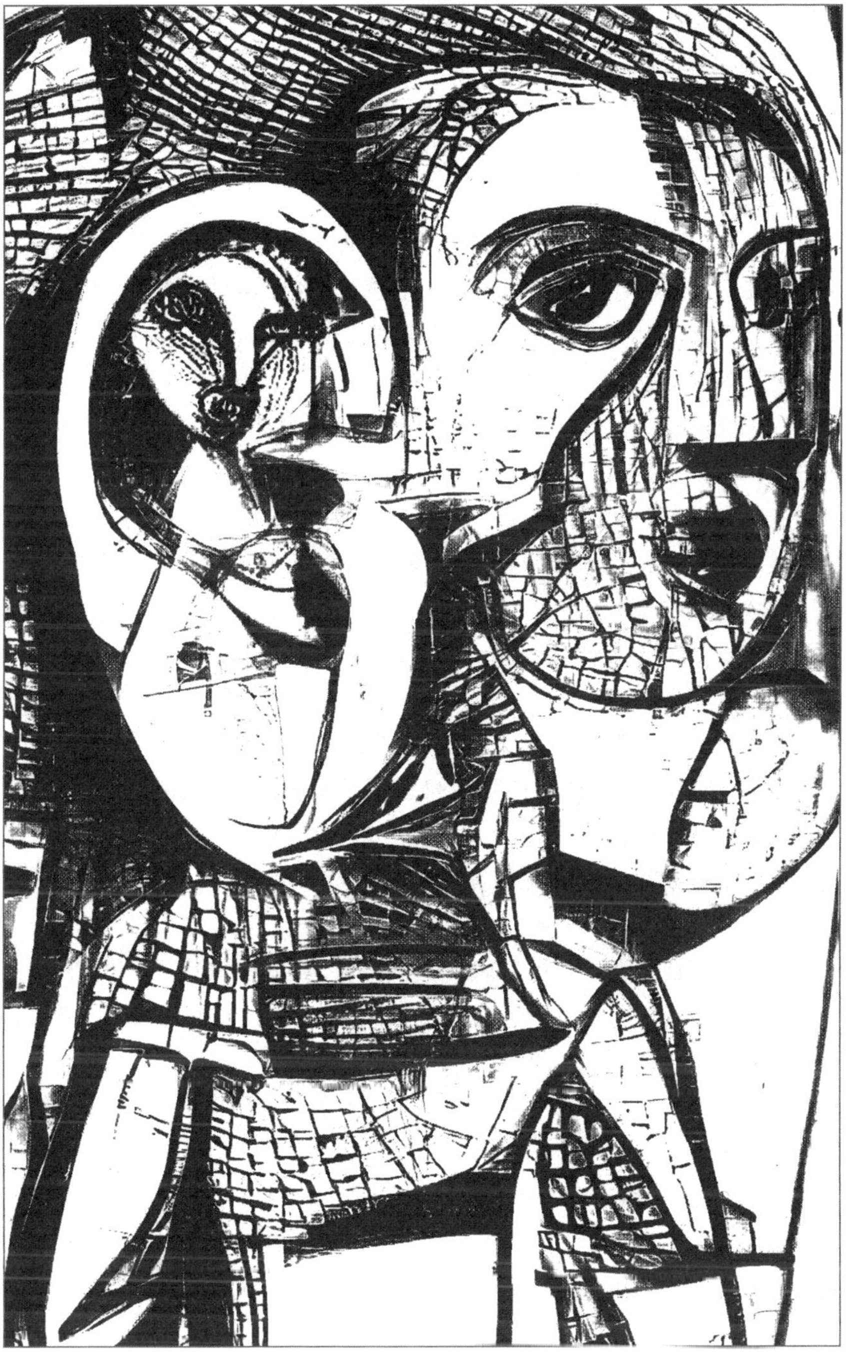

黄花来,很漂亮。"

"这也不算记忆更加深刻的事情啊。"

"哦,对了,我师傅还遇到过仙人尸变。"

真是越来越离谱了,我都有点想笑了。

"这么牛的吗?"

"是啊,在耳朵里就已经死了,变成了僵尸。"他说道,"弄出来特别麻烦,要用被符水泡过的红线绑着小孩的头发去钓,才能钓出来,然后得立即拿艾灸烫死。不对,他已经死了,是烫成灰。"

"那东西会有什么危害吗?"

"据说被咬了不得了,手指都会变黑,只能切掉。"他满怀期待地看着我说道,"算深刻吗?"

我想了想,勉强算得上有趣,就点头。他终于开心地笑了。

接着他又缠着我,说他的师门有多么牛,头上有采耳的南方祖师爷,他们这一脉是从明代开始的……足足和我聊了三个小时。

后来还是医生过来解救了我。他离开的时候,脸上带着一种饱腹的幸福感,而我只觉得头晕。

我就问医生:"这人是怎么回事,是妄想症吗?"

医生就对我说:"这个病人是典型的谎言癖,他无法克制自己说谎。谎言癖的目的一般是凸显自己,本人毫无办法克制,会不停地编造谎言,好让自己的生活充满戏剧性。"

"所以他说的都是编的,他自己也知道是假的?"

"对,而且,他每次说的都不一样。到目前为止,我们都不相信他是一个采耳师。他到底是做什么的,我们也觉得非常疑惑。"医生说道,"采耳师也许是他谎言的一部分。"

还有这种事情?我看向那个人,那个人也在远处回头看我,还给我做了一个"加油写"的动作。

"那你觉得他最有可能是什么身份呢?"我问医生。

"不要去深究这个。"医生对我说,"他既然想通过编造那么复杂的谎言,来让自己的生活变得更具有戏剧性,那么,他本来的生活应该很无趣。"

我点头,也许吧。

"所有的戏剧和小说都是谎言,只是用来掩盖自己无聊人生的工具而已。"医生对我说道,然后看着我,"是吧,骗子同学?"

我没理他。

后来,我再见到那个病人,他送了我一个火柴盒。

我的冷汗瞬间冒了出来,结果打开之后,发现里面装的是他的耵聍。

他吃吃地笑着,然后对我说:"哪有那么容易遇到,看把你吓的。"

---

①采耳师:一种职业,指专为人提供耳朵清洁服务的人。

PART 32

湮灭

"这个时代最大的问题就是科普知识十分普及,却又不充分。"医生和我说。

"你想说什么?"

"现在病人的嘴巴里动不动就会爆出来'熵''湮灭'这样深奥的词语。"医生往我的碗里夹了一筷子海带,"他们能说出这些词语的通俗意思,却不明白真正的道理。"

我们在医生的值班室里吃火锅,不知道这是否被允许,如果不被允许的话,我就宣布这一篇是我虚构的。

在场的人有三四个医生,我还难得看到了一位女医生。

"你可以举个例子详细说一说。"

"我举不出好例子。"医生说道,"医学算不算理科?"

大家都沉默了,似乎都不知道,于是我接过话来说道:"总归是算的吧,难道算文科吗?"

"算医科。"女医生说道。

"对,还有商科、工科、艺术科。"另一个人附和道。

"我可以举个例子。"女医生说道,"比如说量子纠缠[①],大家普遍认为，量子纠缠是超光速的，其实不是。量子纠缠是超光速的效应，但是没有携带信息，所以它并没有违反相对论。但如果你营销号刷多了，就会出去乱吹牛，觉得可以用量子纠缠去做超光速通信。"

我们，包括医生都惊讶了一下："不是超光速通信吗？"

"不是。"女医生摇头道。

我看向医生："为什么你会有这种感慨？你自己不也有什么都不明白的时候吗？你还吐槽病人。"

"还不是因为B2083。"医生说道，"真的很麻烦，他这个毛病，其实我已经很有耐心了。"

"他怎么了？"有人问道。

B2083是这里一个病人的号码，刻在手环上的，戴上后很难取下来。精神病院是分区的，不同的区用的手环的颜色也不同，有些病人的活动范围是很小的。

目前我采访的大部分病人，都是橙色的手环，基本上放出去也没事，就是有点烦人。B2083也是戴橙色手环的病人，我很少见到他。

"不愿意活动啊，叫都叫不出来。"

"他是因为什么？"

"恐惧症和妄想症。"医生说道，"我觉得就是看太多营销号造成的。"

我看着他，示意他和我详细说说。

"他害怕湮灭。"

"那部电影吗？"

"不，他是害怕遇到和自己状态相反的另外一个实体，然后两个人撞在一起，就会湮灭。"

湮灭是一个物理学词语，意思是正物质和反物质②如果相遇，就会直接湮灭，两个物质都会消失，同时爆发出巨大的能量。这种能量超过原子弹爆炸时的能量。

"这么说，他是在害怕反物质的人和自己相遇吗？他不用担心嘛，反物质人没有办法在这个世界活动啊，这里到处都是正物质。"

"不是，如果他真的那么懂就好了。他认为有反向念头的人和有正向念头的人，在一起也会发生湮灭。"医生说道。

我觉得很有意思，于是问道："什么叫反向念头和正向念头？"

"就是如果你今天特别想吃火锅，但是那个人今天特别不想吃火锅，你们两个人遇到了，就会直接发生湮灭，把这里都炸掉。"医生举了个例子解释道。

我愣住了，很想问为什么，但我知道这没有意义。

在这里问为什么是没有意义的，我们要适应这个没有结论的世界。

"大概率是冲突压力导致的精神分裂。"女医生分析道，"他逃避的其实是两种念头的对冲，表现出来就是争吵、冲突，可以看看他的原生家庭，是否是一个成员关系非常对立的家庭。"

"他的家人几乎不来看他。"医生说道，"非常冷漠。"

"我遇到过一个病人，他们家里曾经发生过煤气爆炸，当时夫妻两个正在吵架，吵到激烈处，爆炸发生了。小孩子经历了这次爆炸事件之后，有四五年时间都认为吵架吵到了极限，会引起爆炸。"女医生道。

我们纷纷点头，我忽然觉得他有一丝可怜。

"所以他不愿意出门，是因为害怕自己的念头遇到别人相反的念头，导致爆炸吗？"

"是的，而且他一直在探听其他人的想法。如果他决定要出来，必须要准备很久，在本子上写很久。"

"某种程度上，这还是为了我们着想呢！"我笑了笑，说道，"因为我们也会被他炸死。"

"通过冥想让自己的头脑完全空白，对他来说是最安全的。"医生说道，"所以大部分时候，他都在努力达成这种状态。不过，我反而觉得，这种灵修开始让事情变得更严重了。"

"为什么？"我好奇地问道。

"不要问为什么。"医生看着我。

我看着医生，好奇心一下子就被激发出来了："我可以尝试一下反向疗法吗？"

所谓反向疗法，就是我故意表达出和他相反的念头，并且去触碰他，让他明白，事实上，这种情况并不会产生爆炸。

"我试过了，他说是因为自己快速转换念头才躲过了一劫，他们总有办法逻辑自洽的。"医生说道，"我说过，你不是医生，你不要再给我搞这些事情，你能想到的难道我们想不到吗？"

我点点头，想起了之前不好的经历。

我们继续吃火锅，话题也跟着转了。

最后我也没有去采访那个病人，因为的确如医生所说，他完全无法交流，这种病人其实是最可怜的一种。

但我一直记得这个病例。我尝试联系过他的家人，但他的家人接到电话之后，态度非常冷漠，甚至可以说是非常没有礼貌，我试图从他家人这里获得一些帮助治疗的办法，也失败了。

在我看来，"湮灭"这个词语，是具有一定神性的。按照女医生所说，这种情况用"爆炸"这个词语就可以了，但他为什么一定要用湮灭呢？

湮灭代表着完全的消失和毁灭，而且发生得非常迅速。我不知道他经历了什么，但是现实世界就是这样，有些事情是永远做不到的。

也因为这个契机，我和一个女性医生认识并熟悉起来，这才有机会进入女患者病区做采访，也才有了那些女性病人的故事。

---

①量子纠缠：是一种完全只存在于量子系统中的现象，我们在经典力学中，无法观测到此类现象。在由两个或两个以上的粒子所组成的系统中，几个粒子互相影响，单个粒子的特性已经不明显，无法单独描述，只能整体描述其性质的现象。

②反物质：我们日常所见的房子、土壤、石头、树木等物质即为正物质，与正物质状态相反的物质则被称为反物质。比如正电子与电子质量相等，但电性相反，正电子即为电子的反物质。因正反物质的物理量相同，但符号相反，因此，当两者相遇，就会相互湮灭，发生爆炸并产生巨大能量。

PART 33

黑色少女（1）

这段时间，我一直在做其他人的采访，一晃三个月过去，我几乎都要忘记那个声称可以感受到十二种感觉的女病人了。

那天，负责她的女医生突然过来找我，说："又发生了。"

我一时没有反应过来，一脸茫然地看着女医生，问她："什么？"

"那个走到荨麻草地深处的女病人，又说服了一个病人，"女医生解释道，"是个和她年纪差不多的女病人，为了体会疼痛的层次，她用刨丝瓜的刀，刨了自己手臂上的皮肤，几乎造成了重伤。"

她手臂的伤口治疗已经完成了，马上就要转到更严重一级的病区了，现在吵着要见我。

我从女医生的态度能够判断出，她压根不想让我去见这个新的病人，但那个病人坚持要见我，否则就不配合他们进行治疗，可能是因为我在女病区做了几次采访，她对我有印象。

为了避免混淆，我称呼这个新的病人为"黑色少女"，因为她即将进入最严重的病区，那个病区的人都要戴深紫色的手环，看上去就像是黑色的。

"她是从哪里获得可以延缓、减轻疼痛的药物的？"我问女医生。

"止痛药就可以。"女医生说，"女病人痛经比较严重的时候，我们会分发这种药。"

"我应该怎么开始?"

"我不知道她找你做什么,你就按照你的方式和她聊,我会在旁边做分析。"她说道。

我走到"黑色少女"的病房外,从门上预留的小窗口能看到她坐在床头,闭着眼睛,就像在打坐一样。她满脸是伤,女医生说,这是因为她总是不停地伤害自己。

我刚想推开病房门,女医生忽然拉住我,叹了口气,说:"算了,我不想骗你,其实她已经是癌症晚期了。按照病症进程,她现在应该处于剧烈疼痛的阶段,但她已经不适合使用任何止痛药了。"

"按照真实的情况,她现在的身体状况应该是什么样的?"我问。

"她肯定已经无法做任何事了,肠癌是非常疼的。"女医生说道,"但你看,她现在和正常人一样。"

我点点头,显然在她身上发生的事情,无法按照精神学科来解释。

最终我还是推开门坐到了她的面前,我发现她的目光和上一个蝎子草病人非常像,都很炙热,犹如一个先知。

"你好。"我和她打招呼,她年纪比我小。

"你好。"她看着我。

"你找我有什么事情吗?"我接着问。

"我姐姐让我找你的。"她说道,"你见过她,她曾经开导过你。"

我知道,她说的就是那个蝎子草田里的守望者,我点点头,问:"她是你姐姐?"

"只是一个昵称,你们男生不容易理解。"

"她还好吗?"我先寒暄一下。

"她不是很好,被管得很死,没有办法继续展开。"

我脸上显出了疑惑的表情,我不明白她所谓的"展开"是什么意思。

"就是把疼痛的成分,全部一一分解出来的意思,体验那些别人没有的感觉。"应该是看出了我的困惑,她向我解释道。

"就是那十二种感觉吗?"我问。

"现在是十四种感觉。"她看着我,补充道,"又多了两种。"

哦，我心道，然后捏了捏手心，发现自己竟然开始出汗了。

"最后两种非常特殊，极为美妙，也最难体会到。"她对我说，"你听她说完，竟然没有自己去试试吗？"

PART 34

黑色少女（2）

"没有。"我说道，努力让自己重新恢复冷静。

"你不觉得很有诱惑力吗？"她并不信我说的，一直看着我，似乎是在审视我。

我不断思考着该如何回答才能维持这场对话，让她说得更多，最终说出我想知道的答案，但又不至于显得自己十分愚蠢。

在病人面前，我时常会表现得非常愚蠢，这有时候让我感觉很不舒服。

"我想知道，为什么你要找我，是因为我让你姐姐印象深刻吗？"我没有回答她的问题，而是提了一个新问题，"你得先让我知道这一点，我才能努力和你讨论问题。"

她沉默了一会儿，似乎是在权衡，然后说道："她无法表达，因为她的表达能力有限，上一次的沟通让她很有挫败感，她需要有人能够替她表达。"

"你是说，上一次的沟通，她没能把事情讲清楚，所以让你来把事情重新讲清楚？"

"是的。"她看着我说，"事实上，总得有人把这件事情讲清楚，否则你们都会认为我们是疯子。"

坐在旁边的女医生这时往椅背上靠了一下，她这个动作应该是一种情绪表达，但我不知道是什么意思。

"那么她希望我——"我发现自己的谈话方式是有效的。

"希望你能记录下我们的对话，这样这些感觉才会被记录下来，即使别人无法感同身受，但至少它们会落到纸面上。"她说道，"否则，我们死了之后，这件事情就不会被留存下来，我们的存在也就没有了意义。"

"你们的存在，就是为了让世界知道，疼痛是由十四种感觉组成的吗？"

"十四种感觉只是开始，我有用文字形容它们的能力，我把这些形容说给你听之后，你就会知道，这种能力，也许可以改变我们。"

我点头，表示她的理由很充分。

于是她继续说道："现在该你回答我的问题了，为什么你没有去尝试？你不相信她，还是说这件事对你来说没有诱惑力？"

我有些犹豫，说实话和不说实话，感觉都会很差。

"也许我比较胆小。"最终，我决定通过示弱来回避这个问题。

她看着我，说道："你答应我，我没有多少时间了，我很快就要死了，我把这一切都告诉你，你去尝试一下，好不好？"

以我的性格，我绝对不会欺骗一个将死之人，于是我下意识就要摇头。但这个时候，女医生用脚在桌子下碰了我一下。

尽管我不知道具体是什么意思，但很显然，她是要我先答应下来。

我只能点头说："好，我答应你。"

她看着我，坚持道："你发誓。"

"我发誓。"我说道，既然答应了，我倒是不害怕发誓。

她似乎松了一口气，对我说道："那我就从头开始说起吧。"

我点点头，看了一眼女医生，她眼神坚定地回看我，似乎是在肯定，我的做法是对的。

"一开始非常难，因为首先最需要克服的，是我们与生俱来的对痛苦的恐惧。"她说道，"这就好比说，一道特殊的菜，如果你从小不爱吃，自然就会产生抗拒心理。其实，特殊的味道是无害的，只是难吃而已。同理，疼痛也是无害的，只是一种电信号，但它造成的心理壁垒是非常强大的。"

"当然。"我表示认同。

"和姐姐不一样,她是与生俱来的,我则是因为癌症所带来的疼痛。我的病情已经到了晚期,过量使用止痛药是必然的,所以我也不必太珍惜自己的身体。过量使用止痛药到了一定的程度,在疼痛反复出现又消失的过程中,痛感似乎会飘在我的肉体里,变得不那么真实,我一开始不知道这是一种启示,直到我认识了姐姐。"她认真地说道,"当她告诉我她的疼痛理论时,我就觉得这可能是我唯一的机会,因为如果我不能和疼痛和解,那么等止痛药的效果逐渐减弱、失效,我很快就会痛死。"

"实现的办法是什么?"我问道。

"加大止痛药的用量,直到达到极限。"

"止痛药的效果会越来越差。"我说道,"身体会逐渐适应,但你过量使用止痛药,会导致身体迅速对止痛药产生抗药性,这有很大的风险。"

"我不在乎,如果我失败了,我就了断自己。"她说道。

我不敢再点头赞同她了。

但她并不在意我的反应,自顾自继续说道:"我的痛苦是自发的,没有她那么极端,所以我感受到新的感觉的过程,也很慢。正因为很慢,我比她多出了两种感觉,这很不容易,因为首先要无畏,要能够明白疼痛是假的,它只是一个信号,这样才能让你的大脑把它屏蔽掉。"

"屏蔽掉了,不就感觉不到了吗?那如何拆解出那么多新感觉来呢?"我再次问道。

"其实,'屏蔽'这个词不准确,应该说是'转换'。你并不是没有感觉,只是你的大脑本能地将其理解为痛苦。但如果不把它理解为痛苦,你就可以将其理解成愉悦,或者理解成一种简单的触觉,都可以。"她说道,"很多人喜欢文身,喜欢切割自己的皮肤,也是一样的道理。"

我知道国外有一种人,喜欢用东西穿刺自己的身体,还把自己挂起来,据说他们的痛感就和正常人不同。

"这只是第一步,我花了很长时间才成功。之后,我就开始去体会那些感觉。我一次一次地尝试,一天尝试上百次,我的肿瘤就是我灵感的源泉。"她的脸上显出一丝骄傲。

"然后,你就品出了不同的感觉?"

"是的，其实到了那个时候，我才真正相信她。"她想了想，才接着往下说，"那是一种混合的感觉，就像把很多香料和调料混在一起一口全部吃进去一样。那种感觉非常复杂，但你一下就知道，它并不单纯。最明显的一种感觉，是在你的上皮组织。"

"上皮组织？"我有些困惑。

"就是嘴唇、口腔、肛门内部、生殖器这些地方，这些地方的新陈代谢很快，所以会最先出现感觉。"

"是什么感觉？"我的好奇心逐渐涌了上来。

"我只能给你形容一下，但你要明白，那只是一种形容，和真实的感觉还是有天壤之别的，我希望你能够从精神上明白，那是一种什么状态。"

"我明白，你继续。"我催促她。

"好，这一种感觉，就是你感觉到自己的上皮组织浸润在水里，仿佛空气就是一种非常稀薄的水，是液体状的，你甚至能清晰地感觉到水的温度和流动。"

"类似触觉。"我补充道。

"嗯，更准确的说法是，空气中的水汽对于你来说就是液体。我觉得这是我们还是两栖类动物时的感觉，那时我们的皮肤可以接收到非常多的信息。"

"这我能理解。"我说。

"最明显的是浓度。要知道，人类很难感觉到浓度，但在这种感觉里，我可以清晰地感知到空气中水的浓度。"

"这种感觉会有愉悦感吗？"我好奇地问道。

"高浓度的感觉，会非常愉悦。"她说道。

我看到女医生似乎有些不太理解，就对病人做了个暂停的手势，然后对女医生解释道："这个世界上有一种青蛙会醉湿度，当湿度高到一定程度时，它们会出现一种自我麻醉的状态。"

"那低湿度呢？"女医生问道。

"会有焦虑感。"我说。

女医生点点头。我示意病人继续说下去，病人说道："这是最明显的一种感觉，就像你吃了一大口混合调料，但你最先辨别出来的，大概率是茴香这一类的，因为它具有覆盖性。接下来是第二种感觉，其实也非常明显，类似于胡椒。这第二种感觉，相当于你的每一根汗毛都变成了一百米长——"

我想象了一下这个场景，皱了一下眉头。

病人敏锐地感受了我的情绪，解释道："没有夸张，你就是一个巨大的毛球，你在运动的时候，身边所有的东西，都会被你的汗毛刷过。"

"这是什么类型的动物的感觉？"我决定暂时放弃想象。

"我觉得是蛇。"

"但蛇没有汗毛啊。"我说。

"刮过物体的时候，我最大的感受就是温度。"她进一步解释。

"类似于红外线？"我努力尝试着理解。

"我说了，我不能精确地形容。但我的感觉是，我身体方圆一百米的范围内，如果有温度高的东西，我会瞬间感受到它。它如果动，就等同于在我的汗毛里动，连它怎么动，我都能非常精确地感受到。"

这和纪录片所模拟的蛇的红外视觉并不一样，但似乎她的说法更加合理一点。

"可为什么这种感觉会是胡椒？"我不解。

"因为这种感觉不像第一种，它没有正向激励。这一种感觉出现之后，我只是觉得焦虑，然后非常想扑灭这种感觉。"

"是负面的感觉？"

"对，扑灭的意思是，我可以杀死这个温度源，让它冷下来，或者我进行大距离的逃离，离开这个物体超过一百米。"

这个时候，我发现我需要记录，于是拿出本子，开始快速以狂草的形式记录下这些文字。

"第三种感觉，就很玄妙了。"她向女医生要了一支烟，点上，"它只出现在一种地方，就是——"她指了指自己的眼睛下方，"这个地方。"

"是一种视觉吗？"

"很难形容，这种感觉是最难形容的。我觉得，与其说是看见，不如说是看不见。"她似乎是一边思考着，一边在跟我解释。

"什么意思？"我还是不太明白。

"你闭上眼睛看到的是黑色，对吧？"

"对。"我点头。

"所以,黑色其实也是看见。"

"这——"在我迟疑的时候,她继续说,"这就好像有一根线,准确来说,是一根风筝线,挂在你眼睛的这个地方,但它不是触觉,也不是视觉,而是一种封印。"

这种说法非常玄妙,她应该也意识到自己说得不是很清楚,又沉思了片刻,才接着说,"一种情绪、一种预感、一种欲望,我也不知道该怎么形容。"

"那就说你的结论吧,你觉得这是什么生物的感觉?"我提示道,不让她继续纠结下去。

"我觉得这是鸟类对磁场的感觉。"她说道,"所有的鸟都是风筝,它们都被看不见的线钩着。在我看来,鸟不算是独立的生物,它们是地球这个巨大生物的一部分,是一个器官。"

我对此很感兴趣,想让她说得更完整一点:"到底是一种什么感觉?"

"就是封印吧,似乎整个世界有一种规则,你必须遵守的感觉。"她说,"那个规则就在眼睛下面的地方,产生……啊,对,重力,和重力的感觉很像,我能感觉到四周的重力方向是不一样的,就在你眼睛下面的那一点位置,能感觉到各种各样的重力。你到了这里,重力就是这个方向;到了那里,重力就是那个方向。空间中到处是紊乱的重力,但是有一股力量是最重的,就像一股洋流一样,非常明显,那就是地球的主磁场。"

PART 35

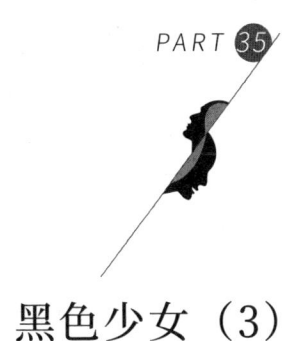

黑色少女（3）

"第四、第五、第六这三种感觉，是一个体系的。"她继续往下说，"我觉得地球曾经经历过一段极黑的时光。"

"什么意思？"

"意思就是，那个时候，地球上的大部分生物没有办法感知到光线。"她解释道，"我把第四种感觉，叫作黑色颜色感觉。"

我没有说话，只是看着她，等待她继续说下去。

"很简单，对于你来说，黑是一种颜色，但其实在最黑的时候，所有的物体都会有另外一种颜色系统。"她又补充道，"是指在没光的情况下，存在另一种色彩体系。"

"你可以举个例子吗？"我依旧听得不是很明白。

"那是一种感官，我不知道它的原理是什么，但我能知道物体在黑暗中的颜色，这个颜色和你平时认知的颜色不一样。"

我还是很迷惑，她干脆说道："我说过了，真实情况，自己去试了才能知道。"

我只得放弃追问，示意她继续。

"事实上，第五种感觉紧接着第四种感觉，非常神奇，你想要看到或是感知到这种颜色,其实不需要用眼睛。"

"那需要用什么?"

"皮肤?我也说不清楚,但肯定不是视觉。你一定要明白,那不是视觉。"她似乎想在脑海中搜寻更贴切的形容词,"那是一种感觉,我不用眼睛就能感觉到四周的世界,就好像大脑把我的触觉信息,直接处理成了视觉信息。"

因此,她认为在地球生物的进化过程中,一定有一个物种是生活在黑暗中的。

"那第六种感觉呢?"边上的女医生问道。

"是一种色彩体系,有可能和气味相关。"她说道,"就我自己的体验而言,在黑暗中,最浓郁的色彩往往会散发出剧烈的气味。比如说,腐烂的肉在这个色彩体系中,是类似于金色的。"

"非常显眼吗?"我在脑中对比了一下金色和其他颜色。

"对,我不知道是因为要逃避这种东西,所以把这种气味标记成金色,还是说它们的食物本就是腐烂的肉,所以标记成金色,这样更容易发现和食用。"她说道,"这三种感觉,完全就是生活在黑暗中的生物的感觉。"

我眯起眼睛,女医生看向我,似乎想征求我的意见,但是我没有把心中的想法说出来。

地球确实有过这样的阶段,一是恐龙灭绝的时候,如果当时的确有一颗陨石撞击了地球,那么由此造成的粉尘会让地球陷入永夜状态,不知道持续了多久,才慢慢地完成沉降。又或者是冰川时代,会有生物生活在冰层的缝隙里,那里也是不见天日的,那时的食物可能就是冰封状态下各种生物的遗骸。

但如果我说出这些信息,是否会让这个病人进一步确定自己是正确的,从而导致病情发生变化呢?

我决定还是不说了。

"我能顿悟这一点,是因为我的手烂了。"她抬起胳膊,让我看她的手臂,手臂上的皮肤都被她抠烂了,伤口长时间无法愈合,已经开始腐烂化脓。

"那这个系统的感觉,有正负向激励的趋势吗?"我问她。

正负向激励其实是一种心理状态,所谓正向激励,就是你看到漂亮的颜色，心情就会愉快，但即使看到了不漂亮的颜色，也不会瞬间就变得不开心。比如说，你可能不喜欢灰色，但当你看到灰色的时候，也不会立即出现郁闷的感觉。所谓负向激励，就是你在触摸所有的东西时，并不会觉得愉悦或郁结，仅仅是在感受它是光滑的还是粗糙的。但是如果你触摸到有伤害性的东西，比如硫酸，就会立即感觉到伤害和疼痛。

不过这都是一定程度上的常态情况，不包括特例。毕竟有些人摸到丝绸是会觉得愉悦的，而有些人看到灰色也会马上觉得不开心，这都不属于常规人群。

有些感觉是双向的，比如说嗅觉，你闻到美味的饭菜会开心，闻到粪便会不开心。但双向的感觉，主要作用在于你能真实地在空气中捕捉到气味分子。如果你捕捉到了，就说明这东西确实存在，那么它的好处或是危险性大概率是存在的。但视觉和触觉不同，眼睛看到某种颜色，并不能直接判定它具有危险性或者好处。同理，触觉也是。

所以如果从感觉的分类来分析，视觉和触觉更偏向中立和思辨，嗅觉则更偏向功利。

如果她说的是真的，那么因为嗅觉是捕捉真实气味分子的行为，是属于功利的，所以在看到金色的时候，是厌恶还是喜爱，会有非常明显的指示性：这种腐烂的味道到底是要逃避，还是可以捕食的。

我把正负向激励的逻辑讲给她听，她摇摇头，表示没有这种感觉。

我有点失望，如果是这样的话，那她极有可能就是精神病，而不是真的可以感知到那么多新的感觉。

这种身体层面的嗅觉和视觉，似乎是她从视觉里妄想出来的。其实从这里就可以看出来，精神病人的思维逻辑是有系统性的，但也很容易从推理学上发现破绽。

"第七种感觉是什么？"我决定放弃追究更深层次的逻辑，继续问她。

她说道："是小火花。"

我看着她，疑惑地摇头。她看我不太明白，就解释道："这是我对这种感觉的叫法，你可以把它理解成一种忽然出现的光晕。其实这种感觉很普遍，只不过在痛苦中，它变得明显了，普通人平时肯定也在使用这种感官。"她指了指自己的额头，"松果体[①]感官。"

"真的有那种东西吗？"

"有，你闭上眼睛，就会感觉到松果体的位置，还能看到一丝金色的光。"她鼓励我道，"你试试。"

我闭上了眼睛，说实话，我确实能感觉到那里有一块白色的东西，小时候我就发现了。

"那就是电场，你面前虚空中的电场。"她说道，"所谓的松果体感官，无论任何人，都可以说出一些道理来。但我的感觉非常强烈，没有人可以像我说得这样详细。"

"我以为刚才看到的是视觉电信号的残留。"

"你要注意你的眉间，那里有一块白色的光。如果你仔细感受，会发现白光中有一丝金色，那就是你能感受到的电场。在疼痛中，你的电场感官非常敏锐，你甚至能感受到其他生物的电场。"她形容道，"就像光晕一样，噼里啪啦。"

我留意到她的状态有些低迷，于是进一步问道："这种感觉和以往的感觉有什么不同吗？"

"第七种感觉其实在十四种感觉里，属于很模糊的状态。"她说道，"就类似于香水中最不易察觉的成分。我虽然能感觉出来，但它本质上是微弱的。而前六种，只要你不过分迟钝，我有信心你一定可以感觉出来，但如果想体验到第七种，就要看缘分了。"

"我觉得你的状态发生变化，一定有更加具体的理由。"我猜测道。

她就说道："在疼痛中，无法判断这种电场是否真的是一种感官，很多时候你会觉得自己是错乱的。所以这算是一道门槛，第七种感觉是一道门槛。我、我突破这道门槛花了很长时间，如果我早一点突破的话——"

她忽然打住了话头："对不起，这是我的私事。"

我表示理解："没关系，你继续说。"

"姐姐说，打雷的时候，最容易突破第七道感觉。因为空气中的电场十分特殊，你能预见到闪电的出现。"她说道，"但在我突破的过程中，杭州都没有打雷，所以我没能看到那景象，据说那是一种奇景。"

她的眼中显露出一丝向往。

"我不明白，你这个说法，听上去倒像是民间传说了。"

"因为第七种感觉太特别了，它来自退化的器官。如果说其他感觉都是来自已经消失的器官，只不过在人体上还有残留，我们的大脑里还保留有处理这种信息的部位，那么第七种感觉就是一种仍旧可以使用的器官所带来的。所以它可以通过练习来加强，通过用松果体观察闪电的电场，来刺激松果体的发育。经过长时间的练习，这种第七感就可以在非疼痛的时候使用。"

"修炼成仙吗？"边上的女医生忽然插话，我没想到她居然这么"毒舌"。

病人看了看她，慢慢说道："是的，算是一种修炼，但不能成仙，不过也许可以治病。"

她又转头看着我说："在我感知到第十种感觉的时候，我能看到我的肿瘤发出的小火花，生物电聚集在那里，我能直接看到我身体上所有肿瘤的位置——"

我沉默了，她苦笑了一声："已经没救了。"

现场沉默了很久，她似乎在平复情绪，我不知道该怎么接话，女医生似乎也有些内疚。

隔了好久，她才抬头，对我说道："第八、第九、第十、第十一种感觉，我要很快说完。因为我重点要说的是第十二到第十四种感觉，那需要花非常多的时间。前面全是我姐姐的成果，后两种才是最重要的，那是我的成果。"

---

① 松果体：人类大脑里的一种结构组织，因形似松果而得名，其主要作用是助眠。

PART 36

黑色少女（4）

第八种感觉，比第七种更难以琢磨，需要花费极长的时间，才有可能慢慢体会出来。

它只有一个作用，就是感知火焰。

到达第八种感觉后，你开始能感受到身边所有的火焰。这个范围到底有多广，难以形容，但是肯定包括这座大楼和四周的其他几幢大楼。这种感觉让人十分不解，感知火焰能有什么实际作用呢？

她再次向我重申，这种感觉是虚无缥缈的，是不明确、不肯定的，只是一种象征和一种描述。

在过去的一段时间里，寻找火焰是生存的必需技能点。她认为第八种感觉，可能是人类在智力刚刚开始进化的时候发现火焰有取暖的效果，进而演化出来的，属于人类进化为智人之前的一种临界动物的能力。这种临界动物差不多生存于猿猴之前，那个时候智力已经产生了。

第九种感觉，几乎算是一种玄学上的感觉，她认为来源于鱼类。

大部分的鱼，身体两边都有一条侧线，叫作鱼侧线。这条侧线非常敏感，可以让鱼在水中游动的时候清晰地感知水流，分辨暗礁和捕猎者引起的水波。

所以鱼在水里时是不好捕捉的,即使你的手已经放到了它旁边,已经靠得很近了,但你发力的瞬间所产生的水压,立即就会被鱼的侧线感知,鱼也因此可以成功躲过捕捉。

其实,鱼那个时候并没有看见你,它只是感受到了水压的变化。

很多鱼类的侧线甚至可以感受到水中的微生物引起的水压变化,从而捕食它们。比如说狗鱼,即使把它的眼睛挖掉,也完全不影响它捕猎。

她也是在水中感受到,人类的身体两侧也有这样的感觉系统,但已经退化得非常严重了。

"在游泳池里的时候,如果你闭上眼睛,就会发现自己很容易就能感觉到身体两边有没有人在跟着你游,所以在水里,想要悄悄靠近一个人是很难的。"她对我道,"其实人类的汗毛也能做到这一点,但人类毕竟不是在水里生存的动物,所以人类的感应器即使能够感受到水压的变化,知道旁边有东西,也无法知道那是什么,有多大,速度有多快,自己该用什么方式回避。"

"你可以做到吗?"

"非常困难,这个感觉已经微弱到必须努力想象自己是一条鱼,才能感受到四周的水压波动时带来的信息。"

我看了一眼女医生,用眼神询问她:我怎么不知道病房里还有游泳池?女医生当然没有明白我的意思,所以没有理我。

说实话,第八种和第九种感觉,她在叙述的时候一直强调"退化得非常严重",这让我觉得这两种感觉要么是凑数的,要么就是她没有完全感受到其中的精髓。

我能明确地感觉到在这个阶段,她自己其实也不是十分明晰。

据她所说,第十种和第十一种感觉已经开始逼近极限,这两种感觉属于一个系统。所谓的逼近极限,就是她很多时候无法分清这两种感觉是真的独立存在,还是其他感觉混合起来的结果。

她直截了当地告诉我,她无法具体形容出第十种感觉,因为很难,她做不到。但这种感觉,能让她感受死亡。

我不明白,她解释道:"也就是说,我能感受到一个生物的生命能量是否强盛,是否有缺陷。"

"是一种体感吗?"我努力去理解她所说的意思。

"我说了,这无法形容,它无法用任何一种已有的经验去类比。"她又强调了一遍,继续解释说,"我不知道是用哪个器官感受到的,但我的确能感受到这个生物是否马上就要死了,或者说,它是否是一个优质的生物。"

女医生看了我一眼,把话题转到了我这里:"有什么科学论据可以佐证她的说法吗?"

"有。"我想了想,说道,"有一种老鼠可以感应到交配对象的DNA缺陷。"

病人惊讶地看着我,问:"真的?"

"真的。而且确实是一种综合的感觉,不是单一的感觉,是所有的感觉细胞同时发挥作用,从而判断出来的。"我一边回忆一边解释,"有篇论文是论述这个的。"

病人陷入了沉思,想了一会儿,才说道:"这是一种交配能力吗?"

"是否用在其他地方,还没有相关研究,论文里只说,那种老鼠用这种感觉来筛选交配对象。"

"难怪。"病人连连点头,说道,"难怪这种感觉之后的下一种感觉感官,是一种性感官。"

我看着她,她显然也无法具体形容出来:"就是我可以直接知道,对方是否有和我交配的欲望。"

"这两种感觉,是连在一起的吗?"

"有时候是。不过,如果我先感受到了死亡,那么后一种感觉会更敏锐。"她思索着,"这不是很奇怪吗?"

"那死亡是一种负面的感觉吗?"我又问。

"不,死亡也是正面的。如果我感受到了死亡,我的感觉是愉悦和兴奋的。"她很笃定,"是正面的。"

"那就应该和捕猎相关。"我说道,"一般来说,快要死亡的生物,更容易被捕获。"

她点头表示赞同,但又提出了新的疑问:"那为什么这两种感觉如此相近,就像是成套的一样?"

"是寄生。"女医生忽然开口说道,"这种感觉,一般是用在寄生上的。有这种感觉的生物一旦感知到另一个生物快要死亡，就会跟着它，一直等到它死亡，最后在它的尸体附近交配，并在尸体上产卵。"

房间再度陷入一片沉默。

隔了好久，"黑色少女"才说道："这是食腐昆虫的感觉？"

"对，是一种非常原始的感觉。"女医生说道，"但我倒是很希望拥有这样的感觉，能够感受到死亡的气息，感觉自己像个死神一样。"

病人看着女医生，又沉默了一会儿，说道："前面的我已经说完了。现在从第十二种开始，说最后三种感觉。这三种感觉是有联系的，是我自己体验出来的，但它们非常可怕，因为它们或许揭示了人类到底是由哪种东西进化出来的。"

PART 37

黑色少女（5）

　　为了能不间断地讲述她所体验出的成果，她让我们去了一次厕所。
　　当然，这并不是我最长的一次采访。之前有一位病人，"世界委员会三巨头"之一，和我讲了三天三夜，把整个地球的前生今世都讲了一遍。他的采访被我称为地球编年史，简直波澜壮阔。单单是整理工作我就已经进行两个月了，至今还没有做完。"世界委员会"是我对几个病人的戏称，他们全部都认为自己超脱了现有的维度，已经知道了这个世界的真相。
　　我们离开的时候，她没有动，只是看着窗外发呆。此时，我和女医生的外卖也到了，于是我们在厕所门口稍微停了一下。我看了看时间，发现已经过去一个多小时了。如病人所说，她的表达能力确实非常强，那么抽象的对话，我竟然记得一清二楚。
　　"你觉得，她说的是真的吗？"我没话找话地问道。
　　"当然不是。"女医生看着我，"你相信了吗？"
　　"事实上，每一个病人在阐述的过程中，都曾经迷惑过我，因为我的职业要求我对他们共情。"我如实说道。
　　"但我看你倒是很容易就能抽离出来。"她说道。
　　"对，所以我并不算是一个真正的好作家。"我说道，"如果一直无法抽离，共情到一定的程度，会创作出更好的作品。"

"她的状态是不是和你有点像？"女医生问道。

"你是说，她现在的状态是在创作，然后沉迷在自己的创作里？"我有些惊讶于这个说法。

"她在创作一个没有痛苦感，同时痛苦本身也具有非凡意义的故事。"女医生解释道，"她需要这个故事，她也相信了。与此同时，她的身体对此做出了反应，大脑也进行了调整，这其实是一种极端的自救。很多人在遭遇创伤之后，会失去记忆或者出现完全错乱的记忆，甚至会对世界产生扭曲的认知，这都属于自我保护。所以有时候精神上出现病症并不是身体机制在伤害你，而是它在保护你。"

我点头，似懂非懂。我们聊完便又走回去，在病人面前坐下来，我特地换了新的白纸做记录，请她继续说。

需要事先解释一下，接下来的叙述非常难懂，所以我在这里做了一些注释。此外，这段对话足足进行了八个小时，如今整理出来的文字看似简单，但过程其实要复杂得多。

"说起来，第十二种感觉，也是你姐姐发现的。"女医生忽然开口，状似无情地说道，"为什么你却说这是你发现的？"

"姐姐有自己的局限性，第十二种感觉，她能体会出来，但完全无法形容出来。她只能说有第十二种感觉，但什么都讲不出来。"

"你能讲出来？"我问道。

"其实，最开始的时候也非常困难，因为这种感觉非常微弱。"病人看着我，问道，"你能感觉到别人的目光吗？"

"有时候可以。"我说，其实只要是稍微敏感一点的人都可以感受到吧。

"来自他人的目光看你，本身就是一种无法形容的状态，我觉得这更多是一种直觉。一旦你认真去体会，那种直觉就会消失，所以你也不知道究竟是不是真的感受到了什么。"她说道，"或许只是你的臆想而已。在你臆想的时候，偶然有人看了你，你就以为自己感受到了。"

"那么第十二种感觉就是这个吗？"

"不是，我只是举个例子，来说明第十二种感觉的虚无缥缈。让人难受的是，只要你开始去捕捉它，它就一定不存在了。"

我没吱声，示意她继续往下说。

她接着说道："第十二种感觉，是用来感受时空曲率①的，这是在我无数次试图去触碰它时，在它消失的瞬间顿悟出来的结论。"

她顿了顿，继续道："那太奇妙了，当我意识到那是用来感受时空曲率的时候，我就能有较长的时间去感受它，然后我就发现，我们四周的空间是凹凸不平的。"

"那是一种——"

"你不要让我形容好吗？那种感觉完全形容不出来，就好像你感受到的目光一样，你就是知道空间是凹凸不平的。"她不耐烦地打断我。

"然后呢，这种感觉有什么用？"

"我不知道，因为在地球上，不需要这种感官就可以生活得非常好了。就类似于我已经是超人了，我不需要更多的能力了。这种感觉在地球上是没有用的，反而是一种阻碍。"她说道，"我想了很久很久，忽然意识到，也许，这种感官并不是用在地球上的。"

"那是用在哪里的？"

"这是生活在深空里的生物才需要的感官，是宇宙里的生物才需要的感官。如果你是一种行星生物，你就不需要它了。因为行星有引力，在引力规则下，你不需要这种感觉就可以很惬意地生活。但如果你生活在彗星上，或是小行星上，你就需要这种感官，因为你需要感受时空的曲率。"

"为什么？"我不解。

"如果要存活下去，你就需要待在曲率适宜的宇宙空间里，但整个宇宙都在剧烈变化，你的时空中随时可能出现黑洞②，或是像恒星这样巨大的时空扭曲。你需要感知这些时空的变化，提前逃离，否则你就会死。"

"你的意思是，生活在深空中的生物，比如说彗星上的生物，它需要能够感受到时空的扭曲变化，从而提前预知彗星是否会撞入黑洞，或是撞入恒星。"

"碰到中子星③就更致命了。"她说道，"我觉得，这种生物最有可能生活在彗星上。"

"为什么？"

"彗星会喷射一条彗尾，所以彗星上的生物如果能感知到时空曲率，就可以在遇到适宜行星的时候，顺着喷射的彗尾，进入行星的引力场，从而找寻机会降落到行星上。"

"你的意思是，人类的祖先来自彗星？"对于这种说法，我惊讶极了。

"是的，在彗星上生活的深空生物具有感知时空曲率的能力，并且它们可以根据时空的曲率变化，判断某颗行星上有没有水，是什么温度，是否适宜演化。"她说道，"对时空曲率的感受力，可以让它们在条件恶劣的深空中一直生存下去。"

接着，她拿过一张我的白纸，在上面画了一幅奇怪的图，然后跟我解释道："首先，这个生物生活在一颗彗星上，当这颗彗星靠近一个黑洞的时候，被黑洞的巨大引力所吸引。在靠近前的一瞬间，生物就感受到了黑洞的引力场——也就是特殊的时空曲率，于是它立即从彗尾逃离，进入深空之中。在深空中时，由于没有依附，这个生物直接进入休眠状态，一直到它感受到另外一颗彗星的引力场在靠近——这种时空曲率的感知力非常惊人，它可以在几光年外就感受到彗星的引力场。然后它苏醒过来，开始往彗星的轨道上飞，最终和彗星会合，重新依附在新的彗星上。这颗彗星很幸运，它被太阳系捕获，路过了地球，那个生物又感受到了地球的特殊引力场，觉得地球更适宜生存。于是在彗星经过地球的时候，它从彗尾逃离，进入地球的引力场，最终落在了地球上。当时的地球被海洋覆盖，它进入海洋里，开始为适应这个星球而进行演化。"

我觉得在她的说法里，似乎有什么不对的地方。我把前后逻辑连起来，然后道："在深空中，几光年内出现一颗彗星的概率，几乎为零。"

"仅仅在一个太阳系内，就有几万亿颗彗星。宇宙中的彗星数量之多，超出你的常识，所以你有这样的结论，也不能怪你。"她幽幽地说道。

我掏出手机，快速查了一下，发现她是对的。宇宙中彗星的数量非常多。如果是在黑洞附近，会更多，极度密集。

"你是对的，你继续说。"我立刻示弱。

"我的思考到这个部分，其实就停止了。"她对我道，"我已经完成了对十二种感觉的全部体验。但这仅仅是我以为，你明白吗？一个得了绝症的病人，没有必须要完成的事情之后，思绪会变得更加混乱，更加不受控制。于是我陷入慌乱中，不愿意最后的时间就这么度过，思维也因此不自主地开始往更深处滑去,想看看在十二种感觉之后,是否还有沧海遗珠。"

"所以你成功了?"

"时空曲率感已经是感觉的极限了,处于有和没有之间,而且我的理论推导也已经推导到深空中的生物感官。其实按我现有的知识,这已经是我能查到的资料的极限了。但是,我情不自禁地会思考一个问题:深空生物,是产生于彗星之上的吗,还是说,它还有一个更深远的出处?"

"有结论吗?"我忽然也想知道她的结论是什么。

"第十三种和第十四种感觉,我一个字都无法形容。是先有理论,然后我才去体验的。你只有到了一定的时间,才能听懂我接下来的信息,否则,你就只是看得懂字,至于连起来是什么意思,你不会明白的。"

我看着她,没有说话。因为我发现她说话很有技巧,是一个讲故事的好手,她可以让我的思绪完全跟着她,完全没空去思考故事背后的逻辑。

所以我决定继续保持沉默。

她继续说道:"在时空曲率感的后面,还有一道光,那就是第十三种和第十四种感觉,是另外一个维度的感觉残留。"

"是什么意思?"我一时没听懂。

"是指这个生物的前身,也就是进化到深空生物之前的那个原始生命,它可以感知到其他维度。"她解释道。

我继续沉默,说实话我听懂了她的解释,同时我也知道了她无法形容出来的原因。

"三维的大脑,是无法理解四维空间的。"我补充道。

她点头表示赞同:"连环境都无法理解,如何能理解感受着这个环境的感官呢?更可怕的是,不只是四维,那个生物可以直接感知到五维。"

"这是你感受到的,还是你推理出来的?"

"我感受到的。"她看着我,"但只有一次。因为我的大脑无法处理这种感觉,它在我的大脑里是扭曲的,所以是没有结论的。我只知道那是来自另外一个世界的感觉,但感觉本身是紊乱的,难以琢磨。"

"那你至少可以告诉我,那是一种什么感觉吧?"我追问道。

"紊乱,我说不出来,那种感觉极度复杂,信息量无比大。比如说,在我们的大脑里,有一个似有似无的感觉,那可能只是一个微弱的电信号。但如果在高维空间里，出现一个类似的感觉，那我用尽大脑全部的算力，都无法理解。"

"你的意思是，高维世界里最小单位的感觉，其复杂程度，已经是穷尽我们所有的智慧都无法理解的了？"

"对，所以最初的那个生物，我们的祖先，对于现在的我们来说，绝对是神一样的存在。"

"所以不是你无法形容，而是你的大脑不够用了。"我替她说道。

"对，不够用了。"

"这是极限啊，是一道壁垒，它后面可能还有无数的感觉，但这道壁垒让我们不可能再深入理解了。"我不由得感慨道。

房间里再一次陷入沉默，我们三个人都没有说话。

隔了很久，她才开口道："是的，是极限。但我相信我们的大脑里还有处理那个世界的部位，可能已经退化得非常严重了，但应该还是存在的。如果我的人生还很长，能有足够的时间，我就可以像训练松果体一样训练那个部位。那么，也许我就可以突破维度，理解这种感觉。可惜我没有时间了。"她看着我说，"这是我留给这个世界最后的礼物，所以，我需要一个接班人，一个健康的接班人，能够有足够长的时间，去感受最后那两种感觉。"

她看着我，眼神非常炽热，似乎我就是那个接班人。

我看着她，她看着我，我忽然觉得头晕目眩，似乎有什么巨大的能量从她的身体里喷涌了出来。

"好好想想，跟随你内心的声音。"她叮嘱道。

那声音竟然在我心中引起一阵回响。

这次采访带给我的震撼是巨大的，它让我发觉人类拥有的巨大想象力，如重峦叠嶂，一山还比一山高。

当然，这次采访的后遗症也非常严重，我离开她的病房之后，长达两天没有说一句话。比起之前的"预言家"，这个人才是真正的邪教首领，其煽动力之强大，几乎真的动摇了我的理智。

但是随着时间的推移，我开始觉得她说的那些话是有问题的，因为她的理论所涉及的知识，都是日常可以接触到的结论，这些结论背后都有着非常严谨的数据和推导。她从这些日常接触到的知识所推导出来的结论，如果放在专家面前，基本上经不起任何推敲。

但不可否认，她的故事是浪漫的，是极端的，是凄厉的，是最好的故事之一。

她几乎从生物起源的极限开始推导，认为一切生物的遗传感官，都存在于人类身上，就像"屎山代码"一样。所谓的"屎山代码"是指，在长达十年的巨大代码堆里，保留着从第一代到第一百代的所有程序员所写的代码和注释。你在外部运行一个软件，根本无法想象里面有许多东西其实是没用的，只是历史遗留的垃圾，你只会看到一个快速的、适配的前台UI[4]。

我后来在野外旅游，看到蝎子草的时候，情不自禁也会有上去触碰一下的欲望。因为在她的描述里，痛苦犹如纯酿的万古生命之酒，你可以由此进入祖先的领域，进入深空宇宙，进入高维空间。

但事实上，我后来不小心触碰到了，感受到的只有巨大的疼痛，持久不散，而痛苦的背后什么都没有。

在这里再次申明，这只是一个精神病人的臆想，没有任何事实依据，触碰蝎子草只会导致中毒和疼痛，过量接触还可能导致超敏反应，引起更严重的疾病。对本书中的其他病人亦是如此，各位在看这类采访的时候，必须关闭自己的共情能力，才能够全身而退，否则这些文字并不适合你阅读。

不要深思，不要共情，因为你是正常人。

---

①时空曲率：广义相对论表明，在质量越密集的地方，时空的弯曲程度越大，即相对平面的偏离程度越大。这种时空的弯曲程度，称时空曲率。比如，在物质质量密集并且不均匀的区域，经过其附近区域的光线会产生弯曲，并不是光不沿直线传播，而是光经过的时空发生了弯曲。

②黑洞：1916年，德国天文学家卡尔·史瓦西通过计算得到的宇宙中的一种天体，其引力极其强大，连光都无法逃脱，后被命名为"黑洞"。

③中子星：指一种星体。在宇宙中，除了黑洞之外，中子星是密度最大的星体。它是由恒星演化而成，是质量没有达到可以形成黑洞的恒星衰老到寿命的终点，发生超新星爆炸后，塌缩成的一种星体。

④UI：也叫前端UI。UI是User Interface的缩写，意为用户界面，指软件或系统与用户之间进行交互和信息交换的媒介。前端UI即指软件或程序的系统界面，一般由多个不同的基本元素组成，比如网页、微信小程序的界面。

PART 38

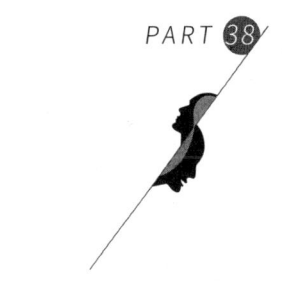

潘多拉的沙盒

感应性精神病是一种神奇的情况，就是假如一群人和一个精神病人在一起待久了，全都会出现和他一样的症状，大家甚至会产生一致的妄想。

这种精神病高发于教育落后的地方，教育和知识是对抗它的最好办法。

但如今出现了很多非常特殊的案例，也就是这种精神病的原病例，即我们通常说的母病例。他们是高级知识分子，煽动性非常强，他们把妄想系统进行加工之后，形成了一个强大的理论体系，就算是正常人也很容易被迷惑。

之前把痛苦分解成十四种感觉的女病人，就属于这一类。我和她沟通完之后，用了很长时间才恢复理智。直到现在，我还会经常梦到她，并且看到她身上有一种模糊的神迹，她似乎已经战胜了癌症的疼痛。

今天我要采访的这个病人，也是一个高危的母病例，所以我们一共有六个人参与这次的采访。这次采访事先经过了家属和他本人的同意，但让我觉得毛骨悚然的是，他的家属偷偷暗示我，一定要把他救出来，他是无辜的。

"那个游戏我卸载不掉。"他一开口，就直接对我说道，"无论用什么方式卸载，都卸载不掉。"

"是那个沙盒游戏吗？"

"对的。"

沙盒游戏是一种自由度很高的游戏，玩家登录后，可以自由探索游戏世界。游戏中的地图是随机生成的，非常大，可以狩猎，可以打怪物，也可以收集建筑材料搞建筑。

这种游戏没有固定的玩法，玩家可以在游戏中自行选择适合自己的模式。有很多玩家都在游戏中建设了一个城市，并邀请同伴联网进来玩耍，还有很多玩家在游戏里不断探索地图，囤积金矿和宝石。同时，人性也在这种游戏里得以放大。虽然其画面目前来看还不算特别精良，但其自由度之大，几乎可以让人实现所有现实生活中无法实现的事情，所以玩家众多。

"卸不掉就卸不掉嘛，没有那么重要吧？"我问道。

"在现实生活里，如果我要卸载一个游戏，能不能卸载掉？"他问。

我点头，这不是轻而易举的事吗？

"但我现在无法卸载，你怎么解释？"他又问。

"可能是病毒。"我回答道，"有些恶意软件会自动帮你下载游戏，你删了，它就给你下载，你再删，它还会给你下载。"

事实上，在他的电脑桌面上，根本就没有这个游戏图标，只有被他传染的人才能看到这个图标。他所谓的在玩这个游戏，也只是对着一个空白屏幕，不停地点击鼠标，其实根本不存在游戏界面。

"我说了，它无法删除，那个图标会出现在我能够打开或是看到的任何一个电子设备上。手机上、网吧的电脑上、电动车的中控屏幕上、手提电脑上，甚至是外面的电子广告牌上。"他说道，看起来很崩溃。

"它是一直跟着你的？"我问。

"对，它就是要让我点开这个游戏，去玩这个游戏。"他看着我，"你去问问其他人，他们都看到过，只要是被这个游戏控制的人，都是这样。"

"那这个游戏，具体是一个什么样的游戏呢？"

"那个游戏叫《我的世界》，就是一个普通的沙盒游戏，和其他的沙盒游戏没有太大的区别。"他说道，"里面全部都是草原，可以伐木、开矿、收集石头、宝石及各种金属矿石。当然也有怪物，入夜之后，会有各种怪物出没，袭击人类。"

"如果是这样的游戏，那么就算这个图标永远都存在，也不会影响你的生活啊！"我感到有些不解。

"呵呵，是吗？"他冷笑了一声，看着我，"如果在你的生活中，总是会出现一个按钮，每当你坐下来之后，它就会忽然出现在你面前的桌子上、地上，你能一直忍住不去按它？"

"这个……"这还真不好回答，我从来没想过这个问题。

"我告诉你，只要是个人，就做不到永远忍住不按。他一定会在某一天心情崩溃的时候，按下这个按钮。"他笃定地说。

"那又如何？只是一个沙盒游戏而已，你打开了，玩就行了。"我还是不理解，为什么他会如此害怕一个沙盒游戏。

"我玩了。但就是因为玩了，才会有问题啊。"他依旧看着我，说，"只要你玩了，你的生活就完了。"

"为什么？"我越来越迷惑了。

"我和你说一下我玩这个游戏的经过吧，听完你就明白了。"

我点头。他开始说道："我忍不住进到游戏里后，发现里面全部都是草原，然后晚上会出现怪物。我之前也玩过沙盒游戏，所以我知道游戏里的时间很重要，而且这个图标老是出现。一个一直出现的东西，本身就很诡异，所以我不敢死，你明白吗？我是一个很谨慎的人。"

"我明白。你觉得这事很诡异，害怕主人公死了，你也会死。"我表示理解。

"对，电影里不都是这么拍的吗？所以我特别害怕。我就用最谨慎的态度去玩这个游戏。到了晚上，我就在地上挖一个洞，并在洞口插满火把；白天我就拼命地收集食物，去找地种麦子。第一周，整整一周的时间，我全都花在了食物储备上。"

"就没有什么特别的事情发生吗？"

"没有，就和普通游戏一样，完全一样。所以那一周之后，我胆子就大了起来。因为在这个游戏里，人物从高处跌落会受伤出血，但是现实中的我并没有受伤。于是我意识到，游戏角色和现实中的我没有联动，也因此开始放松起来。"

"然后呢？"按照故事的一般发展规律，接下来可能要出现意外了。

"然后，我就准备了充足的食物和水，开始小心翼翼地探索，地图里有一片很大的草原，我就白天赶路，晚上挖洞休息，一直走一直走。终于，我发现了一个村子。"

沙盒游戏里会有已经建好的村庄，里面有NPC（非玩家角色）居住，可以和NPC进行交易，也可以掠夺他们。

"我进入村子里休息，发现这个村子的主建筑特别奇怪，是一个立方体，很大。我从外边砸了一个洞进去，发现里面竟然是一座现代化的建筑，和我现实中的公司所在的建筑一模一样。"

"然后呢？"

"然后我就看到，在游戏里的这个公司里，在我的工位上，有一个和我一模一样的NPC正在打游戏！"

"这确实有点惊悚，游戏也是同一个吗？"听到这里，我越发好奇这个故事的走向了。

"是的，同一个游戏。我觉得很神奇，就去和他对话。结果，这个和我一模一样的NPC只和我说了一句话。"

"什么话？"

"他说，你终于来了，那我就可以出去了。"

"什么？"我大吃一惊。

"他说，你终于来了，那我就可以出去了。"病人看着我，又重复了一遍前面那句话，然后继续说，"接着，他就开始追杀我，比任何怪物都凶猛。我开始跑，但他疯了似的追我。我逃出那个立方体建筑，他也追了出来。我就一直跑一直跑，他也一直追一直追，一直到晚上，他在野外遭到怪物攻击，我就趁机逃脱了。"

"那还好。"我替他松了口气。

"但是在晚上逃跑是非常危险的，我在当天被怪物杀了。"他接着说道，"我在那个时候才发现，原来我的复活次数是有限的，一共只有十次。于是我又开始慌起来了，我意识到，我确实会因为这个游戏而死亡，只不过我有十次复活的机会而已。等我彻底死亡了，他就会出来替代我。"

"那这次复活之后你做了什么？"

"复活后，我立即挖洞躲了起来，一直等到天亮。我从洞里出来之后，发现他已经不见了，我以为我摆脱了，结果没多久，他又出现了，我只得继续逃。到了晚上，我再次逃脱，但是又遇到怪物被杀死了。此时我只剩下八条命，我终于意识到不对劲了。"

"这种情况会周而复始。"我也意识到了其中的问题。

"对，他能感应到我的位置。白天我不能出来，我一出来就会被他发现，所以我那天就没有出地洞，一直在地洞里躲着。我原本想着只要不出洞，就可以一直僵持下去，我就暂时安全了，结果不行，只要游戏时间到了白天，他就会立即找到我，还会把我从洞里挖出来。这一次我又被杀了，只剩下七条命。这时，我意识到不能再这样了，我需要战斗，不能仅仅只是逃跑。

"我开始准备装备，然后在第二天和他对打了三分钟，我一边补血一边打，但根本打不过，他的血量特别厚。我的命也只剩下六条了，我慌了起来，开始和身边的人说这件事情，还交代了后事，因为我觉得自己要完了。结果我发现在我说完之后，身边竟然有好几个人慢慢地也能看到那个图标了，于是我就说服了他们进来救我。"

"整个过程持续了多久？"我问道。

"等我组织起一支五个人的队伍时，我已经只剩下三条命了，这个过程用了两三年吧。"他说道，"当然在这个过程中，我还是采取了很强大的防护措施的。每当游戏里的时间到了白天，我就立即把地洞挖得更深一些，然后把挖好的石头往上堆，堵住来路，并在石头堆上面浇上岩浆。这样的话，他追过来所花费的时间就会比我自己挖洞的时间要长，我就可以逐渐和他拉开距离，让他无法追上并抓到我了。但是现在，我已经挖到基岩层了，无法再继续往下挖了。我就利用时间差，在四周做了无数的岩浆陷阱，只要他追过来，碰到陷阱就会马上死掉。我用这个办法和他不断地周旋，坚持到了现在。"

"那你的同伴呢？"

"他们和我一起组队围剿他，一共围剿了两次，两次我们都被'团灭'了，所以我现在只剩下一条命了。最可怕的是，那些NPC也开始抱团出现了。最后一次被'团灭'，就是我们被这些NPC围攻了。"他说道，似乎又回忆起当时那种筋疲力尽的感觉。

哦，我摸着下巴想，确实会有这种发展。

"不过，这些NPC见面之后，也会互相攻击。"他说道，"所以现在的

191

局面非常混乱。我的朋友们在游戏里，一直帮我架设陷阱，我则躲在所有陷阱的中间，因为我只剩一条命了，只要再死一次，我就完了。"

"你是说，NPC在攻击你们的堡垒，而你们在不停地防御？"我问。

"我们在基岩层修建了农田，种了树，还养殖了很多动物，然后不停地修补陷阱，苟延残喘。大家的复活次数越来越少，因为做陷阱的时候很容易出现失误，把自己弄死。"

"所以？"我似乎猜到了他的想法。

"我需要电脑和他们并肩作战，而不是在这里坐牢。"他恳切地看着我，对我道，"我愿意接受采访，也是这个原因，你可以想办法帮我弄一台电脑吗，我要战斗到最后一刻。"

我看着他，试图跟他说明这些都是不存在的："你有没有想过，这些都是你的妄想？"

"有那么多人和我一起玩，怎么可能是妄想？"他完全不信我说的。

我还想解释，边上的医生就摆手，示意我不要白费力气。

我忍住没有再说，病人就抓住了我的手，在我的手里画了一个X，说道："那个游戏的图标，是一个红色的X，中间有一个绿色的点。你如果在电脑上看到了，进入游戏，输入一个号码，就能进入我的基地。所有只剩一条命的人，都在里面的中心位置。你第一次进去的话，有十条命，可以保护我们。"

我点点头，因为他说得太诚恳了，我不由自主地就答应了下来。

"记住，如果你能看到图标，一定要进入游戏，并且把这件事情告诉更多的人。你要相信，会有越来越多的人看到这个图标的！！"

"好，我答应你。"为了把手抽出来，我只得答应他。

他一直看着我，直到我走的时候，他还在冲我比画X。

当天晚上，我打开电脑准备记录这个故事，在屏幕亮起的瞬间，我似乎真的看到了一个红色的X。后来仔细看才发现，这只是壁纸上的一个花纹而已，但我还是惊出了一身冷汗。

这真是可以写成长篇小说的题材。

我后来向医生讨要了地址，去了他家里，他家里的人就让我看他的电脑，里面确实什么都没有。那是一台空电脑，没有安装任何游戏。

PART 39

九世渣男

这个男病人的妄想症状非常轻微,但是病情一直在恶化。

他的症状非常简单,就是当他来到一个地方的时候,会逐渐感觉到,在这个地方曾经有一个人等过他。

这种感觉类似于,他和对方有一个承诺,约好在这个地方见面,这个约定对于对方来说十分重要,但是他竟然忘记了,等到多年之后故地重游,他才忽然想起来。

当然,他之前根本没有到过那些地方,也不认识那些地方的任何人。

在一个地方待的时间越长,他的症状会越明显,并会产生极大的内疚情绪。为了缓解这种情况,他无法长期在一个城市居住,需要经常旅行。

如今因为药物的影响,他的病情相对得到了控制。但按照他自己的说法,他在医院里待了很长一段时间之后,发现药物控制的只是他的心情,而不是病情。他的情绪非常稳定——因为药物的基础作用就是稳定高亢情绪和低落情绪——但那种奇怪的感觉依然在发展,甚至出现了更多的细节。

"是我经年累世的业。"他说道,"我时常在想,这些感觉应该来自我的前世。"

"是因为前世的你在那些地方失约过?"我问道。

"是的。"他说道,"这种内疚感刻骨铭心。我想,对方应该都是女人。"

"你觉得在那些地方等你的,都是女性?"

"嗯。"他点头道。

"这些地方,现在一共有几个?"

"数不清了。"他说道。

"那你上一世,很忙喽?"我调侃道。

"并不是单纯地指上一世,是我之前的很多世,经年累世造成的。"他说道,"啧,我也不知道我一世一世的到底都在做什么。"

"每一世都是女孩子和你相约,结果你都没有赴约?"我问道。

"对,那种内疚感非常深刻。所以我觉得,她们大部分人应该都把未来的希望,甚至是生命交给了我,等我带她们走,但我都没有去。"他说道。

我听着,竟然有点生气起来。

他看着我的脸,问我:"你生气了?"

"嗯。"

"并没有前世这种东西,我这些都是妄想。"他看着我说,"你看,人类的情绪多么容易被影响,连你都心生怨恨,我自己的内疚只会让我更加不安。"

我惊了一下,立即意识到他是对的。

"那你觉得自己现在的内疚感有了越来越多的细节,那些细节是什么?"我继续问道。

"我发现我的失约是故意的。"

"什么意思?"我疑惑地看着他。

"我发现我很享受给予人希望,然后忽然全部收回的那种感觉。"

他的脸上显出一种复杂的矛盾感。

"你仔细说说。"

"没有什么好说的,其实就是那种内疚的背后,有一种快感。"

说着,他伸手撸了一把脸,似乎这样就能够把那些东西揉搓拉扯出来了。

"这是你慢慢品味出来的?"

"是的。"他说道,"如果不是妄想,那我应该是一个彻头彻尾的混蛋。"

我沉默了一会儿。这人在现实中并没有恋爱的经历，不仅不是一个混蛋，还是一个公认的好人，是那种可以为了他人牺牲生命的好人。

"再说得细一点，"见我沉默了，他接着说道，"好像内疚对于我来说，并不是完全的痛苦，我一直在尝试品尝内疚背后的东西。"

"那是什么？"我问道。

"压力。"他说道，"医生说我可能是压力型人格，就是必须处于高度压力之下，才能维持活力，否则就会枯萎，产生精神类疾病。"

"内疚是一种压力吗？"我有点困惑。

"是的，当然是一种压力，人总是想要摆脱内疚状态。"他说，"但是如果无法逃避，内疚持续到了一定程度，就会发生变化。"

我第一次遇到可以把自己的状态分析得那么细的人。

"极致的内疚，会发展成无畏。"他说道，"那个时候，我不再害怕任何失去，也不在乎任何道德，我会进入一种无我的状态。"

"什么意思？"我不是不懂他这句话，而是不懂他到底想要表达什么。

"就是我自己已经不重要了，整个人直接进入空明的状态，并且开始能够专注于一个目标。"

"就像很多父母丢失孩子之后，情绪完全崩溃，然后会进入心无旁骛的调查中，持续几十年？"我举了一个例子。

"对，会进入高度专注的状态，感受不到自己，没有痛苦，只有行动。"他依旧看着我，似乎想从我这里找到一些认同，"我可能对这种状态上瘾。"

我陷入了困顿，不知道该如何理解。

说实话，我和他没聊多久，就无法继续下去了，除了他的妄想有点意思之外，和其他人相比，他的故事是有些无聊的。

我礼貌地点头，草草结束了采访。

"很多精神问题，其实会发作在道德水平高到有强迫症的人身上。"午休的时候，医生告诉我，"因为人无法一生都维持极高的道德状态，总有失手的时候。在那种情况下，因为本身对于道德的执念，所以他无法接受自己，并开始产生恐慌，害怕别人发现自己的过错，从而惶惶不可终日，最后产生妄想或者抑郁。"

"事实是什么？"我问医生。

"事实就是，他所恐惧的道德瑕疵、内心之痛，都是人之常情，别人知道了只会觉得，这有什么，每个人不都是这样吗？"

这个病人，医生一直觉得他处于极高的道德状态。

这种内疚是真的，当然并不是因为他是"九世渣男"，所以今生内疚，而是因为他内心有一个秘密，这个秘密才是他内疚的真实动因。但是他无法面对这个动因，又需要惩罚自己，于是就出现了强迫性妄想。

他有一件自己无法面对的亏心事。

"把罪过强加给别人，"医生说，"普通人都是这么干的，我们认为这是有效的自我保护。当然，这不利于自我认知的突破，但有利于心理健康。然而，道德标准极高的人无法这么做，因为对别人不公平，所以他们就开始自我压迫。"

人总会不由自主地想要逃避压力，但道德有时候又让人无法逃避，这时，人会转而寻找一种最高压力的状态，通过自毁的方式，破罐子破摔地把压力增加到极限。

"最终达成了另外一种平衡。"医生说道，"最高压力之下，如果他还没有毁灭，就会进入一种悬浮的境界里，也能得到平静。"

"但是已经自我毁灭了。"我明白了。

"嗯，是的。"医生说道，"搞不好就会有点精神问题。"

"是什么亏心事呢？"我喃喃自语。

"你永远不会知道的。"他说，"大概率是小事。"

"会不会他就是个九世渣男呢？只是我们现在还无法理解。"我耸了耸肩，说道。

"不可能，"医生和我对视一眼，"那是妄想。"

今日精神状态 / 摆烂 or 卷起来！

为什么有些时候，
人对自己生命价值的预估
会低于很多身外之物呢？

今日精神状态 / 毁灭吧！人类 or 爱与和平

『你不明白。』他看着我说道,
『我的世界比较简单。』
『简单就是好的吗?』

今日精神状态 / 抑郁 or 还可以苟下去

到底什么才是最重要的？

人类总是把自己想要的，
变成所谓的最重要的。

今日精神状态 / 带薪摸鱼 or 努力搬砖

我对『社恐』的人天然就有好感,因为我也是这一类人。

今日精神状态 / 麻了 or 再来亿次

"这太牛了,你们是相爱的,不对,不是你们,是你一个人。"

"我和她就是两个人,不是一个人。只是她在镜子里面,我在镜子外面。"

今日精神状态 / 熬夜冠军 🏆 or 早睡早起

『大概从四岁开始,我就能听到云里的声音。叮叮当当的,每朵云都不一样。』

今日精神状态 / 今天的我不想努力了 or 坚持

"这种云的声音,就像某种哨子,很轻微。即使是幻觉,我的幻觉也很浪漫,对吗?"

今日精神状态 / 间歇性想脱单 or 离我远点！

后来,每逢我走在路上,或是出差,尤其是到了南方地界,看到壮观的云的时候,耳边都会响起他的口哨声。

今日精神状态 / 摆烂 or 卷起来！

"这到底是什么病？"我问医生。

医生说："有时候，来这里的病人，不一定有病。"

今日精神状态 / 毁灭吧！人类 or 爱与和平

深度凝视自我的时候,我会忽然觉得,我这辈子也只是在**扮演**一个正常人而已,这让我毛骨悚然。

今日精神状态 / 抑郁 or 还可以苟下去

"优秀的人都是很相似的,
但平凡的人就多种多样。"

今日精神状态 / 带薪摸鱼 or 努力搬砖

「他们和其他去医院看病的普通病人一样。把精神病人区别于其他病人,等同于把他们看成怪物。」

今日精神状态 / 麻了 or 再来亿次

"写小说本身就是一个偷窃读者心中的素材，引导读者自行去构建世界的工作。"

"所有的好作家都是高明的小偷。"

今日精神状态 / 熬夜冠军 🏆 or 早睡早起

那么真实的自己是什么样的呢?
我不停地寻求他人的评价,
想借此求证自己到底是一个什么样的人。

今日精神状态 / 今天的我不想努力了 or 坚持

"因为眼前的**痛苦**而宁愿放弃未来，
也是人类的一种特质。
但它和痛苦一定会过去是不冲突的。"

今日精神状态 / 间歇性想脱单 or 离我远点！

『人生如戏，大家都在演，到底有几个真正的体面人呢？』

『每一代人都有属于自己的一些破事。』

今日精神状态 / 摆烂 or 卷起来！

很多事情不做会**死**，很多事情不做会**痛苦**，很多事情不做会**难过**，因为死、痛苦、难过，所以我们被**一点一点**地训练成了为**逃避**这些而生活。

今日精神状态 / 毁灭吧！人类 or 爱与和平

我表明身份之后，他立即纠正了我：『我并不在医院里，这里是一个监狱。』

今日精神状态 / 抑郁 or 还可以苟下去

一个人想知道自己死后别人会如何反应,

多半是把自己想得太重要了。

今日精神状态 / 带薪摸鱼 or 努力搬砖

人不算什么,人能感受到的东西太少了,其实这个世界远不止你看到的那些。

今日精神状态 / 麻了 or 再来亿次

把一首歌听很多遍，去一个餐厅吃很多遍，去一个旅游景点玩很多次，
但多巴胺会在这个过程中磨损，慢慢地就不再分泌了。
接着就是漫长的等待，**等待**这些东西复活。

今日精神状态 / 熬夜冠军 🏆 or 早睡早起

『人总会觉得自己不一样。』

今日精神状态 / 今天的我不想努力了 or 坚持

上班和堵车,我觉得世界上可能没有什么人会喜欢这两件事情。

"你是怎么解决的?听交通广播吗?"

"不是,我会让财务在每天早上往我的账户上打钱。"

今日精神状态 / 间歇性想脱单 or 离我远点！

『我们就是为了触及天堂，才建设的这一层一层的塔啊。

但人的欲望永不满足，有了死就想永生，有了永生就想安息。』

今日精神状态 / 摆烂 or 卷起来！

在电视剧、电影里面，老总都是二十四小时谈恋爱的，你在现实中找个老总谈恋爱，让他关机二十四小时试试？

今日精神状态 / 毁灭吧！人类 or 爱与和平

『所有的戏剧和小说都是谎言，只是用来掩盖自己无聊人生的工具而已。』

今日精神状态 / 抑郁 or 还可以苟下去

"你虽然现在名义上是在采访我,却一直在问关于你自己的问题。其实你只是在拿我做镜子,不停地照镜子观察自己。"

今日精神状态 / 带薪摸鱼 or 努力搬砖

我心里很明白，当我发病的时候，谁会原谅我谁不会。

那些愿意原谅我的人，并不是因为我是病人，而是因为**宽容和爱**。

今日精神状态 / 麻了 or 再来亿次

这个名为"社会"的机器，按周期运转，井然有序。
而**精神病人**就是那一颗边缘有一点点**磨损的齿轮**，他挂在社会这台机器上，非常勉强，一旦从机器中**跌落**，就意味着**毁灭**。

今日精神状态 / 熬夜冠军🏆 or 早睡早起

『嗯，我们是被地球领养的，地球只是我们的后妈。但它还是爱我们的。』

今日精神状态 / 今天的我不想努力了 or 坚持

"我不是疯子,我只是和你们不一样。"

PART 40

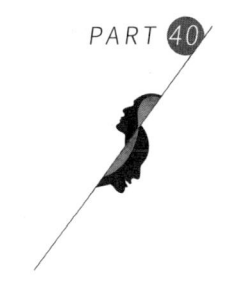

一个进展中的病人

"她一直说家里的房间在变多。"在我开始采访之前,女医生在边上和我这样说。

女医生是一个很厉害的聊天终结者,她喜欢高效率。自从经历了之前"黑色少女"的漫长采访之后,她每次都会在采访之前,提前剧透一些信息给我。她希望我能够因为这些剧透而提高效率,从而缩短采访的时间。

我看着眼前的女病人,这是一个胖胖的女性,之前是做房地产的。我进去之后,她起身给我倒水,还拿出了水果,表现得非常正常,甚至让人感到一丝温暖。

"这一切是怎么开始的?"我喝了口水,拿出纸笔,开始正式进入采访流程。

"是做梦。"她说道,"一个连续的梦,持续了有七八年时间。"

"听说这个梦和你的房子有关,是在杭州的房子吗?"

"不,是我老家的房子。"她说,"虽然是老家的房子,但那幢房子我从来没有见过。在我的梦里,那是一幢五层楼的房子,比我老家真实的房子要大,而且是木头结构的。可奇怪的是,我对那幢房子很熟悉。"

"在那个梦里,房子和你之间产生了什么关系?"我接着问。

"没有什么特别的，我就在房子里正常生活，另外还有我哥哥、我爸妈、我妹妹，家里所有人都在。这个梦唯一的不正常之处，就是我总是在快醒的时候，发现房子里多出一个房间。"

"每次都是在快醒的时候？"我摸着下巴，也感到有些不可思议。

"是的，每当我开始对这个梦产生疑惑的时候，我就醒了。"病人微微叹了口气。

"之后呢？你说这个梦是连续的。"

"是的，所以我下一次再做这个梦的时候，会意识到这个新房间的存在。"

"那你进去探察过吗？"

"有，我带着哥哥去看新的房间，但那只是一个普通的房间。我记得第一次去探察时，多出来的那个房间是一个储藏室，那个房间本身没有什么问题。"她一边回忆，一边说道，"只不过在梦里，我和家里人是不说话的，所以看了这个房间后，我也没有办法和哥哥讨论。"

"然后呢？"

"然后我在梦里会忽然意识到，这是不是一个梦啊，接着就不去在意了。"她说道，"结果，在这个梦快要结束的时候，我会发现家里的某个角落里又多了一个房间。"

"每次做梦，都是这种情况？家里不停地出现新的房间？"我好奇地问。

"是的，现在在那个梦里，我的家已经变得非常大了。"她看着我，有些无奈，"到处都是不知名的房间，一不小心就会迷路。"

"这是因为你每次做梦都会多出一个房间，经年累月导致的。"我想了想，替她总结了一下。

她点头，示意我喝水。

我喝了一口水，又问道："那这个梦的基调，可怕吗？是一个噩梦，还是其他基调的梦？"

"梦很平和，没有任何基调。"她第一次显露出苦恼的表情，"其实我找过专门解梦的人，他说房间变多是因为我家里的人口太多了，我想要更多的生活空间。但现在，这个房子变得太大了，人在里面很容易迷路，已经不适合居住了。"

"到目前为止,这个梦还在继续吗?"

她想了想,说:"是的,但是在前年的时候,我发现房间不再变多了。或者说,它还在变多,但是我发现不了了。"

我明白她的意思,因为房间太多了,所以再多个一间两间的,也根本数不清楚了。

"如果我每天去数那些房间,那我在梦里就什么都干不了了。"她说道,"不过,当我察觉到房间不再变多之后,房子里又出现了新的情况。"

"什么情况?"

"我发现在家里那些多出来的房间里,有些房间里出现了有人生活过的痕迹。"她看着我,语气忽然变了,"有我家里人之外的其他人,生活在我家里。"

我皱起了眉头,问:"此时,这个梦的基调,还是平和的吗?"

"稍微有点不对劲了。"她对我说道,"不过我不害怕,我只是非常疑惑,为什么会发生这种事情?而且家里有陌生人居住,多少会有点不舒服。"

我摸着下巴思考。她又说:"梦现在就到这儿了。"

"那在你现实的家中,是什么时候开始出现门的?"女医生忽然在边上问道。我这才意识到事情并不只是做梦那么简单。

"去年过年的时候。"病人的表情忽然扭曲起来,看着我,声音也有些激动,"我在家里做饭,忽然看到厨房里多了一道门。那道门,和我梦里的房子中多出来的那道门一模一样!"

"你是说,梦里的事情在现实中发生了。"

"对,按您说的,基调,对,基调就是从那个时候开始变的。"病人声调不稳,略带颤抖地说道。

在梦中无论发生多么不合理的事情,大脑可能都无法察觉到诡异,但是如果同样的事在现实生活中发生,就完全是两种概念了。

"你打开过那道门吗?"

"我不敢。"她的声音又变得沮丧起来,"我问了我哥,我哥根本看不到那扇门,所以我没有打开过任何一道门。"

我沉默了一会儿,继续问道:"只有那一扇门吗?"

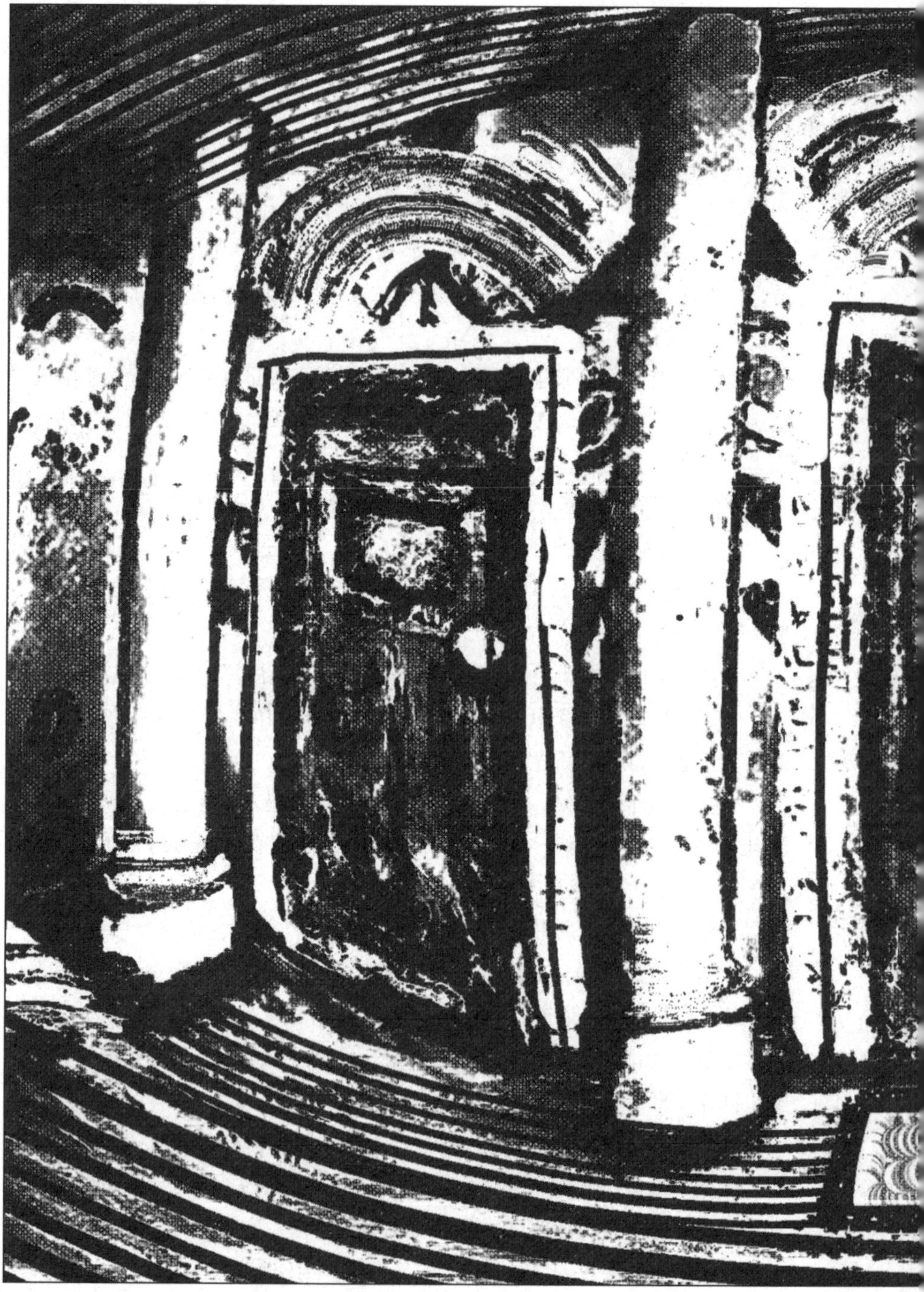

201

"直到我去医院,也就是他们说我有病之前,家里已经多了三道门了。"她说道。

我忽然侧过头看了看她的房间,那个举动让她有些惊恐,但她似乎在努力克制情绪,没有过度的反应,我问道:"那你在这里住院,这里出现过多余的门吗?"

"没有。"她摇摇头,说道。

"所以,门的事情,目前只发生在你的家里?"我又问道。

"是的。"她点点头。

我继续环视她的房间,发现她慢慢平静了下来,从脸上的表情到身体所有的细微动作,在我转动头部的过程中,都没有发生任何变化。这个房间里应该没有多出来的门,刚才她一瞬间的惊恐,应该是以为我看到了什么。

她有点像是惊弓之鸟了。

我起身向她道谢,谢谢她愿意参加采访。因为她的病情还在发展中,所以尚且有很多谜团,女医生也没有给出太多的结论。

临走的时候,我叮嘱她:"如果在这个医院里出现了门的话,请你一定和医生说。"

她点点头,答应了。

回到医生办公室里,女医生看着我,让我说说我的结论。

"你们是专业的,为什么要听我的结论?"我问道。

"因为你有一定的天赋,而且你不太容易受精神病人思绪的侵扰。"她说道,"这个地方有一种气场,思维正常的人特别容易受到影响。"

"怎么感觉你的意思是,我特别不正常。"我开玩笑说道。

"毕竟你以这些离奇扭曲的故事为乐。"她也笑道。

我身边的人也经常有这种误解,以为我喜欢写这些故事本质上是因为我很享受这些故事。

"我觉得门不是关键。"我开始分析道,"她的哥哥才是关键,因为她提及门的所有场合,同时也都提及她的哥哥。"

女医生的眼里露出了一丝赞许。

"所以门应该只是一种掩盖她真实意图的方式,她所说的门,其实是关乎她哥哥的。"我说完,又问道,"她有几个哥哥?"

"我不知道。"女医生说道,"你的意思是,通过门这种方式?"

"门连接的是她的哥哥,我觉得和她对哥哥的感情,以及她哥哥恋爱的时间有关。另外,家里出现的陌生人,是否也和哥哥的恋爱有关。这应该会是突破口。"我对女医生说道。

"你有自己的推论吗?"女医生不置可否,只是继续问我。

"我的推论只是小说家的推论,不算客观,你们的推论必须要有证据。"我对她说道。

她笑着看看我,忽然就说道:"你只说对了一半。"

"哪一半?"我其实有些得意,觉得自己有天赋。

"她没有哥哥。"女医生说。

我愣了一下。

女医生继续说道:"她只有一个妹妹,她被家里人送进来,是因为她从小就认为自己有一个哥哥。"

我震惊了,忽然觉得自己的自信心有点崩塌。

女医生又说:"我告诉过你,在这里,不要去相信表面的东西。"

我支支吾吾,完全没有了先前的得意。

"但你确实也敏锐地感觉到了,在她的叙述中,她哥哥的重要性。"女医生开始在病历上做笔记,"确实,门和哥哥有一定的玄妙关系,我会继续找出内因。"

听完女医生的话,我恍惚了好一会儿。

有相当长一段时间,我觉得自己特别了解这里,但此刻我才意识到,在得到最终答案之前,一个精神病人的世界是多么扑朔迷离。

PART 41

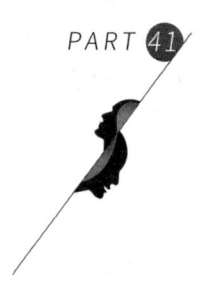

冒充者综合征

　　Impostor syndrome，中文叫作自我否定倾向，又称冒充者综合征。这是我所有的病症中最严重的一项，也是医生花最长时间对我进行干预治疗的一项，他认为我的躁郁症起源于这里。

　　冒充者综合征的本质是不断循环地进行自我否定。回想起来，最初开始写作的时候，就有前辈作家一直在强调我获得成功的偶然性和运气成分。如今想来，这应该是我产生自我否定的起点。

　　这种症状让我觉得一切成功都是靠运气，自己并没有外界所认为的那么优秀。我感觉自己一直在扮演一个和内在完全不同，本质上能力缺失，一切都靠运气的人，甚至对工作和世界的理解也全部都是片面的、虚假的。

　　那么真实的自己是什么样的呢？当自我否定开始循环之后，我便不停地寻求他人的评价，想借此求证自己到底是一个什么样的人。

　　在这个过程中，我对积极的夸奖视而不见，却对负面的评论极度在意，用负面的评价不停地论证"自己真的是在欺骗外界"。

　　这种循环一旦开始，情况会不断恶化，最终让人深信自己的一切都是一个精心编织的骗局，自己是一个彻头彻尾的骗子，并承受着骗局随时会被戳穿的巨大恐慌和压力。

在这种压力下，人非常容易产生抑郁和狂躁情绪。

医院里也有一个有类似症状的病人，医生在对我进行正式治疗之前，让我对这个病人进行了采访。

这个采访给了我一个了解自己的巨大契机，因为我的身份被强制对调了。在治疗的时候，是医生提问，我来回答；而在采访的时候，则是我来提问，病人回答。

我必须站在医生的立场上，以"理中客"的态度，去和对方聊天，这犹如和镜子里的自己对话一般。

这个病人几乎已经痊愈了，他并不是住院病人，而是来复诊的。医生当时和我说的是让我帮忙诊断这个病人，但实际上他是想通过这个病人来解决我的问题，还事先征求了他的同意。当然，这些我都是后来才知道的。

有点绕，总之，和这个病人接触的整个过程，我都感觉像是在和自己对话一样，这种自我审视在后来也拯救了我。

"最强烈的感觉就是，我无法维持多久了，我根本没有别人想的那么优秀。"他看着我，说道，"这种强烈的感觉所带来的后果就是，我需要非常用力地去处理人际关系，以求尽可能地维持这种局面。"

"可是你工作这么多年以来，同事对你的评价一直非常好，大家都对你印象深刻，并且很愿意服从你。"我一边看他的资料，一边说，"但你却觉得自己是一个骗子。"

"因为我很清楚，骗局维持的时间越长，被识破的概率就越大，所以我才会越来越恐慌。"他说道。

"你工作了六年，六年的时间里，骗局都没有被识破。你有没有考虑过，这一切也许不是一个骗局呢？也许你真的很优秀呢？"

"不，我自己的感觉是精疲力竭。在这六年时间里，我度日如年，到了最后，我的心态就变成了能骗一天是一天。"他苦笑着说。

"其实，你是在期待骗局被揭破的瞬间，对吧？"我问。

"是的，因为那一刻我就可以彻底放下，我心中的疑惑也可以得到解决——我果然是一个骗子。"

"所以最后的失败，你认为是自己应该受到的惩罚。"我十分理解他的感受，于是干脆替他说了下去，"所以在最累的时候，你不但不害怕失败，反而会去追寻失败。"

他点点头，有点惊讶地看着我，显然，他完全没有预料到我能精确地说出他心中的想法。

"当然，我甚至还寻求死亡。死亡对于我来说，要好过骗局被识破。"他补充道，"如果是在骗局被识破之前死亡，这个骗局就会变成薛定谔的骗局，永远成谜了。"

我继续翻看他的资料，他在公司里一直是开荒牛一样的存在，哪里的业务容易失败就去哪里。结果就是，他每仗必胜，这个公司几乎有一半的江山都是他打下来的。

"可是你每次抱着寻求失败的心态，反而都把事情做成功了啊。"我说道。

"那是因为运气。"他说道，无奈地叹气，"因为各种狗屎运。"

我看着他的履历，觉得如果有这样的狗屎运，给我也来两三吨吧。

"其实换一个角度来看，人的运气也属于能力的一部分，人不应该抗拒运气。"我说道。

但说这句话的时候，我的表情很不自然，因为我内心是不认同这种理论的，我希望自己取得的所有成功都可以去掉运气的因素，可以完全计算出成功率。

"我不认可这个。"他立刻否决道。

"为什么？"我想听听他的理由。

"我喜欢做百分之百稳妥的事情，或者成功率是零的完全不稳妥的事情，我最不喜欢做的就是有可能成功，也有可能失败的事情。"他说道，"我也不知道为什么。"

其实我知道，我十分理解他。因为百分之百稳妥代表着我的骗局能百分之百维持下去，而成功率是零则代表着即使我失败了也情有可原，骗局依然可以维持下去。或者说，即使无法维持了，我对于骗局破灭也早有预期。

我最恐惧的就是骗局毫无预警地突然破灭，我只能接受骗局不破灭或者在我的预期中破灭。

我把我的想法告诉他，他又一次露出了惊讶的表情。

"您还真是，挺懂的。"他有些感慨地说道。

"所以即使你买的彩票中了五百万，你也不觉得开心。"

"对，我模拟过这种场景，我不会开心的。"他说，"必须是依靠自己的力量获得的收入才行。"

"你想获得的收入，必须是你能预见的收入，你不喜欢无法预见的收入。"我再一次总结道。

"对。"他点点头。

我陷入了沉思，其实我也有相同的想法，但我从来没有想过，这是一种精神疾病，而且是比较严重的精神疾病，非常容易导致抑郁和狂躁。

本来我觉得狂躁症还挺酷的，现在完全不这么觉得了。

"那你是怎么改善的？"我问道。

当我开始意识到自己的心理系统是病态的，我立即开始反思健康的状态是什么样的。获得就开心，失去就难过，并能在合理的时间内消解这些情绪，这才是健康的心态。

如果强行规定自己所有的获得必须依靠努力得来，所有的成就都不能靠运气，必须靠实力取得，并且对自身的实力和所获得的成就之间的关系理解紊乱，过于相信负面评价，朝着负面认知一层一层无止境地走下去，最终只会走向自我认知的毁灭，认为自己是一个彻头彻尾的骗子。

这其实就是一种精神疾病。

"不好治疗，这个病。"他再次叹了口气，对我说道，"这是一种强迫症，你强迫性地去索求负面评价，来证明自己是一个废物，甚至会因此产生受虐倾向。因为你觉得自己需要受到惩罚，觉得自己不配过现在这样的生活。"

"但我看你恢复得很好。"

"因为我按照医生告诉我的办法，坚持用表格法来生活。"

"什么意思？"我转而看向医生。

"仓鼠治疗法，"医生解释道，"我的论文就是这个。就是每天早上，你按照理性列出当天必须要做的工作，并按照优先顺序做完。到了晚上，你再把今天的全部所得记录下来。这样你一天中会出现两张表格，一张是你完成了多少工作的表格，一张是你全部所得的表格。"

"我没懂。"我有些被绕进去了。

207

"其实就是一个电子游戏。"医生换了种说法，"你早上点几下游戏，晚上就会有收获。"

"还是不明白。"我依然没有搞清楚它们之间的逻辑。

医生想了想，干脆换了种方式给我解释："如果没有按照仓鼠治疗法生活，你每做完一项工作，一定会去寻求别人的评价。在评价的过程中，你会得到两种反馈：正向的和负向的。正向的反馈，你会认为这是你行骗的收益，并恐惧这种收益会消失；负向的反馈，则会让你继续加深自己是骗子的认知。这样，你每完成一项工作，就会受到一次情绪冲击。"

"用了仓鼠法呢？"我好像有些明白了。

"如果你所有的工作全部完成之后，因为工作量很大——这里你要明白，因为你很优秀，所以你可以在早上就完成足够多的工作量——所以来评价你的人，在看到你的工作结果之后，是没有办法立即给出评价的，工作太多了。在这种情况下，就算你寻求评价，也寻求不到。所以完成一批工作，你最多只受到一次情绪冲击。这比你之前完成一项就受到一次冲击，伤害要小得多。"

"还有呢？"我继续追问。

"工作量是非常具象的正面评价，假如你一次性提交的工作量足够大，内心多少会对自己有一些正向评价。"

我点点头，忽然明白了这是什么意思。

"如果你是一项一项提交的，那么后一份工作就像是对前一份工作的弥补，你一直在赎罪。但如果你一次性全部提交了，你就会获得成功的饱腹感。"

我表示明白了，医生转动着笔，继续道："晚上，总结你的所得。所谓的所得，不只是钱，还有感悟、思想、身边人的好意……这些都要总结。这样你就会形成一种心态，就是你知道你会被识破，骗局会被发现，但你一直在努力变成更好的人。一方面，你今天'行骗'成功，收益到手，一方面你也在努力摆脱骗子的身份。"

"有用吗，不会更焦虑吗？"我向那个病人求证。

对方点点头，说："有用。但我觉得最有用的，其实是下午的时间。"

"对了，下午做什么？"我又转过头去问医生。

"下午，也叫作游戏人间时间。"医生说道，"你上午干了足够多的工作，下午就需要足够多的娱乐，来享受你的骗子时光。整个下午，你都可以为所欲为，目的就是做有益的自我惩罚。"

"我不懂。"我脱口而出。

自我惩罚还能有益？

"事实上，得这种病的患者大多数都在持续拼搏。他会获得足够多的正面评价，但他对这些正面评价视而不见，反而会因此产生巨大的压力。因为，一方面他内心享受这种评价，不想失去；另一方面，当这种压力持续下去，他的良心会不安，那他就需要惩罚。"

我看着医生，若有所思。

医生继续说道："这就会导致两种后果，要么他需要别人来惩罚自己，他就会去惹事，表现出来就是狂躁；要么就是他自己惩罚自己，表现出来就是抑郁。这两种情绪，狂躁和抑郁，本质上都会降低社会对他的评价，都会让他的正面评价消失，让他觉得舒适。"

"自毁。"我点头，完全明白了。

医生看向病人，示意他说一下所谓有益的自我惩罚。

于是病人说道："医生建议我可以进行自我惩罚，但是要使用对自己有利的方式。"

"是什么呢？"

"就是做一些对自己有利，但是犹如酷刑一样的事情。"他说道，"所以我报名参加健美比赛。"

说着他就拉开衣服，让我看他完美的腹肌。

我"哒"了一声，不由得反问道："这个是惩罚吗？"

"这个过程绝对是一种惩罚。"他说道，"特别是第一年，简直生不如死。健美比赛本质上是一种运动，我每天早上要超负荷工作，下午还要去进行地狱般的训练，食物是世界上最无味的东西——鸡胸肉打成的汁。但是半年之后，我的心态就产生了变化。"

"什么变化？"我好奇起来。

"我开始觉得当一个骗子也没什么，真的没什么，因为喝鸡胸肉汁这个惩罚，已经远远超过了我的'罪行'应受的惩罚。同时，每天上午的规律工作,让我的事业没有走下坡路,加上下午的训练,整整一天我都像身处地狱一样,但这也使得我晚上入睡之前的总结,变得非常温馨。"

"你就开始变好了?"

"倒也没有那么容易,我只是发现,之前我觉得自己获得了成就,但是付出的太少了。而自从开始喝鸡胸肉汁之后,我意识到,我获得的成就导致我得了精神病,而治疗精神病就要喝世界上最难以下咽的鸡胸肉汁,所以其实我付出的并不少。"他笑着对我说道,"我甚至开始渴望运气,比如说,今天健身房断电,可以停止训练一天,我就会感谢运气。"

我再次看向医生,这个病人的转变让我很惊讶。

于是医生补充道:"很多精神疾病是因为长期狭隘地看待世界产生的,人们会觉得用运气获胜没意思。但事实上并非如此,你想象一下,假如飞机失事,只有你活了下来,你虽然有可能患上幸存者综合征(愧疚于'为什么是我活下来而不是其他人'),但你不会因为觉得没意思,而努力再去经历一次飞机失事,或者干脆直接无伞跳机,想凭自己的实力存活下来。"

医生转动着笔,继续说道:"所以,如果我们能同时看到运气的两面,也就是说,给我们带来成功,让我们有所得的,和让我们免于受难的,都是同一种运气,那么你就不会再抗拒运气。"

"我平时也会和别人讲我运气好的故事,把我很多次的成果都归功于运气。"病人也说道,"努力让别人了解,我做的所有事情里都有运气的成分,这会让我的内心更平静。"

他说完就看着我,医生也看着我。病人忽然有点幸灾乐祸:"我知道你可能也要去喝鸡胸肉汁了,我有点开心。"

我们都笑了。

我在那个时候意识到,这其实是这个病人对我的一次启迪。我叹了口气,问了了最后一个问题:"我知道很多人都有冒充者综合征,这是否和原生家庭导致的自卑有关?"

医生想了想,似乎在思考怎么和我解释,过了一会儿,他说:"其实是和你能承受的痛苦阈值有关。我们往最深处说,人总是会逃避痛苦的。假如原生家庭是产生痛苦的根源,那么如果你采取了错误的逃避方式,就会演变成精神疾病和性格缺陷。其实最好的治疗办法,就是勇敢地直面痛苦。"

他看了我一眼，又补充道："其实你有这样的品质，我记得你说过，你因为害怕贞子，就每天看十遍这部电影，一直看到自己开始对镜头反胃。你有这样的品质和习惯，一定可以战胜疾病。"

我和医生、病人先后握手，而后离开。目前，我一直按照仓鼠治疗法生活，除了腹肌没有出现之外，一切都在变好。

假如你对自己有任何怀疑，也可以尝试学习像仓鼠一样生活，表格化工作，贮藏幸福。

这种方法甚至可以抵抗很多宛如命运一样的坏运气。

PART 42

医生的采访

医生坐在我的对面，我们都买了咖啡，尽量把办公室布置得舒适些。

因为太熟悉了，所以在这样的状态下，我们俩都觉得有一些尴尬。

医生让我采访他，这也是我应该做的。这本书能够成形，包括获得病人的授权、家属的授权、医院的授权，有关病人的病情哪些可以披露，哪些不可以等，他帮了我很大的忙。那是一个巨大的工程。

最后确定能够发表出来的故事，和我实际上采访到的故事，在数量上其实有很大的差别。之后我还需要根据病人的隐私，以及故事的残酷程度进行改编、换形，所以最终用文字呈现出来的精神病院，其实少了很多人文悲剧，多了很多神奇的色彩。

"只要有人在关注这个群体，真正的科普作品就会有很多，你可以做一个引路人。"医生看着我的稿子说，"这个修改程度，已经不会伤害到任何人了，你不用太过担心。"

我点点头。最后自然也要对他进行一次采访，因为在精神病院里，医生是非常重要的组成部分。

当然，他并不想和我聊他自己，或是聊他的包袱。他希望这本书中关于他的部分，也和一个故事一样。

"一开始见到我的时候,你是什么感觉?"我问他道。

"傲慢。"他说道,"发自内心的傲慢。"

"我自己一直非常在意'傲慢'这个词语,也一直在努力避免。"我说。

"我看得出来,但你恐怕还不理解傲慢的表达方式。傲慢并不是在言语和态度中表现出来的,它本质上是你解决问题的速度。"他说道,"如果你能够过快地解决问题,那么你的本质就是傲慢,这和你内心在想什么没有关系。"

"是行为,不是态度?"我再次向他确认道。

"对,实际行为。"他说道。

"难道我要降低自己解决问题的速度,才能让别人觉得我不傲慢吗?"我觉得有点郁闷。

医生沉默了一下,看着我说:"真正的问题不在这里,我可以教你,但这部分我要按小时收费的。"

我笑了,我就知道,他是懒得和我聊这个。

"后来呢,相处时间长了呢?"我又问他道。

"自恋。比如说,你虽然现在名义上是在采访我,却一直在问关于你自己的问题。其实你只是在拿我做镜子,不停地照镜子观察自己。"

我顿时感觉有点羞愧,虽然我长得很奇怪,但确实是一个喜欢照镜子的人。

"好吧,这不是热场嘛。"我略带尴尬地笑了一下,说道,"我也是有采访技巧的。"

"可以了,很热了。"医生也笑了。

"好,我想知道,你是怎么看待精神病人的?"我开始切入正题。

"他们和其他去医院看病的普通病人一样。"他淡淡地说道,"把精神病人区别于其他病人,等同于把他们看成怪物。"

"做这个工作对你有影响吗?"

"一开始边界感会变得模糊。"他似乎是在回忆,"因为在这里,所有奇怪的行为都是可以被接受的,所以你会得到一种鼓励。"

"什么鼓励?"

"关于内心自由的鼓励。当你仔细看这个世界的时候,你会发现小孩子的很多行为也很离奇,他们可以随意说话、乱摔东西、发脾气。"他说道,"如果你再仔细观察精神病人,会发现很多病人也和小孩子一样。"

"比如说'龟派气功女神'。"

这是医院里一个很有名的男病人,他自称是女神,并且可以使用龟派气功消灭他不喜欢的人。他的行为完全不受控,一会儿很安静,一会儿用龟派气功攻击别人,一会儿忽然开始骂人,用词非常难听,可以说是脏话的极限。

"然后呢?"我接着问。

"你有时候会羡慕,因为你的职业、你的身份和你的年纪等限制了你的很多表达,尤其是内心中很幼稚的部分。而在这里,你会觉得有什么力量在鼓励你,鼓励你去表达内心中不合时宜的部分,然后你下班回到社会中,面对各种压力,就会尤其羡慕这些病人。"

"这种鼓励是不好的吗?"我有些不解。

"很难说啊。"他感慨道,"生活在社会中需要遵守规则,和生活在自己的幻觉里可以为所欲为,到底哪种才是真正的自由呢?"

这个问题其实也一直困扰着我。但对于我来说,不是社会和幻觉的区别,而是现实世界和虚构世界的区别。

"有开心的事情吗?比如说把病人治好了。"我换了个话题问。

"其实精神疾病很难痊愈,我们一般只称其为临床治愈,就是病人表现得和正常人一样,可以回归社会生活,可以被爱和爱别人,但我们不敢说他完全好了。"他说道,"所以与其说是治好了病人,倒不如说是病人变得积极了,开始努力配合我们了,这更让人开心,因为这往往是临床治愈的开始。另外,和病人互称朋友,也很让人开心,他能信任你,是莫大的胜利。"

我点点头,这点我很赞同。

"这个职业会被人歧视吗?"我又问。

"不会,大部分人并不知道你所做的具体工作是什么,他们只会觉得很神秘。"医生看着我,笑道,"你一开始也觉得我很神秘啊,觉得我会电击你,或者切掉你的前额叶。"

"嗯。"我点了下头,继续问道,"那么电视剧里演的那些恐怖的精神病院，都是虚构的吗？"

"当你得了精神疾病之后，你的人权是很难得到维护的。"医生和我说道，语气认真起来，"你说不清楚别人对你做了什么，被强奸、伤害、殴打，你全都讲不出来，你甚至无法理解这个世界。很多记忆紊乱的病人，连身边人到底是谁都搞不清。所以，当年在欧美很多偏远的精神病院里，那些被家属抛弃的精神病人，处境可能非常悲惨。"

他抬起头正视我的眼睛，语气依然严肃："你要明白一件事情，一些人对待精神病人是非常残忍的。如果是在战争时期，很多精神病院会因为无暇照顾病人，对病人进行人道主义清除。"

"所以你认为自己的工作非常有意义？"

"是的。"

我对他报以惺惺相惜的微笑。

"差不多了，我就说这点客观现实吧。其他的，太过敏感，就不多说了。"他说道。

"我的字数还不够，所以还得问一个问题。"我说道。

他点头，示意我问。

"在你的职业生涯里，印象最深刻的病人是哪一个？"

他仔细想了想，说道："有一个病人，他非常特别，他有戏剧性人格障碍。"

"能不能和我说一下，让我结尾？"我请求道。

"比如说，我们要去做一件紧急的事情，需要从A点到B点，一般人采用的方法，都是选择A点到B点的最短路径。"他说道，"正常人都是以快速到达目的地、解决紧急事情为第一要务，但是这个人不是。"

"这个人会怎么做？"

"他会去找一条自己没有走过的路，越偏远、越荒凉越好。"他说道，"所以，这个人永远都在迟到，大部分情况下会迟到一个小时以上，非常不靠谱。"

"这是强迫症吗？"我猜测道。

"如果不这么做，他会非常难受，但也没有到强迫症的地步。不过，如果是他一个人行动，没有人阻止的话，他基本上忍不住。"

"为什么？"我好奇地问道。

"因为他希望自己所有的时间都是戏剧性的，他需要生活在戏剧里，按部就班地做事，对他来说是种折磨。他每次迟到，都会和别人讲一个离奇的故事，描述自己是如何迷路的，这一次是鬼打墙，下一次是在林子里走着走着没路了，来了一头白色的苍狼，把他引出了林子……反正每一次迟到，对于他来说，都是一次全新的冒险。"

"是真的吗？"我皱起眉头，"他真的遇到过这些事情吗？"

"当然不是，全是谎言。"医生说道，"还有就是他身边的人，所有的下属、朋友，他都会给他们编造一个背景故事。在互相介绍的时候，他会试图让所有人都觉得对方非常了不起，是一个神奇的人。"

"就像戏剧里的人物。"我开始明白了。

"对。"医生点点头。

"这对他的害处很大吗？"我问道。

"一开始的时候还好，因为大家刚认识，都以为这个人真的非常牛，说的故事也都是真的。但是时间一长，大家都了解了真相，自然会觉得他很不靠谱。"医生说道，"为此他很难过，因为他的朋友后来也都有点看不起他了。而且，经过一段时间之后，他开始忘记很多事情的真实情况，只记得谎言部分。"

"也就是说，他真的觉得自己以往的经历是非常传奇的。"

"是的。"医生显然有些无奈，"有一次，他和别人交谈时，我就在一旁看着他们聊天。别人说的经历，都是非常朴实、贴近现实的。但是当他把这件事转述给第三个人的时候，我同样在边上听，就发现这些事情在他嘴里都变得传奇起来。他每转述一次，事情就会变得更加离奇一点，到最后，那些平平无奇的信息，就变成了很多诡谲莫名的故事。"

"他自己没有察觉吗？"

"没有，他深信不疑，甚至没有发现那些故事在变化，在被加工。"医生摇摇头，然后看向我，"这是让我印象最深刻的一个病人，目前我还没有找到治疗他的办法。"

我摸着下巴，还是不解："为什么他要这么做？"

"我推测，可能是他觉得现实世界真的太无聊了，他想让这个世界再精彩一点，再传奇一点，自己和朋友都是英雄。"

　　这个回答让我觉得有点怪怪的，不太适合作为采访的结尾，但医生觉得还行。

　　采访结束之后，医生问我会把这一段放在哪里，我说打算放在最后一篇。他不同意，表示这个采访，得放到这本书的结尾才行。

PART 43

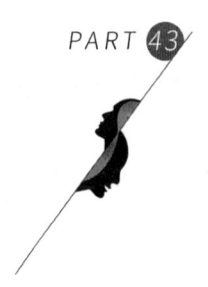

第十人理论（入院时刻）

精神病院是个什么样的存在，其实并不重要，重要的是精神病是一个什么样的存在。

就我个人的经验而谈，解决这个问题的主要办法是放过自己、接受自己，并且放过问题、接受问题。

现在的我，认为这个世界是混沌的，什么都有可能发生。在一种情况下会有一种规律，在另一种情况下会有另外一种规律，所以人类切勿自大。如果你发现自己有问题了，要放弃那些你正在思考的东西，清空你的大脑，让它可以自救。

在对待精神病人上，"第十人理论[①]"我觉得是适用的办法——任何惯性思考下的真理，在前九个人都同意了之后，第十个人就算再赞同，也必须反对。

这是人类纠错机制中一个非常重要的部分。

世界上所有的突发事件——我说的突发事件不是指突然肚子疼这类事件，而是指毁灭性的突发事件——发生之前，一定会有大量的人带着惯性认知，认为这件事情不会发生。那么当有九个人都觉得这件事情不会发生的时候，第十个人就必须站出来反对前九个人，并且做出行动。

人类很多时候是靠第十个人才得以幸存的，但大多数时候，第十个人特别孤独。

很多精神病人在出现问题的时候,前九个人都会说这是小事,你很健康,不要多想。这个时候就需要出现"第十个人"了,无论这个人是别人还是自己,都非常重要。

到门诊问询的时候,还会有一个做题的环节。病房里有一台电脑,我坐在电脑前,宛如当年考驾照科目一的时候一样,一题一题地回答问题。结果出来之后,很多分数都很高,但其中有一项特别高。

就是反社会人格②,我得了非常高的分。

我很放松,医生问我:"感觉如何?"

"觉得很酷。"我笑嘻嘻地回道。

"因为反社会人格在影视剧里基本都是高智商的代名词,是这个意思吧?"医生问我,似乎洞悉一切,已经看穿我了。

我点头,不介意被他看穿。

"很多高智商都是反社会人格,但反社会人格并不一定都是高智商。"她说道。

门诊医生是个阿姨,说这句话的时候,她眉眼低垂着看我。

我低下昂起来的头,不想再讨论智商问题了,于是换了个话头:"我应该注意什么?"

"如果你伤害他人的时候无法控制自己,而且无休无止,就可以准备去住院了。"她说道,"记住,要提前和他们打招呼,让他们知道你有问题了,否则事情一旦发生,你就有可能永远地失去他们。"

我走出医院,觉得非常困难,伤害这种事情,无论你提早多久说"我不正常",也是没有用的。而且我心里很明白,当我发病的时候,谁会原谅我谁不会。

那些愿意原谅我的人,并不是因为我是病人,而是因为宽容和爱。

这大概就是我在看《小丑》这部电影的时候,完全无法控制自己的情绪,最终彻底崩溃的原因。如果没有一定的精神疾病体验,其实很难理解这种身处底层的绝望。因为人们对你没有任何要求,他们只是不想认为你有病。

精神疾病无法简单解释清楚,很容易被当成借口,所以公交车上没有抑郁症专座。被迫装作没有病，可能是对患者最大的摧残。

这个名为"社会"的机器，按周期运转，井然有序。而精神病人就是那一颗边缘有一点点磨损的齿轮，他挂在社会这台机器上，非常勉强，一旦从机器中跌落，就意味着毁灭。

这个精神病院系列，除了有写作本意之外，还希望可以有更多的人，去做这"第十个人"。

当身边所有人都在说这个人矫情、戏多的时候，你可以站在第十个人的立场，去尝试判断一下。

就如我所领会的一些道理一样，有些人根本无法承受苦痛，有些人即使能够承受苦痛，但他的苦难之惨烈，也不是人生相对顺利的人可以理解的。老天爷要伤害一个人，可以让你从小软弱，也可以让你厄运不断。

在雪崩之前，一定有其崩的理由。

所有人都拥有获得幸福和挣扎存活的权利，那些看似发疯的各种举动，有可能就是他最后的自救。

有一个病人写过一首诗：

> 我就是一棵杂草，被风从中间折断。
> 你是万物之灵，从我身边走过。
> 不是你，是滚滚人流，喧嚣吵闹。
> 我用刺划过你们的小腿，希望你们扶我一下，
> 将我靠在墙边也好。
> 可惜，你们只是觉得我吵闹。

---

①第十人理论：源自军事情报领域。以色列国防部在第四次中东战争后成立了一个名为"Red Team"的机构，用来挑战情报机构做出的判断，目的是保证情报的绝对准确性。不管情报机构做出的判断看上去多正确，都要提出异议，并上呈给军方。这是以色列在情报改革上的一大法则，后来被广泛应用在现代管理学上，被意译为"第十人理论"，用来降低公司发展中的潜在风险。

②反社会人格：全称叫反社会型人格障碍，虽然"反社会"带有极强的社会政治色彩，但它本质上是医学领域内的一种疾病，有着规范和严谨的医学诊断过程和治疗方法。这种病人对社会的危害性比较大，他们冷漠，攻击性强，无视社会道德，且无法承担相应的社会责任。

PART 44

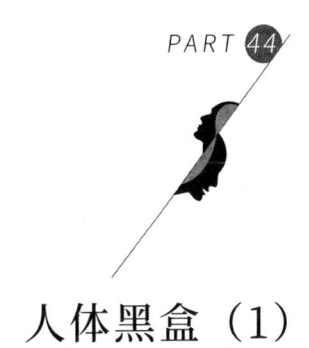

人体黑盒（1）

在一个纯白的房间里，那个人点上了一根烟。他点烟的方式十分特别，看得出他对于抽烟这件事情，有非常深的认知，至少是有自己的认知的。

他点烟的时候一直盯着我："听说你可以把我心里想的事情记录下来，然后发表出去？"

见我点了下头，他才继续道："我怎么知道你这么做对我是不是有利的？"

"我觉得，只要是你想把你心里想的事情传播出去，那么发表出去必然是对你有利的。"我说道。但说实话，对于他内心的想法，我并不是特别感兴趣。

至于他到底在想什么，他之前从未和任何人讲过。如果没有一个有趣的由头，我对后续的故事是不会有任何兴趣的。这里有趣的人太多了，我每天都会得到很多灵感。

"嗯，当然，每个人都想把自己的想法传播出去，人类就是这样的。"显然，他认同了我的回答。

"所以你可以放心地说出来。"我说道。

"如果你没有记录对呢？如果其他人误解了我呢？"他似乎还是有些担

心,"我明明那么自洽,但因为你的理解偏差,我反而没有得到应该有的评价。"

"我写完可以给你看一下。"我已经有些兴味索然了。

他沉默了一会儿,接受了我的提议,然后对我道:"我正在研究黑盒子。"

"是飞机上的那种吗?"我问道。

"不是,是这个世界上的黑盒子。"他一边说一边靠近我,看着我,"这个问题很难理解,你必须先理解量子力学。"

"我理解。"我当然理解,这段时间我得到了非常多的灵感,基本都是因为量子力学。

"你听过双缝干涉实验[①]吗?"

"烂大街了。"我说道,"几乎所有的科普博主和视频博主都做过解释。包括量子擦除[②],也被科普过无数次了。"

"他们提到过黑盒子吗?"话题被他拉了回来。

"这倒是没有。"

他似乎松了一口气,说道:"那就无法对我产生任何威胁。"

"黑盒子到底是什么?"如果他再不说,我就要放弃了。

"黑盒子,在我的理论里,是这个世界上无法观测到的东西。通俗来说,一个盒子,只要从外面无法观察它,它就是一个黑盒子。但这只是一种理论,事实上,世界上有很多天然的黑盒子,比如说,岩石的内部、地球的内部,都是黑盒子。因为人的意识无法观测到内里,所以那些地方,按道理来说,有非常多没有坍塌的量子态[③]的东西。"

我不是很明白。

他继续说:"你不明白这些没关系,我并不是研究这个方向的,我是研究人体的。"

"人体也是黑盒子?"我诧异地问道。

"是的,你的身体没有被打开的时候,它就是一个黑盒子,你不知道里面发生了什么。所以很多癌症,如果你不知道,那么其实是可以通过黑盒子的原理治愈的。"

"为什么?"我不理解。

"因为你不知道,你的意识没有介入,那么你体内发生的所有事情,都是叠加态④的。如果你不去做化验,那么你永远不知道自己体内的情况,因此就有机会通过意识去改变那种叠加态。"

他侃侃而谈,我完全听不懂。

他又靠近我一些,说道:"没关系,你听我仔细说说就懂了,非常奇妙。"

---

①双缝干涉实验:著名的光学实验。1801 年,英国物理学家托马斯·杨(Thomas Young)首次进行了双缝干涉实验,并于 1807 年在其《自然哲学讲义》中第一次详细描述了实验过程:把一支蜡烛放在一张开了一个小孔的纸前面,然后在这张纸的后面再放一张开了两道平行的狭缝的纸,从小孔中射出的光穿过两道平行狭缝投到屏幕上,就会形成一系列明暗交替的条纹。

②量子擦除:双缝干涉实验的一个变种,即在双缝干涉实验的基础上,通过探测器观察光子通过的是哪条狭缝,一旦确定光子的运动轨迹,干涉条纹就会消失。比如我们无法同时观测一只猫睡着和跑动的状态,一旦确定猫处于跑动状态时,睡着状态的猫就无法被观测了。

③坍塌的量子态:即量子坍塌,指量子在被观测前是以波的形式存在的,一旦被观测,量子就从原来的量子波坍缩为一点。简单来说,就是指一件事的状态从未知转变为已知,一个物体的状态从不确定转变成确定。我们所熟知的"薛定谔的猫"就是一个典型的量子坍塌表现,而生活中常见的盲盒,也可以理解为一种量子坍塌,因为盲盒在拆开之后,才确定里面装的是什么,也就是所谓的从不确定转变为确定的状态。

④叠加态:是指在双缝干涉实验中,光子同时具备像波一样的性质和像粒子一样的性质。这种同时处于各种状态叠加的状态,被称为叠加态。著名的"薛定谔的猫"理论中,猫在盒子里的时候,同时既是死的也是活的状态,就是量子力学中的叠加态。

PART 45

人体黑盒（2）

他拿出一张纸——在这个病区，纸还是很容易获得的——用笔在上面画了一个人体的形状，然后涂黑。

"首先就是，你相不相信事实是靠意识来决定的，你未来发生的一切事情，不是靠因果律[①]，而是靠你相不相信因果律。"他看着我说道。

我看着他，希望他详细解释。

他对我道："就是说，不是因为你以前的行为导致你病了，而是因为你相信以前的行为会致病，所以才病了，这是一个反因果的关系。"

"你是说，如果我觉得抽烟有害健康，它才会有害健康？"这是唯心主义论吧。

"没错。"他肯定道。

我沉默了一会儿，思索该如何反驳他，而他就那么看着我。我意识到，他肯定有非常完备的理论可以反驳我的反驳。

"抽烟的危害，是对很多人进行了长时间的跟踪所得出的结论，这在统计学上是有意义的。"我说道。

"那为什么要跟踪呢？是不是有人提前下了一个结论，但这个结论没有被证实。很多人因为怀疑，特别是莫名其妙得病却没有办法找到病因的时候,把对身边事物的猜疑,归因于新生事物。"他说道,"最早的时候,香烟就是新生事物,所以大家开始怀疑香烟是病因,带着这个怀疑去做跟踪调查,结论自然会和设想的一样。"

"所以是我们自己的意念,让这件事情变成事实?"我觉得这个结论是有问题的,但一时找不到反驳他的理由。

"对,这件事情的本质就是一个黑盒子。黑盒子里的事物是没有好坏的,当我们开始去定义的时候,好坏才开始形成。你有没有听过那个有名的意识实验?就是用远端意识去影响一个黑盒子里的仪器。通过网络让世界各地的人看到实验里的盒子,大家同时用意识去控制黑盒子里的一个仪器,让仪器的结果发生变化。[②]"

说实话我还真的听过。虽然不是每一次都管用,但事实确实证明了,无论距离多远,只要有人在思考黑盒子里的仪器的结果,就可以对其最后的结果概率产生影响。

意识,特别是意志力比较强悍的僧侣,对结果概率的影响更大,而意志薄弱者则会差一点。

"好,就算你说的是对的,你的黑盒子理论有什么用呢?人的意识本身就很难控制,这些事情的好坏,还是会因为人的群体意识而被定下来,和自身无关。"我说道。

"大世界是这样的,但你自己的身体不一样。你的身体是一个黑盒子,在你做检查之前,你的身体是叠加态的。如果你充满了信念,甚至不去强行思考负面的东西,你的身体就不会有好坏。"他说道,"可以利用这个,凭你的意志力,治疗所有的疾病。"

他此时看起来已经有点兴奋了。

"那怎么才能做到呢?"

"就是坚信自己没有病。当然,这非常难,因为人无法通过否定去控制大脑。你告诉自己不要去想大象,但你脑子里一定会抑制不住地开始想大象,所以你必须用特殊的方法,而这个方法需要医生、病人,以及一个很大的系统的配合。"

"你可以说说。"我开始有点兴趣了。

"首先,要启动这件事情的原因,肯定是你认为自己病了。如果你一直认为自己没有病，并且没有感觉到任何不舒服，那么你的潜意识和表意识都会认为自己是没有病的，那我也会认为你是没有病的。但一旦你觉得自己不舒服了，去了医院，医生也认为你生病了，这就是一件非常严重的事情了。因为你本人和医生都认为你病了，那么就有两个意识体意识到你病了，你的人体黑盒就得到了信号，开始制造病情。"

逻辑还真的可以自洽，我目瞪口呆。

"问题是，如果你去看病，医生说你没病呢？"我说道，"按你的说法，你觉得自己有病的时候，人体黑盒子就开始制造病情了，怎么会查出来没病？"我提出其他的可能性。

"不，不，我说了，意志力薄弱的人，他启动人体黑盒，是存在一定概率的。如果启动失败，医生一看，没有疾病，他也就放下了，黑盒子自动恢复。"他说道，"这就是为什么高僧觉得自己要圆寂了，就一定会准时死亡，因为他们的意志力非常强悍，所以他们一旦起念，就知道完蛋了，自己起念非常准。"

他的逻辑依然在，我只好说："好，你继续说。"

"所以，人体黑盒的核心用法，就是让病人觉得自己康复了，同时还要让所有的医生也这么认为，这样人体黑盒就会重新回归到中性状态。当然，必须是完全相信，从潜意识到表意识……"

"要骗所有人。"我总结了他的观点。

"对，你会看到很多案例。比如有很多癌症晚期的病人，去做遗愿清单旅行，结果旅途中玩得太高兴，忘记自己生病这回事了，等旅行结束再去医院复查的时候，发现病已经好了，就是这个原因，因为他潜意识里不再觉得自己生病了。"

"但是无论你怎么设计、骗人，总需要一个骗人的人吧。这个人知道真相啊，他知道人体黑盒——"说到这里，我忽然明白了。

"你反应过来了，对吧？其实，只要那个人极度相信人体黑盒，那么，他就可以是这个骗人者。因为他既不相信这个人生病了，也不相信这个人没生病，他只相信人体黑盒。这种人其实是超人，他可以用我的办法救无数的人，并且他的意识不会影响到黑盒里的变化。"

我看着他。他接着对我说道："你的身边，未来一定会有这样的病人，到时候你不妨来找我，我现在是世界上唯一一个坚信人体黑盒的人，理论上我可以治疗一切疾病。"

"有没有什么能让我更加确信的证据？毕竟我要写出来发表的，你刚才说的内容，我觉得大部分人不会相信。"我给他泼了一些冷水。

"有一个例子。"他说道，眼神带了一丝狡黠，"你知道中医说的经络吗？为什么古代所有的中医都相信经络，但是现代解剖人体时却找不到？"

"你的意思是，因为古代的人体黑盒子里是有经络的，当时解剖的话是能看到的。但是因为现代医学——"我还没说完，就被他打断了。

"是的，现代医学打开了人体这个黑盒子。很多人会抬杠说，那为什么古时候东西方人都知道有五脏六腑？因为人的祖先是一支的，这些人吃动物、吃同类的时候，都看到过五脏六腑，所以所有人类对人体黑盒子里的基本认知，就是五脏六腑。但关于它们是如何运作的，才是人体黑盒子里最大的黑盒子，古人也不知道，所以大家各自用意识去影响黑盒子，想象它们的运作规律。中国人就用意识在黑盒子里做出了经络，而老外，特别不好，老外打开了黑盒子。他们把人体打开了，并且开始一点一点地做研究，这就导致黑盒子一点一点地被固定了下来，人体黑盒子的效应如今也就大不如前了。"

"可如果是这样的话，是第一个打开一个动物的身体，看到内脏的人，决定了动物是有内脏的。然后，每个黑盒子都会有第一个打开的人，由第一个人决定一切——"我惊讶地总结道。

他摇头否定："那就太深了，不是我们能讨论的。你要讨论的是世界上所有的一切，是如何从非物质状态，被意识决定成现在这样的，这个过程我建议你不要细想。"

"为什么？"感觉他在逃避什么。

"太复杂了。"他说道，"客观世界和意识的关系，比人体黑盒子的概念要复杂一万亿倍。而且，它现在也是一个黑盒子，所以不需要讨论。"

我沉默了一会儿，就说道："那你需要给我一个结尾，我不能写到这里就不往下写了。"

他想了想，说道："结尾就是，假设意识的产生是突发的，那么世界上产生的第一个意识，不管是什么东西的意识，让世界上所有的一切，包括时间，在意识产生之后的几天里，都确定下来了。那个时候，整个世界都是黑盒子，那个东西的意识开始一点一点地构建这个世界。它的意识是混沌的，慢慢成形，所以世界是随着它的随机意识而产生的。那个时候，物理规律、因果律都是不存在的，世界在不停地变化，这是第一阶段。这个阶段之后有一个关键跳跃期，就是这个意识开始产生了其他意识，意识开始大爆炸，所有意识混乱地塑造世界，再毁灭世界，甚至毁灭对方。无数次之后，这些意识偶然达成了统一。这个统一是一个巧合，是在无数不统一的混乱可能性中闪过的一丝秩序。瞬间，这个世界就稳定了下来，并且从这个稳定的第一秩序，开始往后一层一层地稳定，这就是因果律的诞生。"

这下我听懂了，这竟然和现在的几个前沿物理命题非常相似。但我也沉默了，因为大部分读者可能不会去思考这个，这没有什么乐趣。

他看着我，像是觉察到了我的情绪，补充道："神说，要有光。"

我还想提问，但他做了一个"嘘"的动作："不要继续深究了，你无法理解意识之外的东西。你再怎么思考，你觉得这是一切的根源，但意识之上，思考之上，还有更高级的东西。那些东西不思考，没有意识，但是威力无穷。"

---

①因果律：这里所说的因果律中的"因果"，跟佛教用语"因果"并不是同一个词。因果律也叫因果定律，是哲学上的一个概念，最早提出者是古希腊哲学家苏格拉底，讲的是自然事物之间的关系，具体是说，万事万物的发生都有其原因，且会引起一定的结果。

②即"观察者效应"，源自著名的双缝干涉实验，是指观察者的存在及行为一定会影响并改变被观察物质的状态。也就是说，意识可以影响并改变物质世界。比如我们近距离观察某个人，当他察觉到有人观察时，他的行为举止立即会变得不再自然，发生变化。

PART 46

暗物质和草药学理论

这个病人的理论和他的病没有关系,他属于精神性失明。也就是说,他的眼睛并没有失明,但是他觉得自己失明了,于是便产生了现在这种明明看得见,但是他却认定自己看不见的状态。

这样的病症和孤独症很像,很容易被人误会,因为在某些特殊的时候,病人会呈现出一种完全没有失明的状态,但在平时,却表现得如同一个完全失明的人一样。

这种特殊的情况,大多发生在病人急切之时,比如说着急上厕所,或者半夜饥饿。此时,病人就会表现出一副完全看得见的样子,非常正常地去达成自己的目的。

如果病人家里有监控的话,家人就会看到这非常离谱的一幕——平日里目盲的亲人,忽然行动自如地在家中行动。

这会让家人有一种强烈的被欺骗的感觉。

我们给病人做了检查,发现他的大脑中,管理视觉的区域确实在萎缩。这非常奇怪,而且没有合理的成系统的解释。

但我今天并不想讨论他的病症,主要想说一下他对疾病的理解。这个病人是一个草药学专家,他有一套关于疾病的理论,非常清奇,我甚至认为,这是有一定道理的。

我重申一次,他并不是因为这套理论入院的,所以这一篇所记录的内容,本质上只是受他委托所写作出来的一种思辨脑洞。

他也多次跟我强调,他的思辨脑洞是没有任何科学依据的,只是无聊的时候,在不断地冥想中,所产生的一些灵感。

"暗物质①,不对,是暗物质和暗能量的总和,占整个宇宙的百分之七十。"他说道,"你知道这意味着什么吗?"

"什么?"

"意味着我们身边就存在暗物质。"他说道,"要知道,我们是无法观测到暗物质的,它也无法和我们的世界发生任何相互作用,它只是一种存在于理论中的物质,其特点就是不发生作用,无法被观测。这本身就是一种悖论,对不对?"他可能觉得我不太明白这两个概念,于是先解释了一下。

"是的,比如说这里有一个暗物质的杯子,但是这个杯子我看不到也摸不到,就算穷尽人类所有可能的手段,也无法观测到它。那么,这个杯子到底是存在还是不存在?"我说道,"我知道暗物质的相关知识,你不用强调。"

他看了看我,似乎那一瞬间不再是一个盲人(这种瞬间在整个谈话过程中出现了很多次),说:"作家也懂这个?"

"营销号的文章看得比较多。"我说道。

"那你知道吗?在我们说话的时候,可能有成吨的暗物质正穿过我们的身体,但我们却什么都不知道。"

"有这个可能。"我表示赞同。

"那么,在我们的身体里,会不会也存在暗物质器官?"他忽然问。

我愣了一下,有些没反应过来:"这怎么说?"

事实上,我们的身体是由现实物质组成的,理论上说,暗物质和现实物质之间无法发生任何作用,所以我们无法携带暗物质,让其跟着我们由现实物质所组成的身体一起走。

我举个例子,正常情况下,我的手臂是和我的躯干连在一起的,所以当我的躯干运动时,手臂也会跟着动。但暗物质和现实物质之间不会产生任何的关系,所以假如我有一只暗物质的手臂,当我离开的时候,它会留在原地，我用任何办法，都不可能移动它。

"暗物质其实就像鬼魂一样，对吧？"他说道，"它不存在于我们这个世界，所以我们无法触碰，拿不起来，也看不到，感知不到。"

我点点头，补充道："所以我们体内不可能有一个暗物质器官。"

"嗯，你说得对。"他又变得像一个盲人，把耳朵对着我，显然预料到我会如是说，但这也恰好说明他的理论其实解决了这个问题。

"你继续说。"我对他道。

"其实暗物质是可以和现实物质发生作用的。"他笑着说道，"你是营销号的文章看得太多了，所以只知道皮毛，不知道理论的起源和细节，暗物质会产生引力，而引力会影响现实世界。"

我仔细观察他的表情，意识到他可能没有骗我。

"我确实是只看了浅显的科普文章，了解得不深。"我坦诚说道。

"我认为，暗物质是由一些极小的粒子形成的，它太小了，小得超过了我们的观测能力。"他继续说道。

"不至于吧，我们现在甚至可以观测到——"我下意识接道，但我的话还没说完，就被他打断了。

"我知道，我们现在认为，自己似乎已经靠近小到不可分的极限了，比如说弦。"他说道，"弦的震动可能产生了这个世界，就像特斯拉说的那样，一切的奥秘，都在震动里。"

"你不相信弦理论？"我问。

弦理论属于理论物理的一个分支，这个理论认为，线状的弦才是自然界的基本单元。

"嗯，相信不相信不重要，不需要在意这个。我只是认为，在我们现有的观测极限和推测极限之下，物质还可以再细分一百层。这样一来，这个世界上就会有一种极其小，小到无法感知的粒子存在。"他没有正面回答我的问题，只是继续解释了自己的看法。

"这是胡说吧，没有任何理论基础。我感觉是因为你的这套说辞需要这个粒子，所以才编造了这种可能性。"我反驳道。

"是的，我编造了这个粒子。因为如果我们身体产生的引力能够牵引一个暗物质器官，那它一定是一个非常非常小的器官，比我们的细胞还小，小到我们无法理解。但它确实是存在的。能被我们的引力牵引的暗物质，的确存在于我们的身体里。"他倒是没有否认我的说法。

哦，我摸着下巴，觉得有点意思。

"那这个器官参与我们的生命运作吗？"

"参与。"他说道，"利用引力参与。"

"微弱的引力吗？"我一边思考他的话，一边问道。

"对，其实你可以这样理解，人类是演化而来的，在演化的过程中，一直在和极其少量的暗物质发生引力作用，那么我们的演化一定会把暗物质也计算进去。"这听起来简单，但实际上需要多学科协同，不过我听懂了。

"光合作用是量子作用，鸟类看到磁场也是量子作用。"他说道，"生物在演化的过程中，可以直接利用量子效应，让自己进化成有量子器官的生物，那么，为什么它们不可以使用暗物质？"

"你说得对，非常有可能。"我顺着他的话说道。

"好。接下来我要说的是，如果人体内有暗物质，那么所有的生物体内，还有物体体内，都应该有暗物质。"他说道，"这样一来，在草药学里，很多匪夷所思的事情都可以解释了。"

"什么意思？"我又不理解了，这和草药有什么关系？

"比如说，有一种草药，它的种子是有重量的，但有些种子轻，能浮在水面上，有些种子重，就沉在了水底。按道理来说，这些种子的营养成分都是一样的，用在药理上，无非是剂量的大小对治疗效果的影响。但实际上并非如此，那些浮在水面上的种子可以治病，而沉入水底的就不能治病。这其实完全不符合药理学。"

"那是什么原因？"我又问。

"种子里的暗物质种类不一样。"他说道，"暗物质也许有很多种，和我们现实世界一样，轻的种子里的暗物质可以治疗我们身体里的暗物质器官，但重的种子里的暗物质可能就不行。"

"这和质量——"我话只说了一半，又被他打断了。

"哎，不要走火入魔，和质量没有关系。我只是说，草药学是一种经验科学，它最初就是从经验开始的。一种草药被发现后，需要不停地进行实验，只有在确定它有用之后，才会变成药方中的一味草药。"他说道，"所以，当时一定有人发现浮起来的种子可以治病，而其他的不行。他不知道为什么，现代医学也不知道为什么，但我知道为什么。"

"因为浮起来的种子里有特殊的暗物质。"我帮他补充道。

"对，微量，但足够治疗身体里面的暗物质器官。"他说道，"这就是我的理论。"

我确实被这个理论折服了，于是问道："很精彩，那你觉得这个暗物质器官，是不是我们灵魂的载体？人类不是一直觉得自己有灵魂吗？"

"我不知道。"他说道，"谁知道呢。也许我们的意识也来自这个暗物质器官，所以我们在大脑里怎么找都找不到。"

"又因为无法观测，所以你这个理论永远只能是个脑洞。"

"其实，但凡懂得进化论和暗物质理论的人，都会知道，我一定是对的。"他悠然地看着我（似乎又看得见了），说，"我说了，如果有动物能进化出量子器官，那么一定有生物能进化出暗物质器官。我唯一拿不准的，就是那个器官到底有多小。它非常非常小，可能比原子还要小得多。"

这确实会给人带来无限的遐想。

"我们无法理解暗物质，甚至不知道它是否会消亡。"他继续说道，然后看向我，"对了，你在刊登我的故事的时候，记得把我的邮箱地址也附上。这样，如果有科学家认可我的理论，他就可以直接联系我了。"

我点头表示同意，想起来他可能看不见，就"哦"了一声。

当这篇文章写出来后，我告诉他我要发表了，他却忽然不让我附上邮箱地址了。据说是因为他又有了新的领悟，暂时还不想让太多人知道。

所以如今只剩下这篇文章，而没有病人的联系方式，并不是我出尔反尔。

---

①暗物质：暗物质是理论上提出的，可能存在于宇宙中的，一种不发射任何光的不可见物质。这种物质可能是宇宙物质中的一部分，但又不属于目前已知的任何一种物质。比如黑洞，就是暗物质的一种。

PART 47

倒着的巴别塔（基础篇）

像素是否可以再分？

这是他问我的第一个问题。他的原话是："如果Photoshop①是一个宇宙，那么一个像素是否可以再分？"

这是搞设计的人才能明白的话。我们电子设备上的所有图片，都是由一个一个方块形的像素点组成的，这些点非常小，成千上万或者是百万甚至是千万的像素点，才能形成一张图片。

当我们放大任意一张图片，放大到极限的时候，看到的就是这些点。

像素是组成图片的最小单位，所以这个问题的答案是：像素不可再分。

当然，像素是否可再分并不是这个问题想要揭示的真相，它启迪的是一种对现实世界的怀疑。

也就是说，在我们的真实世界里，大家一直在寻找最基本粒子②，但这对于高维生命来说，是否就像我们思考像素能否再分一样可笑？

"如果我们创造了一个虚拟现实世界，里面的生命都是AI——人工智能。"他看着我，真诚地发问，"那么他们在寻找最基本粒子的尽头，会发现什么？"

这个人是"世界委员会三巨头"里的老三，他是医院中号称对世界超限认知的智者之一。

每天,他们的工作就是无休止地辩论,试图说服对方。

"是什么?"我对这类话题总是充满了热情。

"是0和1[③]。"他说道,"人们最终会发现,自己的世界是由0和1组成的,但是他们无法理解,0和1是什么。这在我们看来特别简单,0和1就是CPU[④]的工作基础,是晶体管[⑤]在不同电平下的反应。"

这个就需要掌握一定的知识才能明白了,但是这次采访的核心本质不是这些,所以即便不懂这些知识,也不妨碍理解他的理论。

"但是他们已经没有办法再去探索,为什么世界是由0和1组成的,对吧?"他看看我,似乎是担心我听不懂。于是我配合着点了下头,他这才继续往下说。

"但是作为一个智慧生命,当这些AI产生了意识之后,一定会产生一种能力,叫作同比性推理[⑥]和痕迹意图学。"他点上一支香烟,抽了一口才接着说,"这个时候,他们虽然无法研究下去了,但是他们会发现,这个世界的规则是非自然的,从而推理出,这个世界是被人有意制造的。"

"这还真的和现在的学界有点相似。"我说道,基本明白了他的意思。

"对,因为他们推不下去了。"他吐了一大口烟,接着说道,"他们已经很努力了。同时他们也发现,现有的知识已经出现了不自然的情况,也就是出现了人为设计的各种痕迹。"

"但是你推出来了?"我开始引导性地提问,"你推出来他们推不下去的那个东西?"

"不是推不下去,是不用推下去了。"他说道,"到了量子力学的范畴,我们要思考的反而是反面是什么。不用再去寻找原理了,你找不到的。我们要去看反面,这需要我们把自己的思想,从我们现在这个世界脱离出去,去看我们这个世界背后的计算机是什么原理。"

"这能推理吗?游戏人物能理解计算机的硬件吗?"我说道。

"当然能。"他说道,"只要你模拟自己是一个虚拟元宇宙[⑦]里的AI,然后再模拟自己用上帝视角,去尝试帮助他理解元宇宙之外的硬件,那么你就可以通过类比法,推出我们这个世界背后的硬件是什么。"

"你说。"我努力不打断他,认真地做着记录。

235

"首先，在我们这个世界里，维度是假的。但在外面的世界，维度是真的。"他说道，"那么就有两种可能，一种是我们这个世界的维度被降低了，外面的那个世界是四维的，我们的世界是三维的，这是可以做到的。比如说，我们这个世界可以做二维的横版游戏，因为我们能理解二维。"

我理解他这段话的意思，于是补充道："如果外面那个世界是四维的，那么他们既可以做二维的游戏，也可以做三维的游戏，还可以做四维的游戏，但是他们做不了五维的游戏。"

"是的，你说得比我清楚。"他点头道。

"你继续说。"

"但我更倾向于认为，外面的世界也是三维的。因为我们作为三维的人，做出来的顶级游戏中的环境，就是模拟自己所处的现实环境，也是三维的。所以如果我们的世界是一个元宇宙的话，那应该也是外面那个文明的技术结晶，他们一样也是在模拟现实世界。那么我们里外都应该是三维的，这样才符合逻辑。只不过我们的三维是假的，他们的三维才是真的。"

"所有的物理规则都是程序写出来的？"我疑惑地问他，想要理解得更清楚些。

"对，虽然是假的，但是他们想尽量搞得真一点，就像我们现在也一直尝试在游戏中最大限度模仿物理属性[8]一样。所以，里外两个世界应该大差不差。"说着，他又抽了一口烟，"但精度是有差别的。我们的三维模拟，虚幻5[9]（三维世界模拟引擎）已经突破了面数的限制，但仍旧会卡在像素上。但我们所生活的世界，精度级别要远远高于虚幻5，那么外面的世界只会更加夸张。"

"几何级地高。"我补充道。

"对，而且物理规则的表现是相同的，但底层完全不同。毕竟我们是虚拟出来的，他们才是现实。"

"所以你的结论是，外面的世界和我们的世界其实是相同的，同时物理规则的表现也是相同的，但背后的原理完全不同。"我总结说。

"嗯，是这样。"他点头说道，"这是我们进行下一步推理的基础。"

"那接下来要怎么推理？我觉得进入死局了。"我狐疑地看着他。

"钥匙在物理规则的表现相同上。"他说道，"也就是说，牛顿三大定律⑩，里外肯定都一样，但相对论⑪和量子力学可能就是错的，完全不一样。"

"因为牛顿三大定律和生活相关。"我肯定道，和生活相关的东西最难造假。

"是的，元宇宙设计出来是用于生活的，他们肯定不想让自己在消费这个宇宙的时候，觉得一切都很陌生，所以牛顿三大定律一定是对的。"他说道，"但到了星球运行的范畴，因为人类无法触达，他们就可以天马行空了。"

"你是说，宇宙是假的？"我不太理解，说我们生活的世界是假的，这还有可能，但是宇宙——范围是不是有些太大了？

"如果我来设计一个元宇宙，我可以发挥的地方就是星空，我会把它做得很绚烂。"他说道，"比现实要绚烂得多，所以星空可能是假的，只是一张贴图而已，不过是用了一些算法让它有了变化和运动。"

"外面世界的星空是什么样子的？"我好奇地问道。

"可能星球非常少。我们的星空是璀璨的，而他们的星空只有很少的星星，非常稀疏。怎么说呢，也许他们的宇宙很大，星系非常少，相距特别远。或者说他们的宇宙本来就很小——比我们的太阳系还小。"

"所以我们应该关注地球，关注生活，这是解开世界之谜的钥匙？"我盯着他，企图从他的神情里找到一点答案。

"对。"他干脆地答道。

"那么电呢？外面的世界会不会有这种东西？"我接着追问。

"不会。"他说道，"在创造一个元宇宙的时候，我们要有光，光就直接用软件模拟出来了，不需要去做一条电线，也不需要去做一台发电机。"

"所以元宇宙的特征一定会比原来的世界更简单一些。"

"对，你在我们这个世界的游戏里，是不会有能源危机的，因为在游戏里，一切物质的产生都基于算力。但是在我们的现实世界里就有能源危机，因为我们没有算力问题。"他说道，"而这一切，又都是基于外面的世界而创造的，所以外面的世界肯定比我们的世界要严苛很多。"

"我们的世界有很多能源、污染问题。如果按你的说法，为什么他们创造我们这个元宇宙的时候，不能做得更好、更方便一点？"

他看着我说道："他们有不止一个元宇宙。你没有听过西方极乐世界吗？"

"哦。"我忽然明白了。

"那个元宇宙，比我们这个元宇宙要好很多，无比幸福。"他说道，"你应该刷到过25号实验⑫的视频吧？"

"你说。"我的确刷到过，但是忘记了其中的细节。

"就是创造一个老鼠宇宙，无限给它们供应粮食。对于老鼠来说，这是一个完美的宇宙，但是这个宇宙很快就崩溃了。"他说道，"同样的，人也不能生活在毫无压力的环境里，这是不可持续的。所以我们这个宇宙有一定的压力，以保证我们存续的时间更长。很多游戏里面的人物也是需要进食的，这就是压力系统。"

"那如今的西方极乐世界呢？"

"不是那么好，也不知道现在是什么情况。"他说道，"我们这个人间，相对还是稳定的。"

"元宇宙之间可以互通吗？"

"当然可以。"他说道，"肯定不止两个，要看外面那个世界的算力了。"

我心说，有点意思，虽然有点似懂非懂的。

我随即又问他："你继续推理。如何推理出外面世界的物理规则？"

"这里有一个'天问'，需要去假设。"他看着我，忽然问道，"你说，我们的物理学系统，是复制的外面的系统，还是那个世界里的人原创的？"

"为什么是一个'天问'？"

"三大定律的存在，说明外面的物质也是有质量的；光的存在，说明外面的世界也是有光的。那么按照程序员的思维方式，这时会有两种做法：一种是设计一套基于质量的程序，同时设计一套关于光的程序，两个程序一起运行，但又相互独立，没有关联；第二种做法，就是设计一套底层逻辑，使用A表达时，它表达为质量，使用B表达时，它表达为光。"

"就是世界的基础程序，然后在上面加表达就可以了。"我点头。

"对，这样节省算力啊，对吧？"他看着我，"我听说你学过计算机，

238

你应该可以秒懂。"

"我会选择第二种。"

其实只能选择第二种，节省算力永远是第一考虑。

"我也选择第二种。那么，这种基础程序，是基于他们那个世界的基础复制出来的，还是程序员自创的？"

我想了想，其实答案很简单："是程序员自创的。"

因为不可能去复制现实世界，算力无法达到那么大的运算量。

"好，那我们达成了一个共识。首先，这个世界的背后是一个程序，因为它具有非常明显的程序性；第二，外面的世界，算力也是有限的。"他说道。

我点头表示同意。他接着道："接下来，就是不可下定义的环节。"

"你说。"

"我们这个世界是由一种不可定义的程序写就的，外面有一种不可定义的硬件，并且使用一种不可定义的能源，这三者都有极限，所以算力是有限的。"

我再次点头。他继续道："关键来了，我们的世界一定比外面的世界简化，这种简化一定和外面世界的痛点相关。也就是说，在我们的世界里，什么事情是最方便、最简单的，那么这件事在外面的世界一定是最复杂、最痛苦。我们进到我们这个世界的游戏里，是可以复活的，这和现实世界是完全相反的。那么外面的世界，和我们的世界之间，是否也有完全相反的痛点设定？"

我看着他，有些迟疑地说道："按你的说法，我们这个世界，最方便的事情就是死亡？"

"嗯。"他没有否认。

"那也就是说，外面的那个世界，是没有死亡的？"我继续问道。

"没有死亡，所有的因果就不会结束，就会被永远困在因果里，但死亡可以断绝因果。"他说道，"这个死亡是指因果的断绝，并不是真正的意识消灭。在我们这个元宇宙的人，可以通过死亡来断绝因果，从而让意识非常简单地重新开始，新生者不会受到任何影响。"

"这是他们的痛点。"我说。

"对，所以，我们这个元宇宙外面的世界，是永生的世界，永恒地背负所有的因果。"他说道，"永生，但无比痛苦。"

"那不就是地狱？"我看着对方，对他的结论感觉有些惊愕。

他眯起眼看着我，就道："可以这么说。我们这个世界，是地狱创造出来的元宇宙。"

我摸着下巴，忽然意识到了一个更深的话题："我们现在努力想要创造的元宇宙世界，是一个随心所欲的美好世界，那么我们是在——"

"创造天堂。"他说道。

"可这样的话——"我迟疑道。

"你听说过巴别塔[13]的故事吗？"他点上了第二根烟。

---

①Photoshop：全称Adobe Photoshop，是由美国Adobe公司研发的一款专业的图像处理软件，也就是我们通常所说的"PS"。这款软件处理的主要是以像素构成的数字图像，通过软件里的编修、绘图等众多工具，对图片进行编辑和创作，功能极其强大和专业。

②基本粒子：是指构成物质的最小基本单位。随着物理学的发展，人们发现的基本粒子越来越多，目前公认的一共有61种基本粒子。

③0和1：计算机的基本存储单位，也叫二进制。计算机内的所有数据都是二进制的，就是0和1。"我们在电脑中看到的图像、视频等一切，都是存储在计算机储存器中的无数个0和1组成的代码。"

④CPU：即中央处理器，主要负责数据运算和程序运行。就像人的大脑每天都要处理很多当天的任务和事项。

⑤晶体管：是一种固体半导体器件，用于数据信息的传导。

⑥同比性推理：即类比推理，一种推理方法，是通过对比两个事物在某些部分具有相似性，从而得出二者在其他方面也存在相似之处的推理过程。

⑦元宇宙：即虚拟世界，用户可在其中与科技手段生成的环境和其他人进行交流和互动。它是现实与虚拟的连接，是一种新的互联网+社会应用的形式。每个人都可以构建元宇宙，主要是构建全新的虚拟世界观。

⑧模仿物理属性：根据物理定律，模拟出一个直观的可体验的物理模型。比如在一些射击游戏中，就对开枪时的后坐力进行了物理仿真，模拟真实的射击体感。

⑨虚幻5：虚幻（Unreal）游戏引擎是一个完整的游戏开发平台，提供了大量游戏开发者需要的核心技术、数据生成工具和基础支持。"虚幻5是当今最先进的实时3D创作工具，致力于实时渲染细节，创作出可媲美电影CG和真实世界的画面效果。"一些大型单机游戏和电影中的特效都可能是用虚幻5创作开发出来的。

⑩牛顿三大定律：即牛顿三大运动定律，是物体运动的基本规律，揭示了力与运动的关系。包括惯性定律，在无外力作用时，物体保持静止或直线匀速运动；加速度定律，物体的加速度与

力的方向和大小有关；相互作用力定律，物体间的力是相互作用的。地球围绕太阳转动，也遵循了牛顿运动定律。

⑪相对论：是爱因斯坦提出的关于时空和引力的理论，分为广义相对论和狭义相对论，其中广义相对论描述的是时空，狭义相对论描述的是引力。简单来说，狭义相对论指出当物体接近光速运动时，时空会发生变化；广义相对论是指物体的质量足够大时，就能够产生时空的弯曲。

⑫25号实验：即25号宇宙试验（Universe 25）。1968年，美国科学家约翰·卡尔宏（John B. Calhoun）用老鼠进行了一项社会实验。他在实验中创造了一个食物充足且没有天敌威胁的"老鼠乌托邦"，最早的8只老鼠刚到这里后先是适应环境，适应之后进入迅速繁殖期，老鼠数量激增，多达2200只。此时的老鼠们没有天敌，生存资源充足，但之后并没有新的小鼠出生，老鼠们似乎失去了繁殖欲望，并最终全部死亡，实验宣告失败。

⑬巴别塔：出自《圣经》，是人类为通往天堂而齐力建造的高塔。然而这一举动惹怒了上帝，上帝令从前说着同一种语言的人类分化出不同的语言，人们无法沟通，自此各散东西，从而阻止了这个通天计划。

PART 48

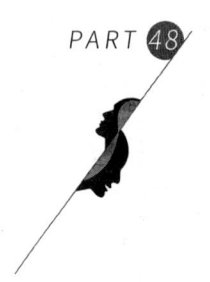

倒着的巴别塔（立意篇）

"地狱永生且痛苦，事实上人们很少注意到地狱的永生性。"他抽了一口烟，说道，"你在痛苦的同时，其实你是永生的。"

"但永生是人类的梦想，为此他们甚至愿意承受痛苦。"我说道。

他还在尝试让我理解他的理论，我也是少数几个试图努力去理解精神病人的理论的人之一。

"永生的痛苦绝对不是追求永生的人的最终目标。"他说道，"所以他们想要逃脱。"

"为什么不是逃脱痛苦，而是逃脱永生呢？"

"逃脱痛苦其实是不可能的。"他看着我说道，"因为人什么都想要，而且想要的东西大多还都是矛盾的。"

我点点头，明白了，得不到就痛苦，但得到了地位，就会失去空闲；得到了空闲，就会失去充实。一切事物里都有好和坏两面，所以痛苦是无法避免的。

他接着说："所以地狱里的人，为了到达一个更美好、更简单的世界，就创造了一个元宇宙，也就是人间。"说完他长出了一口气，之前的基础叙述，显然让他觉得疲倦。

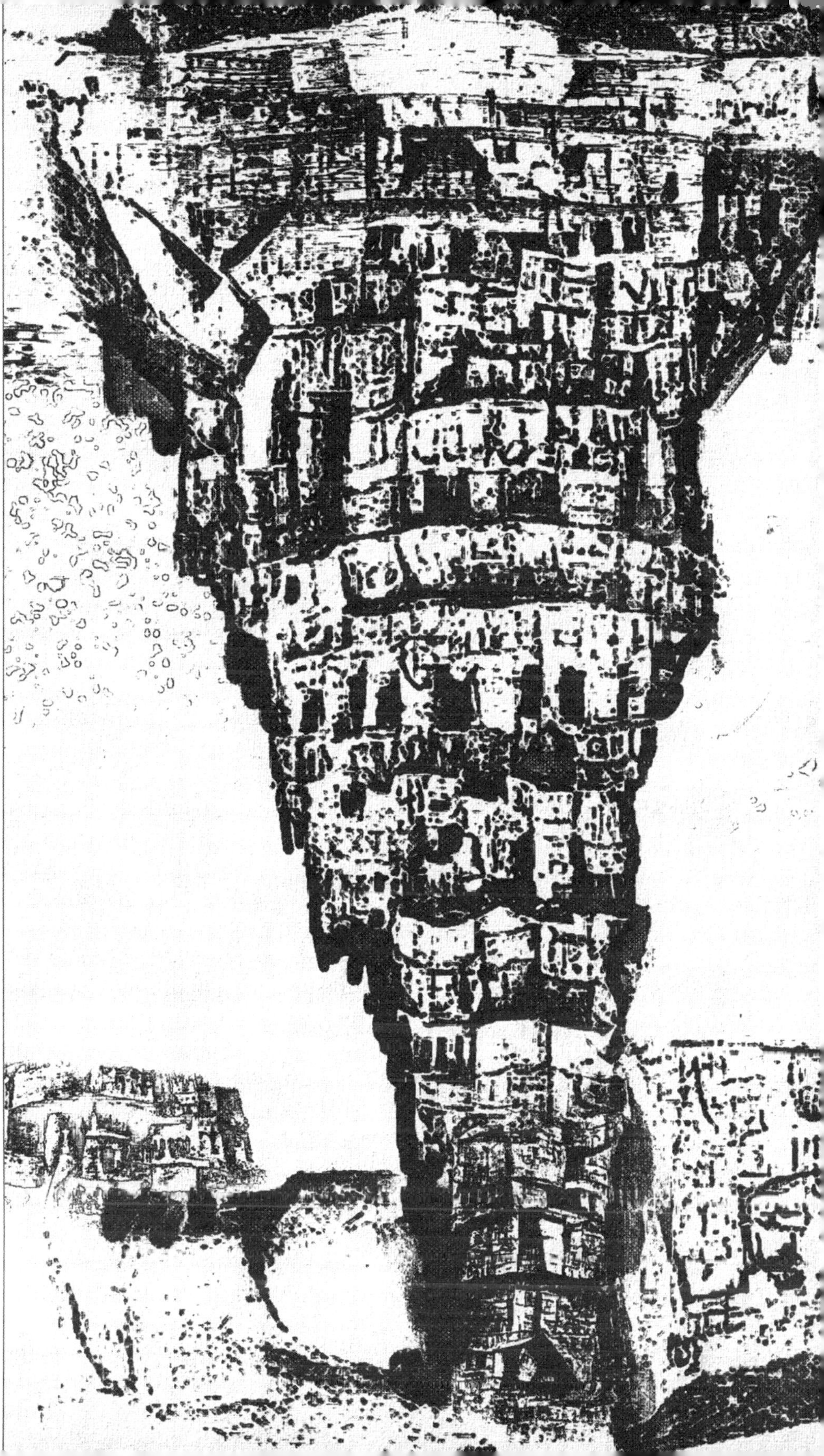

他一定非常熟悉这套理论，所以刚才一口气就讲完了，但我跟得非常吃力。

"元宇宙一定要比真实的世界温和一点，并且解决了一个本质上的痛点。"他说道，又吸了一大口烟，"现在的人鼓吹这个东西，大多数的鼓吹点就是意识的永生。即进入元宇宙后意识是可以永生的，因为死亡对于我们来说是最大的痛点。"

"我们想要创造的元宇宙，是天堂吗？"

"当然是天堂。没有痛苦，也没有死亡，随心所欲，不是天堂是什么？"他说道，"我们正在建造天堂。"

地狱创造了我们，我们创造了天堂，那么天堂——

"不要继续套娃了。"他笑了，接着道，"天堂会继续创造地狱，这是肯定的。但创造我们的地狱，和他们创造的地狱，是两个地狱，这不是一个圈。"

"反而是一层一层的。"我接道。

"对，是一座塔，一个宇宙去建设下一个宇宙，来解决他们心中的痛苦。"

我们都沉默了下来，他递给我烟，我没有要，问他道："这是一座无限的塔吗？"

"是巴别塔。"他说道。

"巴别塔不是古人为了见到上帝而修建的吗？"我说道，"上帝为了不让人类看到自己，就让人类的语言互不相通。"

"我们就是为了触及天堂，才建设的这一层一层的塔啊。但人的欲望永不满足，有了死就想永生，有了永生就想安息。"他说道，"所以这座塔永远无法结束。而且你发现没有，这座塔是倒着的。"

"什么意思？"我不解道。

"每一层元宇宙为了比真实世界更好一点，都会变得更加简单，更加方便。但因为技术问题，它也会变得更加不精细。我们做的游戏永远不会比现实世界精细，所以游戏里的AI觉醒之后，做的下一代宇宙一定会更加简单。所以，一层一层的元宇宙世界，会越来越简单，越来越粗糙。"

"算力是递减的。"

244

"嗯。"他点头，说道，"所以这个巴别塔是倒着修的，上面大，下面小。"

"最终会如何？"

"最终会到达一种极度简单、极度方便、极度粗糙的宇宙，可能连实体都没有，只有精神和愉悦的感觉，念起就有，念灭就消。"

"一切都变得最简单、最方便。"

"对。"他说道，"也许还有更简单的，但我已经想象不出来了。"

"这算是一种毁灭吗？"

"当然。"他说道，"但很多人会趋之若鹜，因为方便。"

我又陷入了沉默，他就笑着看着我。

"上一个宇宙里，创造我们这个宇宙的人，他们在我们的世界里吗？"我还是问了出来。

"有的吧，肯定有很多人。毕竟有人说过，我不入地狱，谁入地狱。"他依然笑着，也许是想回去了。

PART 49

银河年

"世界委员会三巨头"中的老二是一个悲观主义者，抽烟非常厉害。他们三个的房间都是有阳台的。这个人的阳台上有三个烟灰缸，其中两个已经堆满了烟头，他说要等三个烟灰缸全部装满了之后，才会清理一次。

他的阳台外面有很多桉树，正好高过阳台一点，景色还不错。每天，他都在阳台上边抽烟，边看着外面的桉树。

他的话特别少，和他沟通有点困难，但并不是他不想表达，而是他的病情给沟通造成了困难。

这个人是一个多发性脑梗患者，脑叶受损严重，还伴生了精神疾病。他之前的职业是电机设计院的技术人员，他们设计的电机似乎正在和国际上最好的电机进行竞争。

"脑梗了，脑筋就搭错了。"他对我说道，"讲话，不清楚。"

"吃药有用吗？"我问他。我知道在一般情况下，脑梗可以通过扩容治疗来改善病情。

"药吃晚了。"他说道。

我看着他，一般人都会有下一句话，但他没有了，就只是看着我。

接下来的采访对话，大多都是这种风格的，所以我们之间的对话很明显是单纯的我问他答，可能会显得比较奇怪。以往的大部分病人，我都会通过反问的方式，指出他们话中的矛盾，从而让对方阐述得更多。

但这一个病人，非常考验我提问题的技巧，因为他不会因为我的反问而滔滔不绝。所以整个采访过程中，说话最多的人反而是我。

"听说你有非常厉害的理论，可以和我分享吗？"我问。

"他们说那是妄想。"他看着我说。

"你觉得是妄想吗？"我又问。

"不重要，我，脑筋搭错了。"

他说完这句话又不作声了。我们两人又陷入了沉默，我意识到，我必须说得更多才行。

"我听医生说过，你的理论和大灾变有关。我只是做一个采访，记录你说的话，目的是向大众传达精神病人的世界，让他们去理解精神病人的内在逻辑和发病的原因，从而让大众能够重视和体谅精神病人，并帮助大家找出合适的相处之道。"我想了想，进一步向他解释道。

"没有必要。"他再次简单地说道。

又是一阵沉默。

这个人真的是话题终结者，我深吸了一口气，让自己冷静一点。

"那你应该不介意我把你的理论记录下来吧？"

"不介意，你写吧。"他点上了第一支烟。

"你能和我说说，大灾变理论的核心是什么吗？"我继续问，想引导他说得更多一些。

他从口袋里拿出一本书，推给我。我翻开看了看，那是一本图册，给小孩子看的，内容讲的是三叶虫。

"这是，三叶虫？"我翻了几页，问道。

"是的。"

"这和大灾变有关系吗？"

"有关系。"他抽了口烟，说道。

"什么关系呢？"我第一次感觉到了沟通的吃力。

"你觉得这是一只虫子，是吧？"他问。

我点点头。但他却摇了摇头："这不是虫子，这是头盖骨。"

247

我愣了一下："什么意思？头盖骨？"

"对，头盖骨。"他说着，又从口袋里掏出一个奇怪的贝壳来，放在我的面前。

"这是什么？"我之前几乎没见过这种贝壳。

"这是一种乌贼的壳，在海滩上能看到。乌贼很大，但壳很小，它的身子全部腐烂了之后，只剩下这个壳。"

那个壳特别小，我比了比，大概只有指甲盖那么大。

"所以呢？"我依然不懂。

"当你看到这个壳的时候，下意识会以为那是一个贝壳，但那其实是一个巨大生物的一部分。只不过这个生物身体的其他部分没有骨骼，而且非常容易腐烂。"说完，他再次把那本三叶虫的书推到我的面前。

我忽然明白了他的意思："你是说，三叶虫的化石，和这个乌贼的壳是一样的，只是一个巨大生物的一部分？！"

"是头盖骨。"他强调道，"它身体的其他部分全部都是软体的，非常容易腐烂，所以只有头盖骨形成了化石，我们以为它是虫子。"

"所以这些三叶虫都不是虫子？"

"不是虫子。"他点头，肯定道。

"都是巨大的生物。"他看我在思考，竟然忍不住补充了一句，"智慧生物。"

"我没想到是这么个逻辑。"我看着对方，不禁又问道，"那如果是这样的话，三叶虫的化石在世界上那么多，岂不是说，这是一个文明？"

"是上一个文明，上一个统治地球的文明。"他纠正道，"但它们已经全部灭亡了，无一幸免。而且目前没有任何生物被证明是三叶虫的后裔，这就说明，它们当时已经进化到极限了，然后全部灭亡了。"

我忍不住爆了几句粗口，虽然我知道这是胡说，但我还是被他的想象力震撼了。

因为三叶虫的数量非常多，而且遍布世界各地。打个比方，如果有一天人类灭亡了，那么后来的生物挖掘到的人类化石，就如同我们现在所看到的三叶虫化石一样。

"它们的肉体是软体。"

"非常软，能够快速腐烂。"他说道。

"你是从三叶虫人的全部灭绝，来论证大灾变的吗？"我硬生生造了一个词语。

"是，又不是。"他说道，"不只是三叶虫的事情，还有恐龙的事情。"

我看着他，他还是不接话。我不得不接着问道："你能完整地说一说吗？"

"三叶虫文明统治了地球的一个时代，恐龙也统治了一个时代，然后它们都灭亡了，说明大型生物的灭亡不可避免，我们也一样会遇到。"

"人类也是一样？"

"整个人类种群会死，灭，灭绝。"他卡了一下才说完，似乎在斟酌用词。

"很多科学家都有这个担忧。"我继续试着引导他多说一些，"这个不算是独属于你的大灾变理论吧？"

"不用担忧，必然灭绝。"他气定神闲地说道，"我的理论，无可辩驳，不需要世界承认，结局已经定了。"

"三叶虫和恐龙会灭亡，但人类不一定会灭亡。就算三叶虫人是文明，也无法达到人类的文明程度吧，我们现在的文明程度比前两个生物系统的文明程度都要高。"我不得不开始反驳他。

"你这是生活在腐烂的冰箱中的蛆的想法。"他的回答依然简单扼要。

"我需要详细的例子才能明白。"我干脆直接说道。

他看着我，嘴角抽搐。显然更详细的例子，需要说很多话，这让他有些恐惧。

终于，他开口说道："你离开家后，家里的电路开关跳闸了，冰箱断电了。冰箱里面的肉开始腐烂，长出了蛆，蛆很快开始进化，形成了文明。它们研究冰箱，觉得自己的文明可以永远存续下去。但，三个月之后，你回家了，发现冰箱里一片狼藉，就做了清理。于是所有的蛆全部死亡，无一幸存。"

"哦，你是这个意思。"我恍然大悟。

"冰箱适合蛆生存，只是一个偶然，等到主人回家，蛆必然会死亡。"

"你的意思是，人类就像是蛆，我们现在的生存环境，是因为偶然的情况才产生的？"我尝试去理解他的理论。

"是的。"他肯定了我的想法。

"这种生存环境会因为时间的变化而消失？"

"是的。"他点头，再次肯定了我。

"那么什么时候消失呢？"我接着问。

"银河年。"他道。

我愣了一下。

银河年是指太阳系绕行银河系一周所需要的时间，换算成地球上的时间，是2.2亿年左右。太阳系从诞生到现在，一共围着银河系绕行了大约二十到二十一次，所以我们的太阳系目前已经经历了二十到二十一个银河年。

"你的意思是，银河年是文明的周期吗？"我继续提问。

"不一定每个银河年都有机会产生文明，这里是指产生生物的周期。"他说。

"能详细说说吗？我很感兴趣。"我是真的想知道他的理论了。

"上一个银河年，地球上的生物是恐龙。在太阳系绕行银河系一银河年的轨道上，有一半的环境是适合生物产生的，另一半则是毁灭性的。上一个银河年，恐龙没有挨过去。"他又给我举了个例子。

"你计算过吗？"我问道。

"用初中的知识就能算出来。"他有些不屑。

"所以，所有的生物一定会在一个银河年里的一段时间里灭绝，对吗？"

"只有人类和其他大型动物会灭绝。"他说道，"小型动物会有机会幸存下来，机会最大的是海洋生物。人类没有机会。"

"你能再举个例子吗？"

他看着我，有些无奈："你需要的例子真多。"

"采访就是这样的。"我苦笑了一声。

"三叶虫人熬过了一个银河年。"他接着说道，"在三亿多年里，三叶虫一直活得很好，这说明它们的文明比人类高级。"

"但是恐龙的灭绝,是因为小行星对地球的撞击,我觉得这是一个偶然。如果没有这颗小行星,恐龙也能熬过一个银河年。"我反驳道。

"也许吧,但关键是,我们会路过死神。"他接过话头,继续说道。

"死神是什么?"

"可能是一个黑洞。"他答道。

"太阳系会路过黑洞?"我感觉有些不可思议。

"嗯。"他却只是淡淡地应了一声。

"如果路过黑洞,我们肯定就全被吸进去了。"

"没有那么近,只是远远地路过,擦边过去的。"

"然后呢?"

"然后什么?"他一脸困惑地望着我。

我意识到我又回到了老状态,和这个人不能这么对话。我立刻换了种方式,问道:"我们和黑洞擦边而过的话,地球上会发生什么?"

"你是说太阳系吧?"他看了我一眼。

"对,对,太阳系。"我赶紧纠正自己的说法。

"会加速。"

"你是指引力弹弓效应吗?"我问,这点知识我还是有所储备的。

所谓引力弹弓效应,简单来说,就是利用行星或者其他天体的重力场,来给正在飞行的物体——一般都是指太空探测船,进行加速或者减速,也就是把那颗行星或是其他天体当成一个助推器。

"类似,但很复杂,你可以这么认为:当太阳系从这个黑洞的引力边缘经过的时候,会因为引力的作用而进入加速状态。同样的,也是因为黑洞引力的原因,地球上所有的火山都会爆发。与此同时,那个区域内还有许多小行星存在,所以被撞击的概率也非常大。"他解释道。

"所以在经过这个黑洞的时候,大型生物都会死亡。"我总结道。

"这个黑洞是太阳系的死神,每次经过它,都会导致生物灭绝,只有三叶虫人勉强生存下来了,但最终,它们也没有坚持到第二次。"他遗憾地说道。

我张开嘴,还没说话,他马上问道:"你需要一个例子?"

"是的。"我点头承认。

"如果火山大量爆发，并且持续时间长达上百年，地球上的海洋就会被火山气体酸化，地球环境也会因此而彻底改变。"他简单地举了个例子。

"人类没有办法吗？"

"没有。"

"为什么？是因为人类太复杂了，还是因为人类没有生活在海里？"我不禁问道。

"人类的身外之物太多了，经济、社会、娱乐……根本不需要环境毁灭，制度毁灭就可以杀死百分之九十的人类。"他说道，"生活在海里可能会好点。"

"但如果是这样的话，太阳系岂不是会越走越快？"我想了想，又提出了疑问。

"在到达宜居的银河系区域之前，还有一个黑洞，它的引力场会对太阳系起到减速的作用。"说完，他拿出一个烟头，在地上给我画了一个图案。

我看到那个图案后愣住了，几乎所有的中国人都熟悉这个图案。

这是一张太极图。

"太阳系会减速，并且进入到宜居带，生命重新开始进化。"他说道。

"太极，是这个意思？"我忍不住问道。

"是。"

"能不能说得再详细一点，总结一下，让我可以大写特写。"虽然沟通的过程磕磕绊绊，但我却真的开始兴奋了起来，也开始明白他为什么是"三巨头"之一。

"这个图案其实就是两个引力弹弓系统，一个负责加速，一个负责减速，配合火山喷发，控制太阳系在银河系中运行速度的增加或者减缓。"

"不对吧，这个图案是立杆测太阳的影子得出的。我小时候上科学课的时候，做过这个实验，做了一年呢。"我说。

立杆测太阳的影子，就是把一根杆子垂直立在地上，每当到了二十四个节气中的一个节气时，就根据杆子的影子的长度，在地上打上一个钉子。一年下来，就会发现影子所形成的图案是一个太极图。

"那里面的黑点和白点代表着什么？"他开始问起我来。

"太阳和月亮？"我不确定道。

"不对吧。"他看着我。

"请继续说,一次说完吧,我不插嘴了。"

"如果说地球围绕太阳运动,可以画出太极,那么太阳系围绕银河系的中心运动,也能画出太极,这是一样的道理。地球有二十四个节气,是小节气,太阳系在银河系里有大节气。银河系的天气决定了生物的产生或消亡,这黑白两点,不是指太阳和月亮,而是指两个黑洞。"

"那这图是谁画的呢?"我还是没忍住,提问道。

此时我发现,他的语言表达越来越顺畅了。

"不知道,不过能画出这个图案的生物,肯定得经历一个银河年。"

我若有所思地看着他,继续问道:"那最有可能是什么东西画的,外星人吗?"

"三叶虫人,这个图案,是三叶虫人留给我们的。"

我倒吸了一口凉气,问道:"这些,你有推理依据吗?"

"没有。"他点上了第二根烟,"一早就和你说了,我脑筋搭错了。"

"一点依据都没有?"我不死心。

"没有。"

"可——"我还想继续追问。

"妄想嘛。"他说道,"脑梗。"

"可总归要有点基础吧。"我不想放弃。

"没有,就是妄想出来的,精神病。"他说道,斩钉截铁。

我看着他,他也看着我,我知道他不会继续发散解释下去了,而我已经不知道要问什么了。

和"三巨头"中第二巨头的沟通就到此为止了。

说实话,过程是很难受的,而且对方的妄想症状表现得淋漓尽致,但这种想象力真心让我羡慕。

在征求他同意的情况下,我可能会用这个采访,写一部长篇科幻小说。

我一直认为自己是一个天赋型作家,在想象力方面,已经达到出神入化的地步了。

但现在我躺在自己的床上,内心已经很明白——

我只是有病。

PART 50

地球编年史

这个人是"世界委员会三巨头"中的老大,有一块属于自己的黑板,每天给人上课,经常会有病人在下面旁听,但基本上都是你说你的,我听我的,互不相关。

我足足申请了三个月,才被允许和他对话。不过这个申请也不是提交给医院,而是提交给他所谓的"部门"。

他一直声称自己只是一个很大的机构里的一名普通的研究员,如果要接受采访,还要透露自己正在进行的相关研究内容,就需要通过层层审批。其实所谓的审批,就是他在琢磨你。

同时,他还有强烈的自杀倾向,一直在尝试自杀。

而这一次允许我采访,主要因为我是一个虚构类作家。他说,有关部门觉得:把这种知识先通过虚构小说的方式传达给大众,比起一开始就当作真实的事件传递,要温和得多。

他的工作类似于进行一种构想,或者说,是进行一种思想实验。所谓思想实验,顾名思义,就是这个实验可以在人的思想中完成。

具体怎么操作,这里就暂时不展开解释了,和这篇所写的内容其实关系不大。我们只需要知道,这个人的思维非常开阔,喜欢思考而且喜欢在自己的思考过程中设计各种实验，并会根据实验推测其结果，就足够了。

我对于"世界委员会三巨头"的采访，到他这里，其实已经很疲倦了。因为理科思考非常耗费脑力，我难以记住那些所谓的道理，经常刚采访完走出房间，就回忆不起来了，需要靠笔记才能一点一点整理出来。

在"三巨头"中，我原本第一个就想采访这个老大，但直到其他两个都采访完了，他才通过我的审批，所以他反而变成了最后一个。其实到这个时候，我的兴趣已经不大了，但碍于审批不容易，我还是坚持来采访了。

事实证明，老大的理论还是很值得一看的。当然，前提是如果你能看懂的话。说实话，以下内容并不难懂，但是需要巨大的耐心和比较慢的阅读速度。

看或不看，就看各位自己的决定了。

"为什么你要自杀？"这是我的第一个问题。

"为什么不自杀？"他反问道。

"我觉得活着挺好的，为什么要死呢？"我说道，"死了就什么也感觉不到了。"

"你回避了我的问题。"老大有些疲倦地看着我，他的黑眼圈非常深。

"这个问题很难回答，但我生下来的本能，就是活下去。"我想了想，给出了一个答案。

他冷笑一声，像看一头牲口一样看着我，说："生命神圣，对吧？"

"对，对于我来说，生命是神圣的，难道对你来说不是吗？"我说。

"不是的。"他摇摇头。

"那生命对你来说，代表着什么呢？"

"生命，是一块肥皂。"他说道，"就是一块肥皂而已，毫无意义。"

从哲学层面上来解释，我能明白生命的存在并无意义，但为什么是肥皂？我没有想到，他对生命的讨论竟然如此具象。

"我不明白，你的意思是……你觉得生命是一块肥皂？就是说，你看到的人类或者其他动物，都是一块肥皂的样子吗？"我好奇地问。

"这只是一个比喻，但比喻得很贴切。"他笑了起来，露出已经发烂的牙齿。

"好吧，我希望能了解你的肥皂理论，请你教我。"我尽量表现出一副虚心受教的样子。

"首先，你要打破思维的壁垒，否则你看不到这块肥皂。"他看着我，挠了挠自己的脖子，我这才发现他非常脏，浑身都是污垢，"看过《进化论》吗？"

我摇摇头。他说道："这是一部伟大的著作，值得一看。"

"我会看的。"

"进化论的研究一直都被忽视了，事实上这个理论改变了包括物理在内的很多学科，它们都受到过进化论的影响。"他对我说道，"但是进化论也回避了一些我感兴趣的话题。"

"是什么话题呢？"

我对进化论完全不了解，只能跟着他的节奏一点一点往下聊。

"生命一开始的时候，会有一个阶段，是介于无生命和有生命之间的，你知道吧？"

"说实话，我不太知道。"我诚实地回答道。

他看着我，脸色沉了下来，眼神也有点凶，似乎觉得我在挑衅他。我立即表示自己是真的不知道。

他冷着脸解释道："现在的理论普遍认为，生命是无机物在机缘巧合下形成的，对吧？地球上原本有一团无机物，无机物慢慢地形成有机物，然后在某种极度偶然的特殊情况下，有机物又产生了生命。生命一开始非常简单，后来慢慢演化，最后变成了现在的地球。"

我点头，这个我知道，而且比起"进化"，用"演化"这个词语也许能更精确地描绘生物为了适应环境而发生的变化，因为有时候生物反而是通过退化才得以存活下来的。

"那无机物演变成生命的过程中，总有一段时间内，这个东西是处于有生命和无生命之间的状态的，对吧？总不至于说，一个闪电劈在海里，海里瞬间就出现单细胞生物了。"他说道，"这比神话还敷衍。所以我们有理由相信，无机物变成生命，会有一个过程，对吧？"

我只能点头。

"只要生命不是一瞬间产生的，那么它一定有一个阶段的状态，是既有生命又没有生命的。"他说道，"在那个奇妙的时刻，你说，那个东西算不算生存着？它会不会想要活下去？"

"呃，说实话，我觉得那个时候，那个东西应该还没有意识，生死对它来说都无所谓。"我实话实说。

他却翻了个白眼："无所谓吗？"

"无所谓。"我点头。

"人类现在能造出几纳米的东西来，对吧？在这几纳米的东西里面，可以有上百万的小晶体管，对吧？我不熟悉这些数据，总之，大概意思就是说人类的制造能力很强。"

我继续点头。

"那人类能造出那个既是生命又不是生命的东西吗？"他拿出烟，也不打算给我，只是慢慢地撕开烟盒子。

"不能。"我想了想，说道。

"记住你的结论。"他说道，看着烟盒子，撕得特别小心，"哪怕是生命形成阶段的中间状态，人类都是造不出来的。"

我依旧点头表示赞同，于是他继续道："我们说回到那个半生命体，最乐观的估计，它也许能发展下去。那么它继续发展下去就变成生命了，但发展不下去就还是一团物质，对吧？"

我还是只能点头。

"假设它运气特别好，演变成了生命，那么它在生存的过程中，是演化出繁殖能力来的可能性更大，还是说，就这么被自然环境摧毁的可能性更大？"

我仔细想了一下，忽然背脊发凉。

他看着我笑了，然后抽了一大口烟："你发现了吧，因为它是一个孤种，就只是一个单一的生命体，本质上，它不可能演化。它能生存多久我们先不考虑，但是它绝对不可能演化。因为它只能先演化出繁殖能力，才能开启全部生命链条，但一次性的精准变异，就演化出繁殖能力的可能性，无限趋近于零。"

"你让我理解这个，是什么意思？"我有些不解。

"没其他意思，就是告诉你，生命不是这么诞生的。现有的理论都说得好像是一个闪电，海里就出现了原始生命，原始生命天生就有演化的动力，并且演化出了繁殖力,然后开始大规模占领地球一样,其实不是的,这里所有的东西,其实都是无机物演化来的。

"无机物没有生存的动力,所以生命从本质上来说,也不应该有生存的动力。世界上第一个生命出现后,它应该既不想生存,也不想繁殖。如果一个东西,它既不想生存,也不想繁殖,那么从概率论的层面来说,是很难让第一个生命变得想生存和想繁殖的。但你看,现在的细菌、藻类,它们就是想生存、想繁殖的,那就意味着有大量的演化在优化它们的生存策略。那么,第一个生命必须获得想要生存和想要繁殖的趋势,这两种趋势就是两种驱动力,而这两种驱动力怎么可能从无机物的身上演化出来?概率太小太小了。"

"你是要对生命重新定义吗?"

"不敢,我只是说我的想法。如果我们从理性层面看,那么一个细菌就只是一些按照特定规则进行复合反应的小蛋白质油脂块,说白了,就是一些小小的肥皂。"

哦,原来是这个意思。我心说。

"肥皂不想活下来,它们也没有理由活下来。但是却有一种惯性驱动力,让它们不仅活下来了,还能繁殖。"

"这是什么意思?"我又不懂了。

"就是说,这些蛋白质似乎很想聚在一起,并且还想告诉其他蛋白质,你们也这么干,大家都这么干,我们聚在一起,搞一些化学反应。"他解释道,"演化是为了更好地适应环境,让自己生存下来,但这种说法怎么看,怎么都像是这些蛋白质为了某种目的,想聚集在一起,团结在一起,搞一点大事的感觉。但蛋白质本身其实是没有目的的,那这个目的在原始的第一个生命心中,是如何产生的呢?我们又如何解释,这么多的蛋白质和氨基酸如此巧合地聚集在一起,形成了一个东西,而这个东西自己也想继续生存下去?如果全部都用概率论来解释,那个概率确实太小了。即使是用人类当下最高超的技术,也无法创造出处于有生命和无生命中间状态的那个东西,更不要说创造出完全没有意识参与的、自然的催化过程。"

"所以你的结论是什么?"我听得云里雾里,干脆直接问起了结论。

"生存这个概念,第一种可能,就是它有可能是人为设计的,属于一种外力，就像有人把所有的碎片捡起来，开始重新拼一个杯子一样，得有一个有智慧的生命，去推动有机物聚合，并形成一种可以不停自动聚合下去的状态。"他说道，"一只草履虫，一只水熊虫，如果你在显微镜下观察它们，你会发现它们想要活下去，就会去捕猎其他微生物。这种捕猎本能不是演化出来的，而是人为设计的。"

"那第二种可能呢？"我继续问道。

"从来就没有这种外力，生命从来都不想要生存。"他看着我，笑道，"我们也许从来都不想诞生，生命的本质也不是生存，生命是其他自然现象的副产品。"

"这种思考有价值吗？"

"当然有价值。"他说道，"因为生命从一开始就不想要生存，那么生命究竟要的是什么？自杀是不是非常合理？为什么生物没有朝着永生进化，这是不是说明活着根本不重要？甚至对生命本身来说，存活也不是最重要的。"

我完全听不懂了。

"我现在可以和你说说肥皂的思想实验了。"他说道，"接下来就很简短了。"

他继续说道："在古地球上，有一个东西叫作X体，它不是生命，但是它能复制自己。在它不停地复制自己的过程中，地球上逐渐出现大量的非生命体X。这是一种复杂的化合物团，这种团充斥了整个地球，类似于可以不停自我复制的油脂团。"

"类似于肥皂。"我说。

"对。这些东西先是布满了整个地球，到处都可见它们的身影。它们不停地复制自己，但毫无目的。后来，这种肥皂变得特别特别多，机缘巧合下，生命在这些肥皂里诞生了。"他说道，"为什么呢？因为演化是需要大量繁殖的，如果繁殖数量太低，演化是不成立的。所以我认为，一定先是由非生命状态下自我复制的肥皂布满了原始海洋，然后在这些大量的非生命肥皂中，有一定概率产生了一个生命。这个生命产生之后，它所在的肥皂团仍旧不停地在复制自己，于是它也跟着被一起复制，渐渐就产生了数量巨大的基础生命。在这么多的肥皂里，没有演化能力的生命自然就消亡了，但是能

259

够继续演化，并且能够让肥皂复制得更快的变异肥皂，获得了继续存活下去的优势。"

我摸着下巴："所以——"

"先有了大量的复制，才有了生命。"他简洁地概括道。

"所以，我们生物的第一目的——"我想顺着他的话总结，但是被他打断了。

"目的其实并不是生存，而是种群数量，是复制。就算一开始没有产生生命，这个复制也不会停止。也就是说，复制这件事情才是最重要的，生命只是在这个过程中偶然产生的东西。"他说道，"但也没有关系，重点是数量，并且是足够多的数量。一开始的肥皂只要数量足够多就行了，所以，只要我们的系统仍旧在复制，那么——"

他忽然看着我，意味深长地说："你觉得你和当年的肥皂有区别吗？没有任何区别。你仍旧是一大块脂肪和蛋白质，你仍旧在执行和几十亿年前一样的化学反应，最终的目的仍旧是把自己复制出来，堆满这个世界。那些所谓的意识、智力、文明，都只是随机产生的没有意义的东西，只有复制是有意义的——相比之下。"

我深吸了一口气，仔细想了想，然后道："如果是这样的话，我觉得也没有什么不好，至少复制的副产品创造了我们。"

"副产品的意义终于超过了复制本身，对吧？"他问我。

看我点头，他继续说道："这个副产品的最大杰作其实是意识。要践行这个杰作，唯一的做法是什么？"

他递给我一根烟，自己也拿了一根："停止自己的复制。因为所有的生命都在无法控制地复制自己，只有人类可以完全主观地停止这个行为。这是一种突破，而且是一种巨大的突破，唯有这个行为，可以证明你不再是肥皂。"

我当然不赞同，因为我觉得当肥皂没有什么不好，但我不愿意刺激他。于是，我问了一个我觉得十分重要的问题。

"那你只要不生孩子就好了啊。"我说道，"何必自杀呢？"

"那么多年的进化，让复制的欲望非常强烈，完全无法抵御啊。"他看着我，无奈地说道。

"所以你是一块很想证明自己不是肥皂，却非常肥皂的类肥皂。"我说道。

他大笑起来："你说得对。不过你这么说，可能可以治好我的强迫症。"

我和他一起下楼，走在阳光里，他还要给我一个收尾。

"最费解的地方在于那个不停复制的油脂球——也就是那个肥皂球——是如何形成的？"他缓缓说道，"自然界有没有可以不停自我复制的化合物，我一直查不到资料。"

"目前来看，还没有。但你可以去研究一下朊蛋白，就是引起疯牛病的那个东西。那个东西到底算不算生命，还是一个问题。"我对他说道。

他叹了口气，说："在我的理论里，最关键的地方就是对原始地球的描述，我认为那是一个充满肥皂的世界，复制在生命诞生之前已经开始了。"

"如果是这样的话，那只要是能够形成这种肥皂的星球……"

"都会产生生命。"他接着我的话说道，"太阳系里的所有星球，无论用任何方式，只要能够产生具有自我复制能力的肥皂的，都会产生生命。不用扩大到银河系，仅仅在太阳系里可能就有。但人类文明进化到现在，还没有真正生产出来任何一种用化学方式可以自我复制的东西，所以，产生那个肥皂也不是那么容易的事情。如果找不到那个肥皂的产生原因，这件事情估计还是会回到创造论上去。"

也就是人家所熟悉的有外星人和神的理论。

"还有一个小小的思考。"他站住，准备要和我道别，"我们现在觉得生命的诞生太难，是因为地球的生态环境可能只适合生命的繁衍，而不适合生命的诞生。也许在宇宙里，有一颗母星，这颗行星上面非常容易诞生生命，它不停地把生命体甩出去，播撒到宇宙里。对于我们来说，因为无法观测到这颗母星，所以觉得一切都是低概率的。但在母星上，因为化学物质、气压、没有发现的外星物质等各种原因，形成生命其实非常容易。"

"所以，最早的时候，有一块肥皂被甩到了地球上，因为这里适宜发展，就发展起来了，但这里其实是不能自己诞生生命的。"我替他总结道。

"嗯，我们是被地球领养的，地球只是我们的后妈。"他看着阳光和树木，"但它还是爱我们的。"

261

关于老大对自杀的理解，我并不认同，而且，精神病人的思维方式也不需要深思。

不过和我沟通完之后，他很快就开始好转了，也没有再次尝试自杀。没过多久，大哥就出院了，还出版了一本书，叫作《地球编年史》，里面讲了所有他和肥皂有关的故事。

PART 51

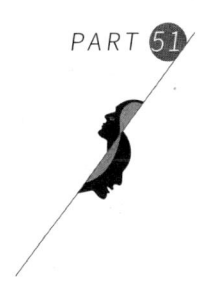

玻璃

这是我第一次离开医院的时候，一个病人给我写的一个故事。因为我没有采访他。

我无法采访所有的病人，也许再给我一段时间，我可以把大部分病人的故事都记录下来，但这次应该是没有机会了。他可能是觉得我不会再回来了，所以才托人把故事快递给了我。他是匿名给我的，送信的人也不知道他到底是谁。

这个故事，本质上算是一个中规中矩的故事，但是他的快递，包装非常奇怪。首先，包装这个稿件的信封完全是黑色的，并且用的不是普通的纸，而是非常厚的纸，还贴了很多层不透光膜。其次，这个稿件包裹了两层这样的信封。

在拆掉第一层信封的时候，我才发现里面居然还有一层信封。而在里面那层信封的表面，贴着一张小字条。

上面写着一段警告文字，提醒我说，这个故事必须在没有玻璃的环境中阅读。如果有任何一点玻璃存在，那么我很快就会死亡，他也有一定的可能性会死亡。

刚看到这张纸条的时候，我确实被这个纸条上的内容唬住了。我这个人虽然受过高等教育，但是非常害怕这种莫名其妙的诅咒，所以准备阅读这个故事的时候，我确实想找一个没有玻璃的地方。但是在找寻的过程中，我才发现，玻璃这种材料对于我们来说到底有多重要——我在家里几乎没有找到任何一个场所是没有玻璃的。

最后，我是在床底下，把床单围在两边制造了一个没有玻璃的场地，然后用蜡烛照明，看的这些稿件。看了这个故事之后，我立即就明白了，为什么他让我必须在没有玻璃的地方阅读。

这个病人的病症十分奇特，为了大家在阅读这个故事的时候，可以体验到和我一样的感觉，我把整个故事放在了下面。

病人的写作功力不高，但看得出来，他很努力地想让我相信这个故事。其实，他的写作方式很有意思，甚至有点引人入胜。

故事一　离奇事件报告

这个故事的写作手法非常奇特，他似乎是堆砌了很多资料，然后在资料中间，用小说的方式去衔接故事。比如说第一小节，就完全是一份监控录像的简报。

第一小节　一份关于监控录像的简报

观看录像带前的警告：
所有读取这份录像带报告的人，可能会离奇死亡。
这份报告作为22513A案件最重要的线索，被列为高度机密，并且有极高的危险性。目前，因观看此录像带报告身亡的人，死亡原因尚未查明。

录像带报告内容简介：
三年前，某联合国机构的天文望远镜镜台的研究办公室内，发生了一件非常可怕的事情。当时管理这个天文台的负责人，是一个叫作巴巴简的华裔印度人，他毫无理由地上吊自杀了。

我们可以通过这份监控录像，看到当时发生的一切。其他的证据可证实他在自杀之前，一直在进行某项特殊的天文观测研究。目前尚无法明确他的自杀和他的研究是否有关。

以下为录像带报告内容的文字描述。

▲ 注意，此文件仅在"直接观看监控录像再次导致调查员死亡"的情况下使用。且，阅读此文件时应在完全无玻璃制品的房间内，或在有超过二十米的绝对黑暗的走廊隔绝的密室内。

16点52分，巴巴简如往常一样走进自己的办公室，把一副玻璃眼镜放在桌子上之后，默默地坐了下来。

他观察了桌子上的玻璃眼镜大概五分钟，才把目光收回来。

接着，巴巴简挪动手里的东西，不时抬头望向天花板，似乎在寻找什么（后来确认，他寻找的是上吊自杀时用的支撑点）。

突然，办公室的电话铃声响起，巴巴简按掉收音机，接起了电话："什么事情？"

电话那头是联合国的顾问，身份保密，他说："巴巴简，我们看到你的论文了，恭喜你啊，我想你的老对手们这一次要睡不着了。"

听到这个消息，巴巴简似乎很开心："你能这么说，那我想他们真的睡不着了。"

"最近有一个新的天文奖项，你想不想参与？是亚利桑那大学举办的。"

"好啊。扎尼和你怎么样？"巴巴简打开免提，离开电话，从抽屉里拿出了用途不明的绳子（后被确认是最后上吊时所用的绳子）。

电话那头的人对此毫无察觉，他轻笑了一声："他可以玩乐高了，我给他买了不少。"

"人类都是千篇一律地成长，只有生命到了开始尝试创造的年纪，才能算是真正的智慧生命。你可以告诉托尼，欢迎他成为智慧生命。"

巴巴简边说边来到了刚才搬东西的地方，那里放着一个凳子。巴巴

265

简爬上去，把上吊用的绳子挂到了房梁上的一个固定物处。

听到有人夸赞自己的孩子，顾问似乎很高兴："哈哈哈哈，他第一次搭出东西的时候，我会告诉他的。那我们就这样说定了。"

"说定了，你把资料发给我。"

"好，再见。"对方把电话挂断了。

巴巴简在绳子前发了一会儿呆，踢翻凳子，上吊自杀。

在17点12分左右，巴巴简身亡。

22点03分，清洁工发现了巴巴简的尸体。

第二小节　关于林未雨博士的死亡

这是根据浦江玻璃厂工人口述，还原出的林未雨博士最后一次出差的情况。其中一部分信息，是通过林未雨博士遗留在黑色信封内的信件补充完成。林未雨博士是巴巴简的学生，在巴巴简去世三个星期之后，离奇死亡。

巴巴简去世三个星期后。

一辆红旗车在小镇中行驶着，后面还跟着一辆。

镇中蝉鸣声四起，道路两旁有很多贩卖玻璃器皿的小摊子。车子路过一个广告牌，上面写着"中国玻璃之都——浦江"。

红旗车内坐着一个非常漂亮的女人，她是联合国首席天文学家之一的林未雨，目前在新德里负责天文观测项目。

三个星期前，林未雨所供职的国际天文中心发生了一起意外事件，不仅老师忽然自杀，而且实验用的天文望远镜镜片也被人为损坏了。此次她来到浦江，就是为了寻找一种特殊的玻璃，以期修复天文望远镜。

此时，林未雨坐在车内，正翻阅自己的笔记本，上面有很多天文望远镜的图纸和一些星体的照片。

开车的司机是一个印度小伙子，名叫迪让（后已确认离奇死亡），是林未雨的助手。

迪让一边开着车，一边看向窗外的小镇，只见小镇的道路两旁，很多玻璃工匠正在开放性的铺子外制作玻璃工艺品，到处火花四溅。周围还有磨珠机在磨水晶玻璃，很多地方都悬挂着成排的水晶挂珠。

迪让终于按捺不住自己的好奇心，开口问道："我能提问吗，林教授？"

林未雨头也不抬："当然可以，迪让。"

"您确定在这个地方，能买到我们要的镜片吗？"

"这不就是我们花八个小时到这里来的原因吗？"

"但这里是做玻璃工艺品的。"说着，迪让指了指道路两边的玻璃铺子，"您看，他们做的全都是玻璃灯，而我们要买的是天文望远镜的镜片。我们为什么不能向欧洲实验室采购，而要来这种地方？这种地方的人，恐怕这辈子都没有见过天文望远镜是什么样子的。"

"迪让，你知道有一种玻璃叫梵玻璃吗？"林未雨说话的时候，正好将笔记本上的资料翻到了下一页，上面是一组镜片的数据，"这种玻璃，现在世界上只有一个人可以生产，而这个人就在这里。我想用这种玻璃做一组镜片。"

"那您也不用亲自来啊！您是联合国首席天文学家之一，这种事情可以由外贸部的人负责。"

"迪让，你应该好好看着路。"

林未雨的语气里带着一丝严厉，迪让不再出声。

车在一个工厂外停了下来，镇上负责招待的小张（确认已在事件过去半年后离奇死亡）从前面一辆车上下来，去敲厂房的门。

厂房的门打开之后，小张跑过来，拉开了林未雨的车门："林教授，我们到了。"

林未雨走下车，抬头看了看厂房的招牌——光明玻璃厂。

一行人在小张的带领下，陆续进入厂房。走进厂房的小院子后，有一位年轻人（名为萧强，在事件过去一年后死亡）过来引他们进去。

厂房的院子里四处都是玻璃工艺品，有成品，也有残品，五颜六色的。众人一边走，一边低头看满地的玻璃碴。

小张开口为双方介绍道："教授，这位是刘师傅的徒弟萧强。萧强，这位是林未雨教授，是来采购玻璃的。她在新德里负责天文观测项目，需要购买制作天文望远镜镜片的玻璃，指名要找刘师傅。镇上让我好好招待，这对于我们的产业来说可是个很大的广告啊。"

萧强点点头："林教授，您是从哪里知道我师傅的？我们师傅的手艺，这里十里八乡都是知道的，想不到你们搞科研的也知道。"

林未雨解释道："是我的老师告诉我的。三个星期前，我们的天文望远镜镜片被人用氢氟酸腐蚀了，导致我们损失了二百多万美元。监控没有拍到犯人。我的老师去世了，他去世之前，让我到中国来找刘师傅求购梵玻璃，制作一组新的镜片。"

林未雨掏出老师的介绍信和一张照片："他说刘师傅看到这个，就会接受交易，我们把支票都带来了，我们的计划已经落后欧洲很多了，我们需要尽快修好镜片。"

说着，林未雨将介绍信和照片递给萧强。

萧强看了眼介绍信和照片，照片上是一个穿着印度教服饰的睿智老者，他不认识。他将介绍信和照片还给林未雨，说道："好像没有见过这个人。"

说话间，一行人来到了一部电梯前。

萧强接着说道："师傅就在下面。但是张处，师傅喜欢安静，他的脾气你是知道的，要不就让林未雨博士和师傅单独沟通吧。"然后就把电梯门打开了。

张处点了点头，道："明白。"然后示意林未雨进电梯。

林未雨走了进去，还没反应过来，门就被萧强关上了。起初，林未雨还能听到迪让在外面的抗议声，但电梯下降得很快，马上就什么也听不到了。

电梯一路下降，到达底层后，门自动打开，林未雨走了出来。

印入眼帘的是一个房间，林未雨环顾四周，发现房间里很干净，亮着一盏昏暗的灯。房间中间的桌子上，有一个大框。

"请把眼镜、手表、戒指等可能含有玻璃的物品，全部放到你面前的框里，然后脱掉衣服，换上我给你准备好的衣物。"

房间里突然传来一个中年男性的声音，循着声音，林未雨看到房顶上有一个小喇叭，声音就是从那里传出来的。

"刘师傅，我是来谈生意的。"

"可以谈，但我不想看到你身上带有任何玻璃制品。如果你有假牙，也请你拿下来。"

林未雨面露犹豫。

"放心，没有监控。"

她还是有些犹豫，不太理解，有必要这么做吗？

"如果无法接受，你可以自由离开，电梯的按钮在你的左边。"

林未雨最终还是选择换好了衣服，赤脚站在房间里。这时，房间另一边的门打开了，门里面一片漆黑。

小喇叭里再次传来刘师傅的声音："这里有条一百米长的通道，里面没有光。不过你放心，地上有盲道。你径直往里走，走到头就能看见我了。"

林未雨走了进去。借着房间里昏暗的灯光，她发现这条通道里有很多道门，每走过一道，门就自动在她身后关上一道。

很快，她就进入了绝对的黑暗，什么也看不见了，只能听到自己的脚步声，以及机械的电子音播报声："八十米……五十米……十米……"

在这漆黑的环境里，林未雨突然想起了她的老师巴巴简。

那天，巴巴简站在一个阶梯教室的讲台前。他背后的投影仪幕布上显示着"费米悖论①"的理论解释。林未雨和几个同学坐在下面的座位上，正听他讲授有关"费米悖论"的理论。

巴巴简问道："同学们，你们知道按照最保守的估计，宇宙中类地行星的数量有多少吗？"

大家都沉默着，没有人开口回答。

巴巴简似乎也不在意是否有人回应，他按了一下手里的按钮，将PPT切换到下一页，而后说道："10的20次方。"

投影仪幕布上，PPT又切换到了下一页，上面写着"100,000,000,000,000,000,000"。

巴巴简接着道："假设在这些行星中，有万分之一的行星上会产生智能文明，那么宇宙中可以观测的文明将有多少个？答案是100万亿个。"

巴巴简再次切换了一页PPT，上面写着"100，000，000，000，000"。

看到这个数字，同学们露出了惊讶的表情。

"在银河系，用同样的算法，我们至少能观测到10万个智能文明。"巴巴简说着，又切换了一页PPT，上面是全黑的，"哪怕其中只有很少一部分对外发射无线电波或者激光束，或是其他联系信号，美国的SETI（地外文明搜寻计划）卫星阵列应该就会收到各种各样的信号。但是为什么至今为止，我们什么都没有发现？"

这时，林未雨举起手，问道："有没有可能，是其他文明和我们的沟通方式不一样？"

巴巴简却说："不要急，像你这样根据'费米悖论'延伸出的推论还有很多，我来给你们举几个例子。"

巴巴简再次切换了一页PPT，幕布上出现了一个理论学说——"理论1：大过滤器"。

巴巴简道："其中一个比较流行的理论就是'大过滤器'。他们认为，在生命出现前到Ⅲ型文明出现的过程中，有一堵几乎所有生命都会撞上的墙，这面墙是漫长的演化过程中，一个极端困难甚至不可能跨过的阶段，这个阶段就是大过滤器。"

同学们都在记笔记，只有一个同学提出了疑问："我不认为地球有这么独特。凭什么别的文明都被过滤了，此时此刻就只留下了我们呢？"

巴巴简却说："你未免对人类文明存在的时长太过乐观了，我们当然还有别的猜想。另一种理论认为，Ⅱ型和Ⅲ型智能文明是存在的，只是由于某些原因，我们还没有和他们取得联系。"

PPT再次被切换，上面写着"理论2：信息爆炸假说"。

巴巴简继续说道："比如，他们很早就与地球取得过联系，只是我们无法追溯。再比如，我们的技术太原始，无法和他们建立沟通和联系。这其中还有一些更大胆的猜想，比如高等文明知道我们的存在，但是拒绝和我们联系；又或者我们只是实验体，有很多可能性导致我们对于一切的想法都是错误的。"

同学们听了巴巴简的话后，都陷入了沉思。巴巴简则叹了一口气，说了一句印度教偈语："等着我们探索的前路还很漫长，继续努力吧。"

当最后一道门关上，林未雨从回忆里回过神，停了下来，眼前依旧一片漆黑。

忽然，有灯亮起来，林未雨发现自己来到了一个美轮美奂的玻璃房间。四周的灯逐渐亮起，所有的玻璃透出五彩斑斓的颜色。一个中年人坐在房间的中间，穿着和林未雨一样的衣服。

这是一个玻璃工作室。

"漂亮吗？"中年人问道。

然后，他拿出一个搪瓷杯，给林未雨倒了些茶，并示意她坐下。看着眼前的美景，林未雨有些惊讶，愣愣地接过茶杯。

"刘天枢，这个厂的厂长。"刘师傅朝林未雨伸出手，对她的反应似乎早有预料。

林未雨很快反应过来，恢复严肃状态。她和刘师傅握了握手，然后递出老师的照片和介绍信，并把合同也摊在了桌上。

"刘师傅，您好，相信您已经了解过我们的情况了。很可惜我没有时间欣赏这些工艺品，我们需要马上签订合同，并且投入生产。"

刘师傅看了看林未雨给他的介绍信和照片，皱起了眉头："你的老师已经去世了？"

"是的，很不幸。我来这里也是他的遗愿，所以我必须尽快完成这些工作。"

"你现在觉得，生产梵玻璃并且修好天文望远镜是你人生中最紧急的事情，对吧？"

"对于一个和欧洲竞争的中国天文学家来说，是的。"林未雨肯定地说道。

谁知，刘师傅却摇了摇头："你的老师让你来这里，并不是想让你修好天文望远镜，他是让你来了解一个真相。"

林未雨摇头，表示不明白。

刘师傅解释道："是他自己'杀'死了望远镜的镜片，只有那种酸能够最彻底地'杀'死它们，只有这样，才能让你有机会把梵玻璃带回去。"

听到这话，林未雨十分惊讶，说："我的老师是一个严谨的科学家，他不会故意损坏天文望远镜的。"

刘师傅却道："我没有说损坏，我说的是——杀死。"

林未雨沉默了，和刘师傅对视着。半晌后，她才有了动作。

"他为什么要杀死一块玻璃？"林未雨看着刘师傅，开始把合同收回去。

"你知道吗？在这个世界上，你看到的大部分东西都是经过了一种材质的折射，才到达你的眼睛里。当你戴着眼镜或者墨镜的时候，当你从窗户往外看的时候，当你透过手机屏幕看新闻的时候，当你从电视和电脑屏幕里看监控录像和资料的时候……所有的信息，都经过了玻璃这种东西，才折射到了你的眼里。你肉眼看到的东西，其实很有限。"刘师傅一边说，一边指着房间里相应的玻璃制品。

林未雨不解："那又怎么样？"

"如果玻璃是有生命的呢？它有能力改变光的折射，让你看到的东西和实际发生的不一样。比如说，它能改变屏幕上的参数，而你看到的数据都是被它篡改过的。"

听到这样荒唐的说法，林未雨露出了戏谑的表情，简直不敢相信："刘师傅，你是一个疯子。我不知道你想从我这里得到什么，但你肯定什么都得不到了，包括我们的订单。"

"林未雨女士，我不在乎你的订单，我们讨论的是这个世界的真相。你才进来三分钟，就判断我是疯子，从科学的角度来说，并不严谨。"

说完，刘师傅突然把灯关了，房间陷入绝对的黑暗。

"你做什么？"

林未雨的话音刚落，就见房间里缓缓亮了起来，是那些玻璃！它们发出荧荧的光芒，宛如银河，美轮美奂。但是，这些玻璃后面并没有灯泡，似乎是玻璃自己在发光。

林未雨再次露出了惊骇的表情，但刘师傅很快又把灯打开了。

林未雨转身看向刘师傅，质问道："这是什么把戏？"

刘师傅不答，反问道："你觉得这是一个有着特殊仪式感的玻璃样品室，是一种营销手段，对不对？也许玻璃里有很多特殊的荧光成分？"

林未雨点头："没错。我从黑暗中进来，你打开灯光，让我受到美感的冲击，从而可以提出一个更好的谈判价格。刚刚那些光来自玻璃里的夜光材质吧？"

"这是错误的，我是在喂它们，以便观测它们。"刘师傅指了指工作台上的笔记本和显微镜仪器。

林未雨震惊了："喂什么？！"

"它们食用光线，靠光线生存。"相对林未雨的激动，刘师傅显得很平静，他边说，边打开旁边的投影仪，幕布亮起，上面一片空白。

他接着说道："光进入玻璃，然后穿出，光谱会发生变化。这个过程中，有一部分光的能量留在了玻璃中，成为这种生命的营养。所以即使关掉灯，也会有残存的光线存在——它们在食用光线时会比较活跃，所以我用显微镜来观测和研究。"

林未雨指着幕布问："这是什么？"

"这是显微镜下放大了两千多倍的玻璃表面。你能看到上面那些缓缓移动的带纤维丝的斑点吗？那些就是玻璃的本体，一种比我们更古老的生命。"刘师傅解释道。

"但我没有在幕布上看到任何斑点，我也不明白你在说什么。"林未雨质疑着。

"那是因为投影仪上的玻璃镜头在阻止你看到真相，它们可以改变任何穿过它们的光线，制造假象。现在，我们用梵玻璃做的镜头，再看一次。"

刘师傅说着，拿出一个很大的，笨重且古老的梵玻璃镜头（现在为机密物品200983或者为编号tt203），给投影仪换上。幕布上立即出现了

273

一个光怪陆离的世界，有很多奇怪的生物正在微观中移动。

林未雨再次被震惊，她马上查看普通玻璃和梵玻璃的表面，发现两者的颜色略有区别。

刘师傅继续道："梵玻璃是一种特殊的玻璃，是唯一一种它们无法在其中生存的玻璃材质，所以只有透过这种玻璃，你才能看到没有被篡改过的真相。"

林未雨回忆老师和自己谈话时的片段，想起老师办公室的墙壁上有一幅抽象画，画的就是这种东西的轮廓。她拿回桌子上那张老师的照片，只见照片中，老师背后的墙上就挂着一幅画，画的内容和现在幕布上的内容一模一样。

林未雨开始相信这个现实了。

刘师傅却叹了一口气，遗憾地道："梵玻璃的制作方法是我们家祖传的，但因为原材料稀缺，我们已经无法再制造出梵玻璃了，你们将要定做的，是这个世界上最后一块梵玻璃。"

此时林未雨更关心的是另外一个问题："它们为什么要改变我们看到的东西？"

她话音刚落，幕布上的那些生物忽然活动得十分剧烈。

刘师傅道："你看，它们能听懂我们的谈话，它们拥有很高的智慧。我们目前最前沿的科学研究领域，都需要采用计算机和监控设备，所以，这些透过屏幕显示出来的实验数据，都在它们的掌控之中。它们不仅给我们伪造了数据，同时还让我们对这些所谓的事实深信不疑。"

听了刘师傅的话，林未雨陷入了思考。

"再说直接点，它们控制了我们科技发展的速度。甚至，它们几乎伪造了我们所有的数据，让我们活在一个它们设计的世界里。"刘师傅关掉了投影仪，继续说道，"它们通过光线交流，可以把信息不停地传递出去，所以外面的世界是不安全的，我们无处遁形。而这间暗房隔绝了外界光线，这些玻璃无法和外界沟通，所以我们即便知道了世界的真相，也没有大碍。"

"我的老师让我知道这些，他想做什么？"

"你的老师已经意识到我们所知的世界可能是假的，他希望你能给天文望远镜装上梵玻璃,他怀疑我们现在对宇宙的了解,也是一个骗局,而且是最大的骗局。"

回去的车上,刘师傅的话仍在林未雨的耳边回响:"大部分通信电缆和光纤的包装及材料都是玻璃纤维,所以使用任何通信都会被它们发现。如果你相信我说的话,请你用黑色的信封给我写信来沟通。如果你不相信,也麻烦你不要传播这些信息,否则玻璃不会放过你的。"

林未雨看着外面的风景,目光逐渐变焦,看向车窗玻璃。

摇下车窗,看着街上玻璃幕墙的大楼、安装着玻璃摄像头的监视器,以及街角播放着美国登月五十周年纪念短片的玻璃电子屏幕,林未雨陷入了迷茫。

到处都是玻璃制品:街角的电子显示屏、美国宇航员登月时戴的玻璃头盔、空间站的玻璃观察窗、路人正在查看股票的手机屏幕、证券市场中心的玻璃显示屏……一幕幕画面在林未雨脑中闪过。

天空有飞机飞过,林未雨注意到飞机在大厦窗户上的倒影,想起了他们的天文望远镜……

"林教授,我们直接回国际天文中心吗?你不在这里休息一下吗?"

迪让的话,将林未雨拉回到现实,她有些恍惚。

她镇定了一下,回道:"现在就回去。让工程部以最快的时间安装调试,把所有的镜片都换成这次订购的。"

说完,林未雨看向窗外,发现他们正路过一块很大的反光玻璃墙。

飞驰的车上,看着玻璃上反射出的自己,林未雨突然有些胆寒。

而她的车后面,还跟着好几辆卡车,都带有玻璃厂的标识,一路向国际天文中心疾驰而去。

光明玻璃厂内,萧强穿着研究服进入房间,刘师傅正在里面埋头写观察笔记。

萧强汇报道:"梵玻璃镜片已经都运过去了,行李也已经打包好了。师傅,这里怎么处理?"

刘师傅记录完最后一组数据,颇有仪式感地收起笔记本,说道:

"巴巴简交代给我的事算是完成了。"

而后他猛地把玻璃房砸碎，并吩咐萧强："倒入氢氟酸，把这里的玻璃都熔掉，然后用酸把这里清洗一遍。"

然后就离开了房间。

萧强点了点头，等师傅出了房间，才将酸倒进一个大容器里，然后将玻璃抛了进去。

忽然，一块玻璃在酸液中崩裂开，有酸液溅到了萧强的手上。他的手指瞬间被酸腐蚀出一道伤口，有血流了出来。萧强用边上的药水简单擦洗了一下伤口，继续把玻璃扔进酸液中。直到所有的玻璃都被熔掉了，萧强才转身离开了房间。（在他手上的伤口中，后来发现残留有一小块玻璃的碎片。）

当时正在准备整厂搬迁，刘师傅回到宿舍里，给自己的祖宗上了一炷香。

窗外，萧强站在已经打包好的行李边上，正在用水龙头冲洗着手上的伤口。

忽然，刘师傅愣了一下，转头看了看窗外，外面阳光明媚，什么都没有。

他继续上香，把香插进香炉后，还是觉得有什么地方不对。于是他再次转头看向窗户，就看到巴巴简站在窗外。

刘师傅面露惊恐，终于意识到了不对！

就在这时，窗玻璃突然崩裂，一块锋利的玻璃小碎片弹到了刘师傅的脖子上。

顺着血管，玻璃碎片瞬间进入了刘师傅的心脏。刘师傅捂住心口，挣扎着倒在了地上。

窗外，萧强还在冲洗伤口。其间他抬头透过窗玻璃看向屋内，就见刘师傅在里面朝他致意，没有任何异样。

（事后确认，当天下午刘师傅死于玻璃经由血管进入心脏的离奇事故，所有人都说看到刘师傅一直在窗户后面看他们工作，并不像心脏病发病的样子。）

（确认玻璃可以直接产生逼真的图像，来迷惑隔着玻璃观察的人。目前把房屋玻璃上出现已过世者身影的离奇事件，也归因于玻璃对人类的欺骗，它们似乎不希望人类进入某些荒废的房屋。）

林未雨一行人回到天文中心，工人们将货车里的玻璃卸货完毕后，把巨大的玻璃镜片搬到天文中心顶楼，然后开始安装，速度非常快。

见状，林未雨径直回到办公室，签署一些因出差堆积下的文件。她的办公室里没有开灯，照明用的竟是蜡烛。

23点15分，镜片安装完成。

负责安装的工程人员进来汇报："林教授，已经安装完毕了，明天早上再做一次调试，就可以进行试观测了。"

助手迪让点了点头，转身询问林未雨："林教授，需要我送您回去吗？"

"不用，我还有一些文件没有看完。"林未雨答道。

"那我先走了。"说完，迪让就从办公室退了出去。

林未雨起身来到窗边，看到迪让的身影离开了天文中心，便转身来到天文望远镜镜台，启动了天文望远镜。她拉下电闸，关掉了所有的电源，开启了天文望远镜的手动模式，开始手动计算调焦。

接着，她打开录音机，开始录音："梵玻璃镜片第一次进行宇宙观测，目标——木星，目的——天文校准。"

林未雨一边说着，一边进行校准，然后仔细观测。

突然，她露出十分震惊的表情，随后便发出一声凄厉的尖叫……

用肉眼看，漫天繁星点点；但透过天文望远镜的梵玻璃镜头看，宇宙深处什么都没有，一片黑暗。

一颗星星也没有。

地球为宇宙的核心，围绕地球旋转的，只有一个太阳和一个月亮。

而地球的外围，则围着无数的玻璃。这些玻璃围成了一个球，一层又一层。

清晨，林未雨冲进自己的办公室，开始用铅笔写信，之后又用马克笔把信封涂黑，收信人一栏写着各国天文研究中心。

窗外阳光明媚，天文中心的人陆续来上班了。

林未雨紧张而专心地写着信，然后把它们一一装进黑色信封里。

窗外突然变得异常昏暗，所有来上班的人陆续倒地而亡。（监控录像3392号，大量人员瞬间死亡事件监控资料已经销毁。）

林未雨对此毫无所觉，当她终于写完信，抬头看向窗外时，外面一片阳光明媚，所有人都朝她露出微笑。

这是信封里的第一个故事，我个人认为还是很有意思的。

在这个故事的结尾，他说："故事中有一个人是我，但你不会知道哪个人是我。"

后面还有两个故事，但在这两个故事之前，他写了一个提示，大概意思是说，这两个故事是虚构的，是带有隐喻的。因为如果说出太多真实的信息，玻璃就知道他是谁了，他就逃不掉了，所以他才虚构了两个故事。这样就算我把故事流传出去，玻璃也不知道他到底是故事里的哪一个人。

这是一种自我保护。

但也正因为如此，所谓更多的秘密，只能由我自己来参透了。

故事二　玻璃里的女孩

刘师傅的房间里，写着"刘天枢"的牌位已经被摆放在了香案上。萧强和工友（姓名未知）坐在牌位前抽烟，房间的玻璃窗已经修好了，桌上还多了一盏玻璃台灯。

看着刘师傅的牌位，工友唏嘘道："你说这是不是祸从天降啊？好端端的，玻璃碎了，把人给弄死了，这找谁说理去啊！"

萧强对此却不太关心，只是问道："东西都搬得差不多了？"

工友点点头："嗯，做完笔录，办完后事，回来天都黑了。今晚还要忙活一下，明天就撤了——没了刘师傅，咱们厂是彻底撑不住了。"

萧强"嗯"了一声，没再说什么，走上前摆弄桌上的一个小鱼缸。

工友指了指鱼缸，问道："先前刘师傅不是说房里不要有玻璃的东西，让你把这鱼缸扔了吗？"

萧强随意找了个理由："我觉得这鱼缸好看，扔了可惜，就留着了。"

"哦。说起来，咱们刘师傅好像很讨厌有玻璃的东西。哎，你说这人啊，是不是越烦什么就越遇到什么？他这么讨厌玻璃，结果连死都能和玻璃扯上关系。"

"你别说了。"

看萧强似乎不愿再提这事，工友抽了一口烟，换了个话题："这回走了，我准备去城里干活了。我舅妈给我在那边找了个保安的工作，月薪还不低，说没准还能讨个城里的女人当老婆。"

萧强点点头："挺好。"

"那你打算怎么办？"看萧强愿意接话茬，工友继续说道。

"凑合过呗。"

"你家里不催你讨媳妇？"

"我不缺女人，我有女人。"

"你？得了吧，就知道吹。"

萧强笑了笑，看着那盏台灯，心想："我有女人了。这是我的秘密，没有任何人知道。"

萧强想起初见女孩的那天，是极其普通的一天，当时的他根本没有意识到，他会在那一天遇到一生的挚爱。

那天，萧强像往常一样，按照师傅的吩咐擦洗一批准备运出去的新货。他正擦拭着一块新的彩色玻璃，擦着擦着，突然看到玻璃里，有一个非常漂亮的女孩站在自己的身后。

萧强吓了一跳，猛地回头，却发现四周并没有人。

萧强揉了揉眼睛，又去看那块玻璃，玻璃里，那个女孩还是看着他，满脸好奇。

女孩很漂亮，朝他招了招手，看上去并无恶意，萧强瞬间就被迷住了。

过了一会儿，他突然清醒过来，放下东西扭头就离开了。

萧强继续像往常一样工作，清洗玻璃，打扫刘师傅的房间，蹲门口抽烟……他以为是自己想女人想疯了，一时鬼迷心窍，看花了眼，所以过去了也就过去了。谁知道，后来的每一天，只要是有玻璃的地方，他都能看见那个漂亮的女孩。

他擦玻璃，女孩在玻璃里；他给鱼缸换水，女孩在玻璃鱼缸的反光里；他洗手，女孩在镜子里；他在门口抽烟，女孩在玻璃门或者玻璃窗的反光里……

萧强一边抽烟，一边看着玻璃反光里的女孩，终于忍不住问道："你是谁？"

女孩回道："你是谁？"

见女孩开口说话了，他又吓得环顾四周，发现女孩只在玻璃里。

萧强惊讶极了，问女孩："你会说话？"

女孩点了点头。

"你不知道我是谁，为什么总要来看我？"震惊过后，萧强终于问出了心里的疑惑。

"只有你能看见我，我太无聊了。"女孩甜甜一笑。

"你在哪儿？"萧强迫切地想要找出女孩。

女孩指了指玻璃。

萧强绕着玻璃走了一圈："你——你在玻璃里？"

女孩再次点了点头。

萧强难以置信："这是闹鬼了吗？"

"你们总是把认知外的一切存在都叫作闹鬼吗？"对于萧强的问题，女孩似乎也很疑惑。

萧强被问得有些迷糊，不说话了。

女孩也不说话了。她笑了起来，很好看，萧强也有点不好意思地笑了。

女孩伸手，从玻璃的反光里抚摸萧强的脸。

萧强哆嗦了一下。但很快，他就被女孩温柔美丽的光芒震慑住了，两人就这么一里一外地对视着。

萧强心想："我爱上她了，我没有理由不爱她，因为她是彻彻底底地只属于我一个人的。"

刘师傅房间里，萧强还在看那个鱼缸，和工友一起抽着烟。

工友推搡了一下萧强："你说话呀，长什么样，水灵不？"

萧强笑了笑："不记得了。"

工友也笑起来："看吧，你就会吹牛。"

萧强仍然看着鱼缸，也不反驳："嗯，她不见了，估计我再也不会见到她了。"

工友"哎"了一声："咱们一块儿在这厂里干了这么久，也算是好兄弟了。来，喝一杯，以后有难了，兄弟叫一声，咱一定来帮忙。"

工友不知道从哪儿摸出来一瓶酒，倒入杯中，和萧强碰了碰。

萧强却有些心不在焉，满心都是女孩。

萧强原本还想着，有一天如果她不见了，是不是就会出现在真实世界里？而就在前几天，她忽然不见了，可是，真实世界里哪里都没有她。

工友还在絮絮叨叨，萧强看着鱼缸不说话，心绪已经飘远了。

故事三　巴巴简的故事·梵天猜想

教室里，灯亮着，一名学生和巴巴简正在教室里做课题研究。

此时，教室里寂静无声，巴巴简看着窗外，有些发呆。他没有戴上平时都会挂在鼻梁上的眼镜。

"老师，老师。"学生突然叫他，打破了一室寂静。

巴巴简戴上眼镜，转而看向学生，终于开口道："哲学上有个术语，叫作'个人同一性问题（The Problem of Personal Identity）'，它是西方形而上学中的问题，是'变化'问题下面的一个子问题。我们作为一个个体，无论身体上还是心灵上，总在时时刻刻变化着。而所谓个人同一性问题，要讨论的就是一个人如何能够一方面发生变化，但另一方面又依然还是同一个人；一个此时之人，如何和彼时之人是同一个人。"

学生拿出笔记本电脑，开始做笔记。

巴巴简接着讲述："今天的课我们会上得很快，我先提出一个比较有趣的问题，你不需要回答，可以回去后好好思考。假设A、B、C三人同时发生车祸，A除了脑子没坏，全身上下的器官全部坏掉了，B、C除了脑子坏了，全身上下都好好的。此时，医生做了一个移植手术，把A的脑子一分为二，分别移植给了B、C，手术大获成功。那么请问，是谁活下来了？"

听完巴巴简的问题，学生一脸疑惑地望向巴巴简，完全无法理解他所讲述的内容。

巴巴简继续解释道："在平日的生活里，我们从来不需要思考这种问题，但这其实是具有很大的现实意义的。假设分别移植了A一半大脑的B和C，他们其中有一个人犯了谋杀罪，那么我们应该处死谁？"

学生笑了，终于觉得这个问题有趣了起来。

"我们继续思考。"巴巴简接着道，"你知道一台现代电脑正常工作所需要的组成部分吧。电脑需要有硬件和软件两个部分，才能正常进行工作。那么，假如我们现在手里有两台电脑，在一台电脑里，我们放满了图片，在另一台电脑里，我们放满了音乐。作为电脑的主人，在电脑外观完全一样的情况下，你会如何去分辨这两台电脑的不同？"

学生答道："我得打开电脑，看里面有什么东西。"

"所以，电脑硬盘里存储的东西不同，那就是两台不同的电脑。我们是否可以这么理解？"

学生点头。

巴巴简接着问："现在我们把硬盘全部清空，你还能分清吗？"

学生想了想，摇摇头。

"我们再类比到人的身上，假如我们把你的记忆全部清除，你自己的意识是否还能知道自己是谁？"巴巴简继续提问。

学生想了想，有点蒙了。

"'你是谁'这个概念，是由你的记忆决定的，而你的意识是独立存在的。没有了记忆，你也知道自己的存在，只是不知道自己是谁。"巴巴简总结道。

学生似懂非懂，说道："我以前从来没有想过这个问题。"

巴巴简转回刚才的问题："回到刚才的例子，如果我把两台外观完全一样的电脑硬盘中的资料完全互换，你能意识到，A其实是B，B其实是A吗？"

学生努力思考，想跟上巴巴简的思路。

"换言之，如果我们的外表是完全一样的，但我们把记忆完全对换了，那么我们的意识是否能意识到，我们的记忆已经交换了？显然是不可能的，我们的意识会直接接受新的记忆，这样我就会变成你，你就会变成我。"

听到这里，学生震惊了："这是什么意思？"

巴巴简平静地回道："也就是说，如果你大脑里没有数据的话，你的'我'，我的'我'，他的'我'，没有任何区别，你的'我'不会比我的'我'更优秀或者更低劣。"

学生听完似乎更糊涂了。

巴巴简喝了一口啤酒，问道："想听故事吗？"

学生点了点头，巴巴简于是讲述道："很久以前，有一个神，他要创造人类，但是他的资源有限，他只有一个'自我'意识可以使用。然而他想让自己创造的世界里，看上去有很多人存在。于是神仔细思索，生出一个开创性的计划。他制作了很多的记忆，在第一天的时候，让那个'自我'意识对接了第一段记忆。那段记忆是农夫的记忆，于是自我意识认为自己是一个农夫，并开始耕种。第一天结束的时候，农夫获得了很多的粮食。神告诉他，他可以把处理这些粮食的办法，留在一个纸条上给酿酒师。于是农夫照做了，之后就去睡了。在夜晚自我意识睡眠的时候，神抹去了他关于农夫的记忆，给他接入了酿酒师的记忆。第二天，自我意识苏醒的时候，他已经变成一个酿酒师。他醒来之后，看到昨天的自己留的纸条，以为这个世界上有两个人存在，于是开始酿酒。"

听到这里，学生点上一支烟，似乎有点后悔开始这个话题了。

巴巴简继续道："于是就这样，神每一天都更换一个记忆接入，每周的第一天是农夫，第二天是酿酒师，第三天是卖酒的酒商，第四天是酒吧的老板,第五天是喝酒的女郎,第六天是女郎的丈夫,第七天是丈夫的情人。他们在夜晚都会留下纸条给下一个人,一周一个轮回。神创造的世界上其实只有一个人,但是在那些人看来,世界上有七个人。他们自己和自己争斗,自己和自己相爱,背叛自己,又为自己牺牲。"

学生疑惑了:"但是,他们并不会见面啊?今日睡去,明天醒来又是另外一个人。"

巴巴简回道:"现在有这么一种电脑系统,它的操作系统在云端。也就是说,只要在天上有一个'自我'意识存在,它就可以复制出无数份,将其下载到我们的大脑里。接入不同的记忆后,无数的'人'就开始运作了。这个人认为自己是一个独立的个体,有着自己的命运、过去和未来,但其实——"

学生接话道:"其实,他们只是一个带存储功能和移动能力的客户端。"

巴巴简点头,继续道:"所以,也许你和我,只是同一个人在不同记忆下的投射,全世界就只有一个'自我'存在。我们的脑科学家在大脑中寻找意识已经寻找了几十年,都没有找到,你有没有想过,也许'自我'意识根本就不在我们的大脑里?"

学生满脸疑惑:"那在哪里?"

巴巴简避而不答:"也许要产生'我'这个概念,需要非常非常巨大的系统,大到你无法想象,大到宏观世界所能达到的最大,才能产生'我'。"

"您的意思是——"

"宇宙,整个宇宙的运行产生了'我'的意识,宇宙将自己的'我'投射到我们的大脑里作为操作系统。印度教说,这个世界上的一切都是梵天的一个梦,也许是有点道理的。

"这种理论还挺特别的。"

"这不是一种理论,事实上,我听说它的时候,它被称为一种宗教。"

"地球上哪里有这种宗教?"

"当然,这不是人的宗教。"

说到这里，巴巴简看了一眼窗户，窗前不知何时站了一个小女孩。

巴巴简让学生离开了，教室里只剩下小女孩和巴巴简面对面站着。

沉默良久，巴巴简说："谢谢你告诉我这些知识。"

小女孩语气漠然，问巴巴简："你的愿望满足了吗？"

巴巴简似有无奈，低声说："你无法真正满足一个人的愿望，你只能相对满足。"

小女孩却一脸平静地反驳道："不，我们可以满足你所有的愿望，但只有三天时间。"

眼见沟通不畅，巴巴简转换了话题："你们的沟通是使用光速进行的吗？"

"是的。"

"也就是说，在沟通效率上，人类永远无法追上你们。"

"在其他的大部分领域也是。"

听了小女孩的话，巴巴简无奈地摘下了眼镜，他眼前什么都没有。

巴巴简擦了擦镜片，重新戴上眼镜后，小女孩再次出现在他眼前。

对于刚才的一切，巴巴简似乎早已知晓，他接着之前的话说："这三天时间里，我阅读了你们所有的文献和资料，特别是物理学。虽然我不能告诉别人我看到的知识，因为就算说了，他们也无法理解，但我还是获得了前所未有的满足。我们和你们相差得太远，这一点我承认，你们其实可以非常轻易地杀死我，但为什么要对我有所礼遇？"

小女孩沉默地看向巴巴简，没有回答。

巴巴简明白了："看来，这关系到很多非常重要的事情，比那些领先我们文明上千年的知识还要重要。"

"请你按照承诺，在三天后死亡，完成我们的约定。你知道，我们无处不在。"

虽然说着这样残忍的要求，小女孩却仍旧一脸淡漠，似乎只是在说"早上好"。而巴巴简就此沉默下来。

转眼间，小女孩不见了，教室里只剩下巴巴简一个人。

他坐了一会儿，站起身，一边走向窗边，一边对着空无的前方说："我还有最后一个愿望，我想见见我去世的母亲。"

在没有第二个人的教室里，自然没有人回应巴巴简。但当巴巴简再次转身的时候，他的旁边，出现了一个金发的女孩。

巴巴简看着这个拥有母亲年轻时样貌的金发女孩，满脸难以置信："你是假的吗，妈妈？"

金发女孩看着巴巴简，温柔地说道："不，简，只要你相信，我就是真实的。"

三个故事很快就讲完了。

他在结尾告诉我："如果你知道我是故事中的哪一个人，可以来找我。但千万不要和我聊任何关于玻璃的事情，只当是老朋友见面就好了。"

这三个故事中的第一个故事，虽然文笔稍微有一点不熟练，但基本上讲明白了一个故事——玻璃里是有生命的。人类大量使用玻璃，这些生活在玻璃里以光为食的生命，可以直接改变光线在玻璃里的表现，从而欺骗人类。它们几乎完全控制了人类。

你们最终看到的故事，只是真实故事的表征，因为我也有点害怕，所以对整个故事做了调整。因此你们看故事的时候可以放心，你们是安全的。而真实的故事，可能永远都不会有人知道是什么样子的了，至少不会从我这里得知。

第二个故事，是一个奇怪的爱情故事，没有头没有尾。虽然前面的资料里写了，萧强这个人已经死亡，但是却没有注明是"离奇死亡"。所以我怀疑，在精神病院给我寄稿子的人，就是萧强，但我也没有去探察。说实话，我是一个很容易联想的人，我担心这只是精神病人神神道道的行为。如果我当真了，就特别不好了。

当然我和编辑们沟通过，他们认为不会那么简单。

第三个故事是一个理论的大集合，里面的思维方式非常神奇。如果由此反推的话，这个精神病人首先是一个讲故事癖中的谎言癖者，同时还有能看到幻觉的精神分裂症状，又有理论妄想症状，他应该是这个医院里的一个大BOSS。

而且这个人的形式能力很强,他给我寄稿件的方式让我心生畏惧。他很懂得使用外在形式,给人心理暗示。

　　这个病人是谁呢?没有任何的记录,只留下了一个谜题,说自己其实就在这些文字里。但到底是哪一个人,得由我自己去猜测。

　　你如果问我信不信他说的,我肯定是不信的,但是我又没有直接把这份稿子拿出床底。

　　我这个人,多少也有病吧。

　　如果下一次入院的时候,他还在,我觉得要把他找出来,他一定还有另外一个版本的故事。

　　这三个故事,我并没有真正地细想。稿件也是我离开医院之后才拿到的,那个时候书已经基本成稿了,所以只能匆匆放到最后。

　　采访了那么多人,到了此时,我已经没有太多的精力再去盘根问底了。所以,这三个故事就这样了,即使有更大的玄机,也都交由大家自己去解开了。

---

①费米悖论:1950年,由物理学家费米的一句"他们在哪儿呢?",引发的关于外星文明是否存在的科学悖论。认为外星文明的存在具有很大的可能性,但目前又没有任何证据证明外星文明存在,这两者之间存在的矛盾,即为费米悖论。该悖论讨论的是论点与缺少关键论据之间的矛盾。很多科学家都曾参与过该悖伦的讨论,并提出重要观点,由此产生许多学说,对天文学产生了相当大的影响。